中国科学院科学出版基金资助出版

网络移动信息服务方法

Methods of Mobile Information Service for Networks

蒋昌俊　李　重　著

科 学 出 版 社

北　京

内 容 简 介

本书主要介绍网络移动信息服务方法，面向智慧城市建设，网络移动信息服务是其建设成果最直观的信息技术层面的体现。本书从横纵两个方向来剖析其方法技术：从纵向上探讨了分层次的信息服务网络支撑技术；从横向上给出了多种面向智慧城市的应用服务技术。首先介绍网络移动信息服务的概念及当前发展；然后详细介绍链路层的邻居节点发现技术、网络层的路由与均衡接入技术、应用层的社区结构发掘技术，给出统一的网络移动信息服务平台；最后基于此平台，分别面向智能交通、智慧旅游、移动支付三大应用场景，介绍相关应用的发展现状，及其中的关键信息服务技术，如轨迹分析技术、位置推荐技术及移动端的行为认证技术等，这些先进的技术促进了当前网络移动信息服务的发展。

本书既可供计算机科学与技术领域研究人员参考，也可作为网络移动信息服务技术领域的研究资料。

图书在版编目（CIP）数据

网络移动信息服务方法 / 蒋昌俊，李重著. —北京：科学出版社，2020.5

ISBN 978-7-03-063328-6

Ⅰ. ①网…　Ⅱ. ①蒋…　②李…　Ⅲ. ①移动通信-互联网络-研究　Ⅳ. ①TN929.5

中国版本图书馆 CIP 数据核字（2019）第 255865 号

责任编辑：余　丁 / 责任校对：王萌萌
责任印制：师艳茹 / 封面设计：蓝　正

科学出版社 出版
北京东黄城根北街 16 号
邮政编码：100717
http://www.sciencep.com

北京九天鸿程印刷有限责任公司 印刷

科学出版社发行　各地新华书店经销

*

2020 年 5 月第　一　版　开本：720 × 1000 1/16
2020 年 5 月第一次印刷　印张：14　彩插：1
字数：267 000

定价：129.00 元

（如有印装质量问题，我社负责调换）

作 者 简 介

蒋昌俊，男，教授，博士生导师，国家杰出青年科学基金获得者，973 项目首席科学家。1986 年和 1991 年于山东科技大学分别获得计算数学学士和计算机软件与理论硕士学位，1995 年于中国科学院自动化研究所获得控制理论与工程博士学位，1997 年于中国科学院计算技术研究所博士后出站。现任同济大学嵌入式系统与服务计算教育部重点实验室主任、上海市电子交易与信息服务知识服务平台主任。

历任主要学术职务有：国家自然科学基金委员会信息学部咨询委员会委员(2014～2016)、中国人工智能学会副理事长(2015～)、中国自动化学会常务理事(2006～)、中国自动化学会网络信息服务专业委员会主任(2015～)、中国计算机学会理事、中国云体系产业创新战略联盟副理事长(2014～)、上海市科协副主席(2012～)、美国电子电气工程师学会(IEEE)上海分会副主席(2007～)、中国人工智能学会会士(CAAI Fellow，2017～)、英国工程技术学会会士(IET Fellow，2014～)。被授予英国 Brunel University 荣誉教授(2016～)等。担任《Big Data Mining and Analytics》《计算机学报》《软件学报》《电子学报》《人工智能学报》《应用科学学报》《计算机研究与发展》等编委。担任国际学术会议主席、程序委员会主席等 20 余次。目前与香港城市大学、澳门大学、法国国立高等电信学校、芬兰奥尔多大学，美国阿贡实验室、科罗纳多大学、新泽西理工大学、德克萨斯理工大学和德国基尔大学等开展合作研究。

主要从事网络并发理论、网络风险防控、网络计算环境和网络信息服务的研究。担任国家重点研究发展计划(973 计划)项目“信息服务的模型与机理研究”首席科学家，先后主持国家自然科学基金重大研究计划集成项目、国家自然科学基金重点项目、国家高技术研究发展计划(863 计划)项目、国际重点科技合作项目和国家重点研发项目等 30 余项。在《中国科学》《ACM Transactions on Transactions on Embedded Computing Systems》《ACM Transactions on Autonomous and Adaptive Systems》《IEEE Transactions on Computers》《IEEE Transactions on Parallel and Distributed Systems》《IEEE Transactions on Knowledge and Data Engineering》《IEEE Transactions on Mobile Computing》《IEEE Transactions on Services Computing》《IEEE Transactions on Automation Science and Engineering》《IEEE Transactions on Systems, Man, and Cybernetics》等国内外重要刊物和会议文集上发表论文 300 余

篇(含 ACM/IEEE 汇刊 72 篇)。出版著作 4 部，由科学出版社(中国科学院科学出版基金资助)和高等教育出版社(教育部优秀博士论文出版基金资助)出版。成果被国内外同行引用 3000 余次，并被美国、英国、加拿大、瑞典、印度等多国院士正面评价。获授权发明/创新(中国、美国、澳大利亚)专利 106 项、国际 PCT 专利 21 项，制订国家及行业技术标准 18 项。承担的 2 项国家自然科学基金面上项目结题评价为“特优”，973 计划项目、国家自然科学基金重大研究计划集成项目和重点项目等结题评价均为“优秀”。此外还获得多项国际奖和中国发明专利奖等。

研究成果获得 2016 年国家科学技术进步二等奖(第 1 位)、2013 年国家科学技术进步二等奖(第 1 位)、2010 年国家技术发明二等奖(第 1 位)，省部级三大奖(自然科学、技术发明、科技进步)一等奖 5 项(均为第 1 位)，2017 年中国发明专利奖(第 1 位)等。此外还获得首届全国百篇优秀博士论文、国际期刊《International Journal of Distributed Systems and Technologies(IJDST)》2010 年度最佳论文、11th IET Innovation Awards、15th ACM MobiHoc Best Paper Awards(国内学者首次获得)、Ho Pan Qing Yi Award 等。指导的研究生撰写的论文中，1 篇获得全国优秀博士论文提名、1 篇获得中国计算机学会优秀博士论文、5 篇获得上海市优秀博士论文。2007 年所带领的“嵌入式服务计算”团队获得教育部优秀创新团队的荣誉。

李重，女，博士，副教授。2015 年博士毕业于同济大学电子与信息工程学院，现于东华大学信息科学与技术学院工作。主持国家自然科学基金面上项目，入选上海市青年科技启明星人才计划、青年科技英才扬帆计划等。近年来，主要从事物联网移动计算及服务、5G 车联网网络安全及无线网络数据传输协议设计等方面的研究。在《IEEE Transactions on Parallel and Distributed Systems》《IEEE Transactions on Wireless Communications》《IEEE Transactions on Intelligent Transportation Systems》等国内外知名刊物和会议文集上发表论文 20 余篇。

前　言

随着移动设备的普及使用，面对当前需求各异的应用场景，先进的网络移动信息服务方法是支撑各式各样信息服务的关键。人类生活的方方面面已离不开这些信息服务，在享受这些信息服务带来的便捷、高效、智能等好处的背后，相对于有线网络环境，当前无线移动网络环境的动态性、不确定性增强，这给整个的移动信息服务方法及技术理论体系带来了从链路层到应用层的诸多挑战，如信息服务组网节点发现的不确定问题、传输的不稳定问题、设备间潜藏关系隐蔽性问题等。所以梳理当前网络移动信息服务的关键支撑方法，给出典型网络移动信息服务应用的场景及相关技术就变得尤为重要。

本书从信息技术角度，按照网络分层的架构，从网络的链路底层至应用顶层，分层介绍网络移动信息服务在各层上的主干支撑技术，这些技术是近年来作者所在课题组在不断理论突破和实践应用中获得的创新精华。同时面向当前智慧城市中的智能交通场景、智慧旅游场景、移动支付场景，分别就应用场景给出其相关联的应用层车辆驾驶安全服务、出行路线推荐服务、移动支付安全保障服务等信息服务的关键方法。这些研究持续得到上海市、国家自然基金委员会、科技部等项目的支持，形成了网络移动信息服务方法的整套理论与应用，并开发了大规模网络移动信息服务平台。

本书着重介绍了网络邻居节点发现技术、高效路由与均衡接入技术、社区结构发掘技术、车辆轨迹分析技术、行为识别技术、个性化位置推荐技术、基于姿势的行为认证技术等。研究团队发表了数十篇 SCI、EI 等高质量学术论文，获得了数十项专利授权，培养了二十多名博士、硕士及博士后。

感谢同济大学嵌入式系统与服务计算教育部重点实验室的老师、博士生、硕士生及博士后的大力支持与帮助，感谢他们为本书提供了写作素材。

本书不仅适合信息技术领域的研究生和相关研究人员参考，而且适合网络移动信息服务领域的相关研究人员阅读。

由于时间和水平有限，书中难免出现疏漏和不妥之处，敬请读者批评指正！

作　者

2019 年 8 月 8 日

目　　录

第一章　网络移动信息服务基础

1.1　网络移动信息服务概念及其发展

随着无线移动网络技术的飞速发展，移动网络为移动设备(如手机、平板电脑、超极本等)的互联以及相关信息服务提供了坚实的基础，面对人类活动的各种不同场景，基于无线移动的信息服务成为当前的研究热点。

网络移动信息服务(mobile information service for networks)是指基于通信网络平台，通过各种移动设备，以无线接入网络的方式，可以通过网络发布的，为人类提供各种各样服务的平台无关的功能实体[1]。其具体表现形式为人们所使用的各种基于移动端应用提供的便捷服务。随着 5G 技术及物联网的发展，移动服务的承载主体不仅限于人手持的各种移动设备，还包括车辆等与人类生活息息相关的一切物理设备[2-4]。

根据应用分析公司 App Annie 公布的数据，2019 年全球手机端 App 下载量突破 2040 亿次，相比去年增加了 6%。在花费方面，包括付费应用程序、应用内购等在内总支出 1200 亿美元，平均每位移动用户每天耗费在 App 上的时间为 3.7 小时。爆炸式的发展使得移动信息服务应用已经渗透到生活的每个角落。

网络移动信息服务涉及的学科众多，本书拟对其涉及的理论方法进行分层剖析，另外对可能发展的新应用技术也做出相关讨论。由于当前的网络移动信息服务不同于传统固定环境下的信息服务，在能够快速应对网络环境动态变化的同时，高效性、安全性、精准性、节能性、社交性等要求都为它的发展带来了极大挑战。

1.2　网络通信架构

目前，根据应用类型和通信标准的不同，网络移动信息服务可以部署在集中式、分布式或混合式网络通信架构下。

集中式架构(如蜂窝网络)：集中式服务器在内容提供者和移动用户之间交换、分享、传输数据。在这种客户端/服务器结构中，用户是客户端，服务器是内容提供者(如地图、交友、视频分享等)。在这种架构下，数据是要经过第三方应用或者服务提供商的。这种模式也是当前广泛使用的网络通信架构，这种网络通信架构的优点是能够高效、便利地提供信息服务及对网络进行集中控制，但也存在单点失效、隐私安全泄露、近距离服务延迟等问题[5]。

分布式架构(如支持 Ad hoc 通信模式的网络)：移动用户可以直接用 WiFi、Bluetooth 等技术建立点对点的信息传递链路。在这种架构下，节点间利用“存储-携带-转发”方式的协议在物理世界进行实时通信和交流，不必经过控制中心的中转，常见的是一些基于位置的服务[6]，如 E-SmallTalker[7]、MobiClique[8]、Who's Near Me 等应用。这是一种便利的通信方式，可以作为减轻集中式基站传输压力的一种有效手段；但其缺陷是不能大范围应用，一般在局部范围内使用。

混合式架构：集中式架构是目前服务提供商常用的网络通信架设方法，而分布式架构则是学术界一直致力于研究和推广的架构，能将工业界和学术界的观点完美结合起来的一种方案是混合式架构。在混合架构中，分布式网络通常辅助集中式网络以提供更高效的服务。

1.3 网络移动信息服务分类

网络移动信息服务已经渗透到各行各业，参考《互联网周刊》联合 eNet 研究院给出的 2018 年度 App 分类排行榜，从内容上分类，网络移动信息服务包括以下 14 种类型：社会公益类、政府职能类(党务、警务、税务、市民云、工会等)、影音娱乐类(视频、直播、游戏、美拍、音乐、电台等)、资讯阅读类(新闻、读书、漫画等)、电商平台类(境内、境外)、旅游出行类(地图、打车、旅行、票务、住宿、指南、汽车租赁等)、健康医疗类(健身、医疗等)、社交类、金融理财类(银行、证券、保险、股票、投资理财等)、汽车类(新能源汽车充电、车辆售后服务平台等)、学习教育类、企业办公类(邮箱、企业协同、客户关系管理、财务等)、实用工具类(输入法、壁纸、浏览器、网络安全防护、搜索、天气、应用市场、日历、传输备份等)、生活休闲类(美妆、美食订餐、房屋租赁、家居家装、社区服务、求职、快递物流等)。

另外，移动信息服务的外部主要影响因素是移动环境和人，因此从时间、空间、人这三要素来分，网络移动信息服务模式可以分为即时服务模式、基于位置的服务模式、个性化服务模式[9]。

① 即时服务模式是指根据用户在移动环境下的即时性信息需求，依托移动信息服务系统为用户提供所需的信息内容与信息服务。比如新闻、金融行情、即时交流与处理，以及本书第六章的车辆安全预警等。

② 基于位置的服务模式是指根据用户在移动环境下所处的地理位置，依托移动信息服务系统为用户提供所需的地理信息或与地理位置相关的其他信息服务。比如当地气象、聊天交友，以及本书第七章的智慧旅游位置推荐等。

③ 个性化服务模式是指根据手机等移动终端的隐私性、身份可识别性，利用

移动信息服务系统建立用户的信息需求模型，面向用户的个性化需求提供有针对性的信息服务。比如个性化位置推荐、个性化检索、个性化订阅服务，以及本书第八章的个人支付消费行为认证等。

1.4　网络移动信息服务的关键技术

在本书中，我们按分层结构，结合应用背景，来介绍网络移动信息服务的关键技术。这些关键技术包含两大部分，一部分是网络移动信息服务的主干技术方法，我们按三层来介绍，首先是位于数据链路层的网络邻居节点发现技术，其次是位于网络层的网络高效路由及均衡接入技术，最后是位于应用层的网络社区结构发掘技术。另一部分是相关移动应用技术介绍，其主要针对当前我们在智慧城市领域涉及的三个主干应用，即智能交通、智慧旅游、移动支付认证。本书内容架构如图 1.1 所示。

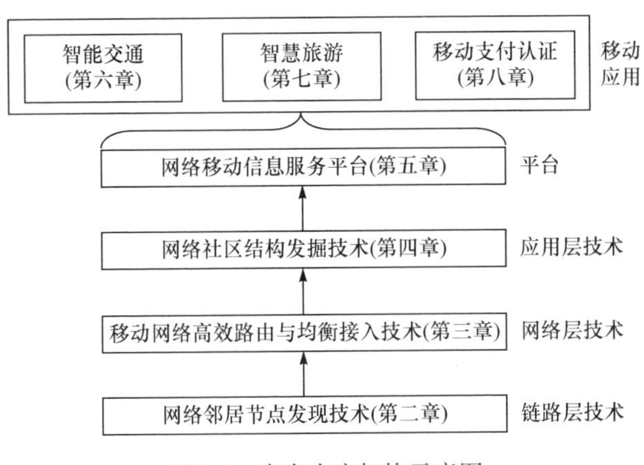

图 1.1　本书内容架构示意图

网络移动信息服务的主要关键技术和方法包括以下几方面。

① 网络邻居节点发现技术。在移动信息服务中，链路层一级重要的技术是适应无线网络拓扑结构的实时动态变化，发现周围的邻居节点并建立有效连接，这是组网的第一步。高效、节能、场景适应是当前该项技术遇到的难题。因此本书分别针对日常社交应用场景和拥挤场景，给出了基于角色扮演的邻居发现方法和基于节点密集场景的邻居发现方法。(详见第二章)

② 移动网络高效路由与均衡接入技术。在网络层，当前多种多样的信息服务，其高效性都需依赖网络层快速数据传输。传统的依赖网络拓扑结构或者简单依赖节点相遇概率的路由协议已经无法满足当前数据高效传输的要求。因此本书在剖

析网络通信架构的基础上，首先针对多跳式 Ad hoc 自组织网络，分别在慢速移动用户网络场景和快速车联网场景，给出了一个基于局部活跃性和社交相似性的数据转发算法和一个根据车流状态的车联网认知路由协议。另外针对集中式蜂窝网络，通过观察人流、车流的时空规律，利用强化学习手段，实现了在动态环境下的用户接入负载均衡，为移动用户提供优质服务速率。(详见第三章)

③ 网络社区结构发掘技术。在应用层，由于当前网络移动信息服务都与人有关联，所以社交属性是当前信息服务与生俱来的。本书以网络移动信息服务所面临的不同网络通信架构为视角，探究社区结构发掘新方法，解析底层通信架构和顶层逻辑关系网络的联系。为明晰网络节点关联关系、支持推荐算法、路径规划、路由协议设计等提供应用层的技术支持。(详见第四章)

④ 车辆行驶轨迹挖掘技术。在以上主干技术介绍完毕后，本书针对智能交通这一应用领域，详细介绍了这一领域当前的发展现状和最新技术，在我们前期智能交通研究的基础上，以第二章的邻居节点发现技术为基石，重点解析智能交通中的车辆行驶轨迹大数据，解决稀疏数据下的路径推测准确性难题和基于粗粒度 GPS 数据推测车辆在道路上行为的难题，摆脱对硬件设备如摄像头、传感器、雷达等过度依赖，并通过历史数据分析，考虑驾驶员的个人习惯，提取驾驶员驾驶状态，同时借助邻居发现思想和无线通信架构实现对驾驶行为的实时预警。(详见第六章)

⑤ 个性化位置推荐技术。本书详细介绍了智慧旅游应用领域当前的发展现状和最新技术，其中我们着重关注位置推荐技术，因为这是关乎旅游线路选择、旅游产品推荐、人流预测等一系列应用层面问题的基础。以第四章的用户社交关系为基石，针对位置推荐中存在签到数据稀疏、张量分解时间长的问题，利用用户、时间段、位置具有相似的特征，本书给出能够向用户准确推荐位置并且降低计算时间的推荐方法。另外除了单点位置推荐，还给出了个性化位置序列推荐方法，进一步提升了旅行用户对智慧旅游位置服务的体验感。(详见第七章)

⑥ 移动端支付行为认证技术。本书详细介绍了移动支付领域当前的发展现状和最新技术，基于我们前期在网络交易支付方面的研究，本书着重于移动端，分析用户姿势对于用户手势行为的影响，给出一种基于用户姿势的触屏行为移动端认证系统架构，介绍了登录时认证和持续性认证模型的构建及认证方法。(详见第八章)

1.5 本 章 小 结

随着网络技术的飞速发展，网络移动信息服务在人们的生活中无处不在。本章阐述了网络移动信息服务的概念，介绍了通用网络架构，给出了移动信息服务的分类，对涉及的关键技术方法，从下至上，分层给出其在网络移动信息服务中的作用。本书后面将详细阐述网络移动信息服务方法中的网络邻居节点发现技术、移动网络高效路由与均衡接入技术、网络社区结构发掘技术，以上主干支撑技术介绍完后，将介绍网络移动信息服务平台和网络移动信息服务技术应用在智能交通、智慧旅游、移动支付认证等方面的相关研究。网络移动信息服务涉及的技术方法众多，本书不能一一详述，仅是对当前作者围绕智慧城市所作出创新工作的一个梳理和归纳总结，希望随着时代发展，更新更优秀的技术不断涌现，造福人类。

参考文献

[1] 蒋昌俊, 陈闳中, 闫春钢, 等. 网络信息服务平台及其基于该平台的搜索服务方法: 201210445457.4, 2015-07-29.

[2] 汤宪飞, 蒋昌俊, 丁志军, 等. 基于Petri网的语义Web服务自动组合方法. 软件学报, 2007, 18(12): 2991-3000.

[3] 闫春钢, 蒋昌俊, 李启炎. 基于Petri网的Web服务组合与分析. 计算机科学, 2007, (2): 100-103.

[4] 范小芹, 蒋昌俊, 方贤文, 等. 基于离散微粒群算法的动态Web服务选择. 计算机研究与发展, 2010, 47(1): 147-156.

[5] Bakht M, Trower M, Kravets R H. Searchlight: Won't you be my neighbor? Proc. ACM MobiCom, Istanbul, Turkey, 2012: 185-196.

[6] Schiller J, Voisard A. Location-based Service.Netherlands: Elsevier, 2004.

[7] Champion A C, Yang Z, Zhang B, et al. E-smalltalker: A distributed mobile system for social networking in physical proximity. IEEE Transactions on Parallel and Distributed Systems, 2013, 24(8): 1535-1545.

[8] Pietiläinen A K, Oliver E, LeBrun J, et al. Mobiclique: Middleware for mobile social networking. Proc. ACM OSNs, Barcelona, Spain, 2009: 49-54.

[9] 茆意宏. 移动信息服务的内涵与模式. 情报科学, 2012, 30(2): 52-57.

第二章　网络邻居节点发现技术

2.1　引　　言

邻居发现(neighbor discovery)是指网络在初始化过程中，网络节点与其他节点交互，动态地发现周围其他节点的过程[1, 2]。例如一些社交应用[3-5]，其主要应用通信框架是由集中式网络构成的，而在主应用内部的一些基于位置的子应用则由分布式网络架构支持。由于移动节点的地点不确定性，组建分布式的网络架构相对于集中式的网络架构有更大的挑战。这需要节点能适应无线网络拓扑结构的实时动态变化，发现周围的邻居节点并建立有效连接。因此，设计有效的邻居发现算法，准确高效地发现邻居节点，是网络移动信息服务中重要的数据链路层技术。本章先对当前主流的邻居节点发现方法进行简单回顾，然后分别针对日常社交应用场景和拥挤场景，介绍一种基于角色扮演的邻居发现方法[6]和一种基于节点密集场景的邻居发现方法[7]。

2.2　邻居节点发现技术发展现状

邻居发现算法演变的历程主要分为三个阶段：同步阶段、异步阶段、衍生阶段。

早期的邻居发现算法大多都是嵌入在多路访问控制协议中，例如 S-MAC[8] 和 BMAC[9]，算法主要利用节点的 GPS 或者发送包使得两个节点间的时钟同步，然后通过保证节点之间的工作和睡眠的机制一致，来达到相互发现的目的。然而这些算法需要额外的冗余信息包或者能耗来维持节点的同步，面对移动网络中节点大多是电池供电(能耗有限)来说，算法在实际中实现起来有困难。

之后，McGlynn 和 Borbash 首次将邻居发现算法从多路访问控制协议中脱离出来，定义成一个独立的问题。他们提出了名为 Birthday 的异步邻居发现协议[10]。在 Birthday 协议中，每个节点在每个时间槽中都以一个固定的概率选择是否处于工作状态，这样可以利用生日悖论的特点，使得节点之间能通过随机的唤醒/睡眠机制完成相互发现。之后 Vasudevan 等将随机策略的邻居发现映射到经典的邮票收集者问题上[11]，对随机发现策略的效率进行了分析，提出了更高效的改进策略。不过随机的邻居发现策略有个致命的弊端，即两个节点相互发现的时间延迟没有上界，即两个节点可能永远无法相互发现。

为了解决这一问题，学者又提出了确定式的异步邻居发现算法。该算法主要分为两种：一种是基于数量的算法[12, 13]，另一种是基于素数的算法[14, 15]。基于数量的算法主要是将时间分成一个二维正方形矩阵，每个节点随机选择一行以及一列处于工作状态。当两个节点选择的时间槽有重叠时，认为两个节点相互发现。然而两个节点如果处于不同的占空比(duty cycle)时，两个节点的时间不能划分成相同大小的两个正方形矩阵，那基于数量的方法就很难有好的发现效果。Sangil Choi 等通过组合块理论设计了名为 BAND 的协议来解决这个问题。BAND 在一定程度上改进了基于数量方法的发现延迟界限和能量消耗。

基于素数的算法主要是根据中国剩余定理[16]来设计的，其中代表性算法有 Disco、U-connect 以及 Searchlight[17]。在 Disco 算法中，每个节点选择一组不相等的质数，然后当节点时间槽序列号能整除两个质数中的任意一个时，算法使得节点在该时间槽内处于工作状态。U-connect 算法通过设计一个能量与延迟的内积矩阵来使得每个节点只需要选择一个质数，这样可以提升发现效率，同时保证节点的能耗与 Disco 算法相似。相比于随机式的算法，Disco 与 U-connect 算法可以给出发现延迟的上界，但是平均延迟并没有比随机式算法表现得好。Seachlight 算法利用节点在对称的情况下拥有相同的占空比，从而可以保证周期工作时间槽之间的相位差一致的思想，设计了“锚点”和“探测”两种工作状态的时间槽，从而提高平均发现效率。BlindDate 算法[18]是对 Searchlight 算法的一种改进，主要目的是降低发现延迟的上界。不过这种类型的算法很难在非对称情况下(节点拥有不同占空比)提高发现效率。Zhang 等[19]提出了一个基于需求改变的加速中间件，名为 Acc。其主要思想是在 Disco 算法的基础上通过分析节点直接邻居与间接邻居之间的发现关系，在每个周期中增加一些工作时间槽，从而达到加速的目的。Sun 等[20]提出一个名为 Hello 的统一框架，来包含所有的确定式异步邻居发现算法，例如 Quorum、Disco、U-connect 和 Searchlight。Hello 框架有效地降低了发现延迟，但它没有考虑节点的能量消耗。

上述的在异步阶段的邻居发现算法主要是由随机式算法和确定式算法两类组成。在此之后，邻居发现算法走向衍生阶段。在衍生阶段，研究者主要考虑不同的因素对发现算法的影响。Chen 等[21]着重讨论了时间槽个数不再为正整数且时间槽长度不一致对邻居发现算法的影响，并提出了一个非整数的邻居发现算法。Meng 等[22]结合这个思想以及 Searchlight 算法，提出了(A)Diff-Code 邻居发现算法。其主要思想是提出基于非整数的算法策略编码，来提高非整数时间槽情况下的发现效率。另外一些研究者考虑在多信道[23]、多跳数[24]、多发送接收包[25]情况下的邻居发现效率。还有将邻居发现算法引入多方向天线环境[26, 27]、多用户环境[28]，以及认知网络环境[29]中的研究。

2.3 基于角色扮演的邻居发现算法

最近，很多基于邻近地理位置的社交应用被开发出来，以吸引附近的用户使用这些社交应用，例如移动游戏 StreetPass 和 Vita。这些应用要求在有限时间内将附近的参与者高效(较低的延迟和能耗)地连接起来，并进行组网。发现并连接这些节点的过程即为邻居发现。现有的邻居发现算法基本上将邻居发现过程中的所有节点看作是相同的，而实际上，在邻居发现过程中，节点的行为有主动和被动的差别。本章主要介绍一种基于角色扮演的邻居发现算法，命名为 Erupt。其主要思想是将主动和被动角色的节点分开，并对不同角色的节点赋予不同的发现策略，从而实现高效的邻居发现。在介绍基于角色扮演的邻居发现算法之前，首先给出无线网络模型与假设。

2.3.1 无线网络模型与假设

节点： 假设在网络中有 N 个节点，每个节点都有自己独特的身份标识(例如多路访问控制地址)，用于区别其他节点。每个节点都有一个信号收发器，允许节点不同步地接收和发送信息。

邻居： 当且仅当一个节点发送消息的同时另一个节点在监听信道，两个节点会成为邻居。当发送方接收到接收方的确认消息，两个节点正式成为邻居。

状态： 每一个节点只能处于发送、监听或者睡眠三种状态之一。处于发送状态的节点会通过广播消息来与周围节点建立联系。处于监听状态的节点会通过监听信道来接收附近节点发送的消息并反馈信息给源消息节点。处于睡眠状态的节点会保持静默，既不发送消息，也不监听信道。

角色： 在本节中，给节点定义主持者和参与者两个角色。节点扮演主持者角色时，要么处于发送状态，要么处于睡眠状态。相对地，当节点扮演参与者时，只会处于监听或者睡眠状态，不会处于发送状态。

时间： 时间被分为离散的时间槽。用 t 来表示一个时间段(time cycle)，一个时间段的大小取决于每个节点的占空比。一个节点的占空比定义为在这段时间内该节点处于工作状态(发送或者监听)所占的比率。另外，对扮演主持者的节点定义有一个工作周期(working cycle)，用 I 来表示，其定义的表达式为

$$I = t \cdot \left[(t/2) \right] \tag{2-1}$$

其中，t 表示一个时间段。

能耗： 当一个节点处于睡眠状态时，在此定义其能耗为 0。当一个节点处于

发送或者监听状态时，假设在每个时间槽中的能耗相同，在此定义其能耗为1。

2.3.2 Erupt 算法描述

当节点开启一个移动社交应用时，它会主动发起邻居检测。换句话说，每一个邻居发现过程的背后，都会有一个主动发起的节点，称为主持者。因此，将网络中的移动节点分为主动和被动两种。而被动的节点，称为参与者。在邻居发现过程中存在一个现象，主持者会愿意多消耗小部分能量去找到更多的邻居节点，为的是尽快开启应用。此时，在网络中能量消耗会显现出一个爆发性的增长。根据这种现象，我们设计了名为 Erupt 的邻居发现算法，其核心思想便是前述的不同角色的扮演，如算法 2.1 所示，其中 % 表示模运算，三条线表示恒等号，$\lfloor * \rfloor$ 表示对括号内的数下取整。

算法 2.1 Erupt 算法机制

1. **if** 节点处于主持者模式 **then**
2. $k=1$
3. **for** i 从 1 到 I **do**
4. 当 $i\%k \equiv 1$ 时，节点处于工作状态
5. **if** $i\%\lfloor (t/2) \rfloor = 0$ **then**
6. $k=k+1$
7. **end if**
8. **end for**
9. **else**
10. 随机从 $(1,\lfloor (t/2) \rfloor)$ 和 $(\lceil (t/2) \rceil, t)$ 中各选择一个数 a 和 b
11. **for** i 从 1 到 t **do**
12. **if** $i\%a=0$ 或 $i\%b=0$ **then**
13. 节点处于工作状态
14. **end if**
15. **end for**
16. **end if**

在算法 2.1 中，当一个节点处于主持者模式时，称其为主持者。设每个主持者有一个工作周期 I，分为全工作部分和衰减部分。在全工作部分时，主持者始终处于发送状态，时长为一个时间段 t。衰减部分是从第二个时间段到第 $\lfloor t/\lfloor t/2 \rfloor \rfloor$ 个时间段。k 表示在工作周期 I 中的时间段的序号，主持者在时间槽序列模 k 恒等于 1 时处于发送状态。而当一个节点处于参与者模式时，称其为参与者。参与者将一个时间段分成有 $\lfloor (t/2) \rfloor$ 和 $\lceil (t/2) \rceil$ 个时间槽的两部分，然后在每个部分中随机选择一个时间槽处于监听状态。在其他的时间槽中，参与者处于睡眠状态。

2.3.3　两个节点情况下的分析

本小节将讨论网络中只有一个主持者和参与者的情况。在两个节点的网络中，当一个节点处于发送状态，另一个节点处于监听状态时，两个节点相互发现。定义两个节点分别为 S 和 P，其中 S 表示主持者，P 表示参与者。这里给出一个例子，如图 2.1 所示，节点 S 和 P 的时间段长度 t 设为 4。用 t_S 和 t_P 分别表示节点 S 和 P 的时间段长度。l 为当主持者 S 处于工作周期时，节点 S 和 P 时间段之间存在的时间差，l 由若干个时间槽组成。

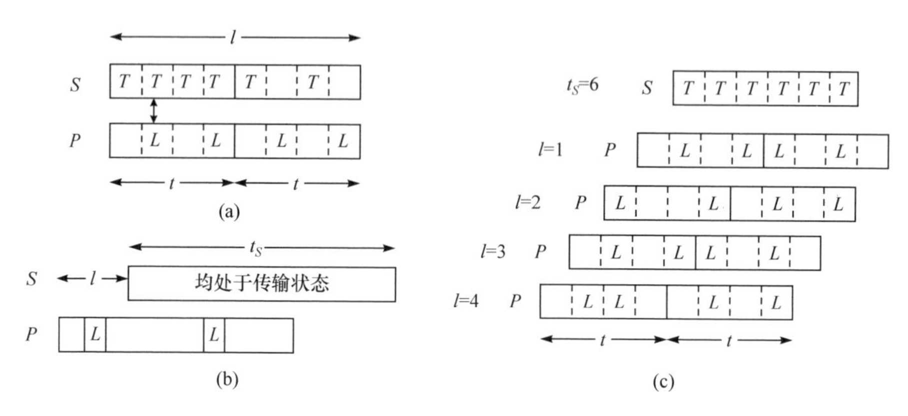

图 2.1　主持节点与参与节点之间的相位差的情况

下面通过两方面来分析 Erupt 算法。首先，计算一个主持者发现一个邻居所需要的平均时间。这里，称这个平均时间为平均延迟。其次，分析主持者和参与者的工作周期和能量损耗。

图 2.1(a)中，节点 S 是主持者，节点 P 是参与者，时间段长度为 4 个时间槽；图 2.1(b)展示了当节点 S 开始工作周期时与节点 P 之间的位差；图 2.1(c)展示了当 $t_S=6$、$t_P=4$ 时，节点 S 与 P 之间可能的位差。

2.3.4　平均延迟

本小节将对两个节点情况下的 Erupt 算法邻居发现平均延迟进行讨论。分为 $t_S \geqslant t_P$ 和 $t_S < t_P$ 两种情况。

引理 2.1　如图 2.1(c)所示，节点 P 的时间段对节点 S 的时间段之间的时间差 l 满足 $l \in 0,1,2,\cdots,t_P-1$。

首先讨论 $t_S \geqslant t_P$ 的情况。

引理 2.2　如图 2.1(c)所示，当 $t_S \geqslant t_P$ 时，在节点 S 的全工作部分即可发现节点 P。

证明：根据前面对主持者的描述，当节点 S 开始工作周期时，它将在全工作部分广播信息。在引理 2.1 中，当节点 S 开始广播消息时，l 会是 $0,1,2,\cdots,t_P-1$ 中的一个。无论 l 是哪个值，t_S 将包含节点 P 两部分中的一部分，如图 2.1(c)所示。再根据对于参与者的描述，节点 P 会在每一个部分中都随机选择一个时间槽处于监听状态，那么节点 S 能确保在它的全工作部分发现节点 P。

定理 2.1 当 $t_S \geqslant t_P$，节点 S 发现节点 P 的平均延迟为 $7t_P/24+1/2$。

证明：假设 l 等于集合 $0,1,2,\cdots,t_P-1$ 中的任何一个值的概率相同。引入 $k=\lceil t_P/2 \rceil$，当 t_p 是偶数时，$t_P=2k$。将 l 分为 $0\leqslant l<k$ 和 $k\leqslant l<2k$ 两种情况，然后把两种情况结合。计算得到平均延迟为 $\dfrac{7k^2+6k-1}{12k}\approx\dfrac{7t_P}{24}+\dfrac{1}{2}$。当 t_P 是奇数时，$t_P=2k-1$。与 $t_P=2k$ 类似，可以得到平均延迟为 $\dfrac{7k^2-k-2}{12k-6}\approx\dfrac{7t_P}{24}+\dfrac{1}{2}$。所以节点 S 发现节点 P 的平均延迟为 $\dfrac{7t_P}{24}+\dfrac{1}{2}$。

在 $t_S\leqslant t_P$ 的情况中，由于在 t_P 足够大的情况下，主持者节点 S 可能发现不了参与者节点 P，因此需要讨论发现概率和 t_S 的选择之间的关系。首先，给出一个假设来帮助分析。用 d_{SP} 表示节点 S 和 P 之间时间段的差，假设 $d_{SP}=t_P=t_S$。然后，用 P_1 和 P_2 表示参与者节点 P 的时间段中的两个部分，则有 $P_1=\lfloor t_P/2 \rfloor$、$P_2=\lceil t_P/2 \rceil$，以及 $t_P=P_1+P_2$。另外，用 p_{SP} 表示节点 S 发现节点 P 的概率。用 p_h 和 p_t 分别表示在全工作部分发现的概率和在衰减部分发现的概率，则有 $p_{SP}=p_h+p_t$。

定理 2.2 p_h 的平均值约为 $\dfrac{17}{24}$。

证明：首先讨论 $1\leqslant d_{SP}\leqslant P_1$ 的情况，即 $t_S<t_P\leqslant 2t_S$。l 有四种情况，如图 2.2(a)到图 2.2(d)所示。计算 l 的期望，表示为 $p_{d_{SP}}$。然后在此基础上，计算 d_{SP} 的期望。所以有

$$p_h=\sum_{d_{SP}=1}^{P_1}p_{d_{SP}}=\sum_{d_{SP}=1}^{P_1}\left(1-\frac{d_{SP}^3-d_{SP}}{3P_1P_2\left(P_1+P_2\right)}\right)\approx\frac{23}{24} \tag{2-2}$$

然后讨论 $P_1+1\leqslant d_{SP}\leqslant P_1+P_2-1$ 的情况，即 $t_P>2t_S$。同样 l 有四种情况，如图 2.2(e)到图 2.2(h)所示。类似，得到在这种情况下的 p_h 值为

$$\begin{aligned}p_h=\sum_{d_{SP}=P_1+1}^{P_1+P_2-1}p_{d_{SP}}=\sum_{d_{SP}=P_1+1}^{P_1+P_2-1}\{1+\frac{1}{3P_1P_2\left(P_1+P_2\right)}[d_{SP}^3-\left(3P_1+3P_2\right)d_{SP}^2\\+\left(3P_1^2+3P_2^2-1\right)d_{SP}-P_1^3-P_2^3+P_1+P_2]\}\approx\frac{11}{24}\end{aligned} \tag{2-3}$$

合并式(2-2)和式(2-3)得到 $p_h = \dfrac{17}{24}$。

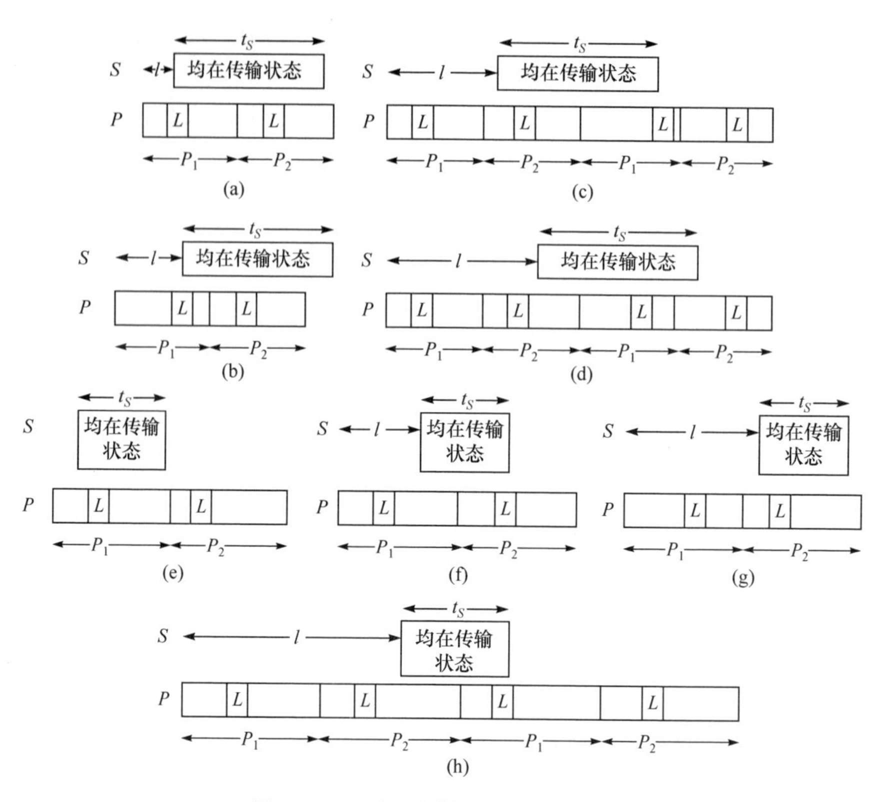

图 2.2　d_{SP} 在不同情况下的发现概率

图 2.2(a)到图 2.2(d)展示了当 $1 \leqslant d_{SP} \leqslant P_1$ 时，l 的四种情况。图 2.2(a)展示了当 $1 \leqslant l \leqslant d_{SP}-1$ 时，其发现概率为 $1-\dfrac{l}{P_1P_2}(d_{SP}-l)$。图 2.2(b)展示了当 $d_{SP} \leqslant l \leqslant P_1$ 时，其发现概率为 1。图 2.2(c)展示了当 $P_1+1 \leqslant l \leqslant d_{SP}+P_1-1$ 时，其发现概率为 $1-\dfrac{l-P_1}{P_1P_2}\left[d_{SP}-(l-P_1)\right]$。图 2.2(d)展示了当 $d_{SP}+P_1 \leqslant l \leqslant P_1+P_2$ 时，其发现概率为 1。图 2.2(e)到图 2.2(h)展示了当 $P_1+1 \leqslant d_{SP} \leqslant P_1+P_2-1$ 时，l 的四种情况。图 2.2(e)展示了当 $1 \leqslant l \leqslant P_1-t_S$ 时，其发现概率为 $\dfrac{P_1+P_2-d_{SP}}{P_1}$。图 2.2(f)展示了当 $P_1-t_S+1 \leqslant l \leqslant P_1$ 时，其发现概率为 $1-\dfrac{l}{P_1P_2}(d_{SP}-l)$。图 2.2(g)展示了当 $P_1+1 \leqslant l \leqslant d_{SP}$ 时，其发现概率为 1。图 2.2(h)展示了当 $d_{SP}+1 \leqslant l \leqslant P_1+P_2$ 时，其发现概率为

$1-\frac{l-P_1}{P_1P_2}[d_{SP}-(l-P_1)]$。由于 p_t 可能很难得到准确的公式，我们通过数学模拟工具在实验中获得。当$1\leqslant d_{SP}\leqslant P_1$时，$p_t\approx 0.0487$。当$P_1+1\leqslant d_{SP}\leqslant P_1+P_2-1$时，$p_t\approx 0.2555$。当$1\leqslant d_{SP}\leqslant P_1+P_2-1$时，$p_t\approx 0.1440$。所以即使在节点的占空比非常低的情况下，主持者节点仍有一定概率发现参与者节点。

2.3.5　占空比和能量损耗

根据 2.3.1 节的假设,能量损耗问题可以转化为计算一个节点处于发送状态和监听状态的时间槽的个数。用 E 表示能量损耗，DC 表示占空比。这节将讨论节点 S 的能量损耗。

定理 2.3　在节点 S 的工作周期中，节点 S 的能量损耗为 $E_S=\sum_{i=1}^{k}\lceil t_S/i\rceil$，占空比为 $\frac{\sum_{i=1}^{\lfloor t_S/2\rfloor}\lceil t_S/i\rceil}{t_S\cdot\lfloor t_S/2\rfloor}$，其中 $k=\lfloor t_S/2\rfloor$。

证明：根据对 Erupt 算法的描述，节点 S 会在全工作部分始终保持发送状态。在衰减部分，节点 S 会在每个时间段依次开启$\lceil t_S/2\rceil,\lceil t_S/3\rceil,\cdots$，直到第$\lfloor t_S/2\rfloor$个时间段结束。因此，在所有时间段中的能量损耗为

$$E_S=t_S+\left\lceil\frac{t_S}{2}\right\rceil+\cdots+\left\lceil\frac{t_S}{\lfloor t_S/2\rfloor}\right\rceil=\sum_{i=1}^{\lfloor t_S/2\rfloor}\lceil t_S/i\rceil \tag{2-4}$$

这样，可以得到节点 S 的占空比为 $\mathrm{DC}_S=\frac{E_S}{I_S}=\frac{\sum_{i=1}^{\lfloor t_S/2\rfloor}\lceil t_S/i\rceil}{t_S\cdot\lfloor t_S/2\rfloor}$。

2.3.6　多节点情况下的分析

这小节将讨论网络中有两个以上节点的情况。假设主持者为 n_S，其他 $N-1$ 个节点为 $n_1,n_2,\cdots,n_{N-1}$。将从简单情况和真实情况两个方面来分析 Erupt 算法。在简单情况下，每个节点有相同占空比以及时间段。真实情况下，每个节点有自己独有的时间段。另外，本小节不涉及两个节点处于主持者状态而产生干扰的情况。

(1) 简单情况

首先讨论在简单情况下的发现延迟。在此，发现延迟定义为主持节点在指定时间槽内发现的节点个数。用 c 表示指定时间槽个数，用 t 表示时间段长度，DL 表示发现延迟。

定理 2.4　在简单情况下，发现延迟分为三类情况：

当$1 \leqslant c \leqslant t_l - 1$时

$$\mathrm{DL}(c) = (N-1) \cdot \left[\frac{2c}{t_f + t_l} - \frac{c^3 - c}{3t_f t_l (t_f + t_l)} \right] \tag{2-5}$$

当$t_l \leqslant c \leqslant t - 1$时

$$\mathrm{DL}(c) = (N-1) \cdot \left[\frac{-c^3 + c}{3t_f t_l (t_f + t_l)} + \frac{c^2}{t_f t_l} - \frac{(t_f + t_l)c}{t_f t_l} + \frac{t_f^2 + t_l^2 - t_f t_l - 1}{3t_f t_l} \right] \tag{2-6}$$

当$c > t - 1$时

$$\mathrm{DC}(c) = N - 1 \tag{2-7}$$

在式(2-5)和式(2-6)中$t_f = \lfloor t/2 \rfloor$，$t_l = \lceil t/2 \rceil$。

证明：根据引理 2.2，可以得到所有的参与者节点都能在主持节点的全工作部分被发现。当$c \leqslant t - 1$时，随机在$n_1, n_2, \cdots, n_{N-1}$中选择一个节点，称为$n_r$。然后关注主持节点$n_S$和参与节点$n_r$。这与两个节点的情况相似，并且$n_S$的时间段为$c$。这两个节点的发现概率已经在式(2-2)和式(2-3)中给出。替换其中的P_1、P_2以及d_{SP}为t_f、t_l和$t-c$，其中$t_f = \lfloor t/2 \rfloor$、$t_l = \lceil t/2 \rceil$，从而得到式(2-5)和式(2-6)，即分别在$1 \leqslant c \leqslant t_l - 1$和$t_l \leqslant c \leqslant t - 1$情况下的公式。另外，当$c \geqslant t$时，明显地，$\mathrm{DL}(c) = N - 1$。

(2) 真实情况

在现实生活中，每个节点有它自己的时间段和占空比。发现延迟将取决于每个节点选择的时间段，尤其是主持者节点。根据引理 2.2，可以推出当$t_S \geqslant \max\{t_1, t_2, \cdots, t_{N-1}\}$时，所有的参与节点将在点$n_S$的全工作部分被发现，其中$t_S, t_1, t_2, \cdots, t_{N-1}$分别表示$n_S, n_1, n_2, \cdots, n_{N-1}$的时间段。如果设置主持者的时间段为100 个时间槽，它会以大概 2%的占空比发现所有的参与节点。这很难通过数学方法去获取平均发现延迟，所以可通过模拟场景来展示算法的优势。这里不再详细展开，读者可参见文献[6]。

(3) 能量消耗

根据定理 2.3，主持节点n_S的能量消耗由式(2-4)给出。在工作周期I_S中，参与节点n_i最多有$\left\lceil \frac{t_S \cdot \lfloor t_S/2 \rfloor}{t_i} \right\rceil$个时间段，其中$i = 1, 2, \cdots, N-1$。所以参与节点的能耗的最坏情况为$2 \cdot \sum_{i=1}^{N-1} \left\lceil \frac{t_S \cdot \lfloor t_S/2 \rfloor}{t_i} \right\rceil$。将主持节点的能耗加起来一起计算，得到网络中的总能耗为$E_{\text{all}} = \sum_{i=1}^{\lfloor t_S/2 \rfloor} \left\lceil \frac{t}{i} \right\rceil + 2 \cdot \sum_{j=1}^{N-1} \left\lceil \frac{t_S \cdot \lfloor t_S/2 \rfloor}{t_j} \right\rceil$。

2.4　基于节点密集场景的邻居发现算法

2.3 节讨论了邻居发现问题中，不同节点扮演不同角色的问题。然而现有的算法，包括上一节提到的 Erupt 算法都会遇到相同的问题，即频繁的冲突。邻居发现过程中的冲突是指当一个节点处于监听状态时，在发现范围内同时有两个或者多个节点处于广播状态，那么这个节点会因收到冲突的包而无法分辨发送节点，继而导致发送失败。尤其在节点比较密集的场所，频繁的冲突会大大降低邻居发现效率。本节给出一个基于密集场所的邻居发现算法，命名为 Centron。在 Centron 算法中，移动节点被鼓励组成一个个不重合的核心小组。在邻居发现中，每个小组可以视为一个“较大的移动节点”。核心小组内的节点通过相互协商，达到减少网络中冲突的目的。

2.4.1　Centron 方法设计

Centron 算法的主要目的是提高移动节点在密集场景下邻居发现效率(减少冲突)。在节点密集场景下，鼓励移动节点组成一个个小的核心组。通过每个小组组织场景中节点的发现策略来降低冲突。这个想法是受到原子结构的启发。原子中的原子核是核心，吸引电子在其周围运动。实现这个想法的主要挑战在于平衡核心组中成员的协商成本，从而制定合适的发现策略，达到减少冲突、提高发现效率的目的。下面先给出密集场景的假设，然后详细叙述 Centron 算法。

2.4.2　场景模型和假设

节点：假设在区域中有 N 个节点，每个节点都有自己独特的身份标识(例如多路访问控制地址)，用于区别其他节点。本节讨论的环境是节点密集的情况，即有多个节点聚集在一个较小的区域中，例如体育场、歌剧院或者火车车厢等，这可能导致每个节点的发现范围有高度的重合。因此，这里假设网络中所有节点都处于其他节点的发现范围内。

模式：为了简化每个节点的工作模式，假设每个节点一定处于两种模式中的一种：工作模式或睡眠模式。工作模式的节点处于发送或者监听状态；睡眠模式的节点会关闭它的监听设备，处于休息状态。根据这种假设，当节点相互发现时，一定都处于工作模式中。

时间：将时间分为若干个离散的时间槽。

信道：在本节中，假设网络中有两个不同频率的信道。在现有的邻居发现策略中，所有信道都是用来发现邻居的。不过在 Centron 策略中，一个信道用作发现邻居，另一个信道用作核心成员节点之间进行协商。另外，多个信道的情况将不在本节中考虑，读者可根据本节的两信道情况进行类似的多信道扩展。

邻居：当一个移动节点接受了另一个节点的发现邀请，并且回复接受信息，那么他们将成为邻居。

策略：每个节点都有一个发现策略，例如 Birthday、Disco、U-connect 等。另外，本节定义一个策略周期，它表示节点完整跑完一个确定式策略消耗的时间。

冲突：当一个移动节点同时接收到两个或者多个消息时，会产生冲突，即有部分消息包丢失。另外，需要注意的是，本节假设在发生冲突的情况下是没有部分消息包恢复技术的支持的。

2.4.3 协议描述

本节将具体描述 Centron 协议。Centron 协议主要分为两部分：核心构成和邻居发现。

(1) 核心构成

当一个节点第二次发现同一个邻居节点时,它会对其发出组成核心组的邀请。如果这个节点不属于其他的核心组，而且有相似的占空比，它将接受邀请；否则，它会拒绝。当一个核心组组成时，将发出邀请的节点称为创建者，其他节点称为成员。创建者节点将它的策略包含在邀请信息里，然后成员节点会在接收邀请之后，调整它们的策略，和创建者节点保持同步。这里可以有多种调整方法。例如，如果核心组的节点都使用 Searchlight 策略，它们可以使用不同的初始工作时间槽的位差，即每个节点都要调整自己的 Searchlight 周期。如果核心组的节点之前用的是 Disco 策略，则每个节点选择一个不同的素数。为了提升发现效率，这里默认创建者节点和成员节点将瓜分一段时间内的所有工作状态的时间槽。

图 2.3 给出了一个简单的例子，显示当核心组有两个节点时的策略瓜分情形。在图中，S 、D 和 d 分别代表 Searchlight、Disco 和初始策略。其中，初始策略是指两个节点在成为核心组之前的策略，这里默认为 Searchlight。标记 S 、D 和 d 注释了在不同策略下，节点处于工作状态时间槽的状态。可以看到原先创建者节点和成员节点的 Searchlight 工作周期为 10，调整之后两个节点的周期都为 20，而且可以有效地配合，像是一个较大的工作周期为 10 的节点。如果两个节点都使用 Disco 策略，一个节点选择素数为 3，另一个节点选择素数为 5，那么这两个节点可以配合，像是一个较大的选择素数对为(3,5)的策略为 Disco 的节点。

时间	1	2	3	4	5	6	7	8	9	10	11	12	13	14	15	16	17	18	19	20
创建者	S/d	S	D			D/d			D		D/d	D	S		D	d		D		
成员		d			D			d	S	S/D		d			D		d	S		S/D

图 2.3 核心组节点策略调整的例子

(2) 邻居发现

在组成核心组以后，每个核心组都在网络中表现为一个较大的移动节点，这个节点有它自己的占空比和策略。这个新的占空比取决于创建者，因为是它将自身的策略嵌入邀请消息中。另外，在每个策略周期中，创建者节点和其成员节点还需要另有一个协商，用来共享他们发现的邻居。

图 2.4 给出了组建核心组和发现邻居的过程。虚线表示节点正在组建核心组，实线表示核心组与核心组之间的相互发现。图 2.4(a)是初始状态；图 2.4(b)是在初始状态后的某一个时间点的发现状态；图 2.4(c)给出了图 2.4(b)之后可能的发现情况，此时有六个核心组已经组建完成。

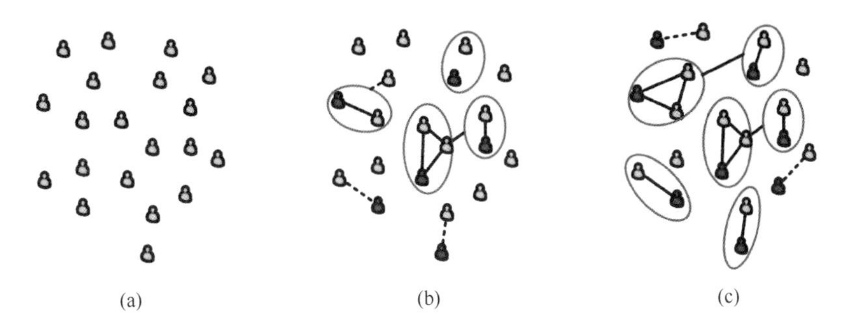

图 2.4　Centron 策略的主要过程

不过这里有个问题，即协商仍然需要时间和能量。而且，如果这两个消息都在一个信道中传输的话，发现消息可能会和协商消息冲突。在本节中，只考虑核心组最大为三的情况，因为在两个节点或者三个节点之间协商比较方便，并且能量消耗较少。具体的细节分析，将在下一节中进行阐述。此外，假设每一次的协商需要一个时间槽的时长，将发现消息和协商消息分开，分别在两个不同频率的信道中进行传输，这样会大大减少了不必要的冲突。一个信道专门用来协商，另一个信道用来发现。

2.4.4　方法效用分析

本节将给出一个较为细致的分析，比较 Centron 策略和已有的策略(例如 Birthday、Disco、U-connect 和 Searchlight)。此外，本节也对非对称情况进行讨论。

(1) 发现概率分析

在这里使用发现概率来反映在一个时间槽中两个节点相互发现的概率。

① 已有的策略。根据不同的策略，通过找出已有协议之间的共同特征来分析发现概率，然后和 Centron 策略进行对比。表 2.1 给出几个经典策略的工作状态概

率，表中概率一栏表示一个移动节点在一个时间槽内处于工作状态的概率。其中，P、P_1和P_2均表示素数，t是一个正整数。这四个参数主要由节点的占空比决定。

表 2.1　经典策略的工作状态概率

种类	策略	概率
确定式	Disco	$P_D = \frac{P_1 + P_2 - 1}{P_1 P_2}$
	U-connect	$P_U = \frac{P+1}{P^2}$
	Searchlight	$P_S = \frac{2}{t}$
随机式	Birthday	$P_B = \frac{1}{N}$

在随机式策略中，每个移动节点有一个固定的概率广播发现消息，这个概率取决于其占空比。在 Birthday 策略中，可以推导出当概率为$1/N$时，移动节点在网络中有最高的发现效率。在确定式策略中(例如 Disco、Uconnect 和 Searchlight)，即使它们的策略固定了处于工作状态的时间槽的序列，节点在随机选择的一个时间槽中，处于工作状态的概率也是相似的，由节点的占空比决定。因此，确定式策略可以通过随机选择策略的起始时间槽，即节点处于工作周期的第一个时间槽，来转化为随机式策略。对于一个随机选择的时间槽，用p_a表示一个移动节点处于工作状态的概率。反过来，这个节点处于睡眠状态的概率为$1-p_a$。后面，将使用上标“(T)”和“(C)”来分别在参数中区分已有策略和 Centron 策略。

然后，继续推导在经典策略中，节点在一个随机选择的时间槽中的发现概率。在 2.4.2 节中定义了节点相互发现的条件是网络中有且仅有两个节点处于工作状态。可得发现概率为

$$P_S^{(T)} = \binom{N}{2} p_a^2 (1-p_a)^{N-2} \tag{2-8}$$

当网络中存在两个信道时，发现的条件提升为在一个信道中有且仅有两个节点处于工作状态，因此将式(2-8)改写为

$$P_S^{(T)'} = \sum_{i=2}^{N} p_i \binom{N}{i} p_a^i (1-p_a)^{N-i} \tag{2-9}$$

其中，p_i表示有i个节点处于工作状态的发现概率，表达式为

$$p_i = \begin{cases} 3/8, & i=4 \\ \binom{i}{2} \Big/ 2^{i-1}, & i \neq 4 \end{cases} \tag{2-10}$$

② Centron 策略。这里只考虑发现信道中的发现概率。在协商信道中的消息冲突对协商的影响，远没有发现信道中的冲突对发现概率的影响大。若冲突发生在核心组创建时刻，创建节点可以认为对方拒绝了邀请。若发生在邻居信息共享时，因为发送与接收双方互为邻居，协商消息可以重新发送。

在 Centron 策略中，整个发现过程可以分为若干个时段。假设，在每个时段中，只有一个移动节点加入一个核心组。因为核心组不会重复，所以假设在第i个时段中，网络中有n_i个节点。通过简单的分析可以得到在第i个时间段中，任意一个时间槽中两个节点相互发现的概率为

$$P_S^{(C)}=\binom{n_i}{2}p_a^2\left(1-p_a\right)^{n_i-2} \tag{2-11}$$

因为策略中有两个信道，所以对比式(2-9)和式(2-11)。明显地，两个式子的值都和移动节点个数N、n_i以及概率p_a有关。因此，定义一个有三个参数的函数d，记为

$$d\left(N,n_i,p_a\right)=P_S^{(C)}\Big/P_S^{(T)'} \tag{2-12}$$

该函数通过比值形式，可作为快速、直观对比已有策略和 Centron 策略的发现概率性能优劣指标函数。

(2) 能量消耗分析

在现实生活中，许多移动节点是由电池提供能量的，所以能量消耗问题是不能忽略的。尤其，在 Centron 策略中每个节点还有在协商中产生的额外能量消耗。所以，比较 Centron 策略和已有策略在节点上的能量损耗是有必要的。通过计算节点处于工作状态的时间槽的个数来衡量节点的能量消耗。在本节中，主要计算在第i个时段节点的能量消耗。

通过第 2.4.3 节的描述，一个节点的能量消耗主要发生在发现邻居和协商两个部分。在发现邻居中的能量消耗，通过核心组之间的策略调整，可以变为原来的二分之一或者三分之一。而在协商中的能量消耗又可以分为两部分：核心组形成时的消耗和邻居共享时的消耗。理想情况下，在核心组形成时的能量消耗为一个时间槽，而在邻居共享时的能量消耗为每个策略周期一或二个时间槽。

假设第i个时段由T_i个时间槽组成，用τ表示一个策略周期的长度。在已有的策略中，整个区域内的能量消耗为

$$E_i^{(T)}=\lfloor p_a\cdot T_i\cdot N\rfloor \tag{2-13}$$

其中，$\lfloor * \rfloor$表示对括号内的数下取整。

在 Centron 策略中，假设已建成m个核心组(包括两个或者三个节点)。这样可以得到每个策略周期所需要消耗的协商时间槽为一或三个。从而，可以得到能

量消耗为

$$E_i^{(C)} = \lfloor p_a \cdot T_i \cdot n_i \rfloor + c_i \tag{2-14}$$

其中，c_i 表示协商消耗的能量。

c_i 值的范围可以表示为

$$\left\lfloor \frac{T_i}{\tau} \right\rfloor \cdot m' + 1 \leqslant c_i \leqslant \left\lceil \frac{T_i}{\tau} \right\rceil \cdot m' + 1 \tag{2-15}$$

其中，m' 表示所有核心组的能量消耗，其值为 $2N - 2n_i - m$。

式(2-14)和式(2-15)是在假设核心组的策略周期与每个单独节点的策略周期相同的情况下得到的。特别地，如果核心组的策略周期更长的话，就意味着在协商中能量消耗更少。

这里，通过式(2-13)减去式(2-14)来定义一个函数 e，其参数可以通过这两个公式获得，具体为

$$e(p_a, T_i, n_i, N, m') = E_i^{(T)} - E_i^{(C)} \tag{2-16}$$

该函数的作用类似于前面的函数 d，它可以作为快速、直观对比已有策略和 Centron 策略的能量消耗性能优劣指标函数。

(3) 非对称情况

之前的分析都基于对称的情况，即区域内的节点都有相同的占空比。然而，在现实生活中，一个区域内的节点往往都有不同的占空比，因为每个移动设备都会剩余不同的能量。用随机变量 p_a 表示区域中的节点处于工作状态的概率，假设其服从参数为 l 和 u ($l < u$)的均匀分布。l 表示下界，u 表示上界。用 μ 表示 p_a 的期望，为 $\frac{u+l}{2}$。

$P_{ac}^{(T)}$ 表示已有策略在非对称情况下的发现概率，发现概率可以通过式(2-9)得(将 p_a 替换为不同的概率 p_a^*，*表示不同的节点)，即

$$P_{ac}^{(T)} = \sum_{i=2}^{N} p_i \sum_{1 \leqslant j_k \leqslant N}^{1 \leqslant k \leqslant i} \prod_{k=1}^{i} \frac{p_a^{(j_k)}}{1 - p_a^{(j_k)}} \prod_{1 \leqslant h \leqslant N} \left(1 - p_a^{(h)}\right) \tag{2-17}$$

其中，p_i 已在式(2-10)中给出。

根据相同的逻辑，修改式(2-11)可以得到 Centron 策略在非对称情况下的发现概率，即

$$P_{ac}^{(C)} = \sum_{1 \leqslant j,k \leqslant n_i}^{j \neq k} \frac{p_a^{(j)} p_a^{(k)}}{\left(1 - p_a^{(k)}\right)\left(1 - p_a^{(j)}\right)} \prod_{1 \leqslant h \leqslant n_i} \left(1 - p_a^{(h)}\right) \tag{2-18}$$

因为 p_a 服从 $\mathscr{U}(l,u)$，通过计算式(2-17)和式(2-18)的期望来比较发现概率的优劣。因此，式(2-12)可以改为

$$d_a\left(N,n_i,p_a\right)=E\left[P_{ac}^{(T)}\right]\Big/E\left[P_{ac}^{(C)}\right] \tag{2-19}$$

另外，分别列出在非对称情况下已有策略和 Centron 策略的能量消耗为

$$E_{ai}^{(T)}=\sum_{1\leqslant j\leqslant N}\left\lfloor p_a^{(j)}T_i\right\rfloor \tag{2-20}$$

$$E_{ai}^{(C)}=\sum_{1\leqslant j\leqslant n_i}\left\lfloor p_a^{(j)}\cdot T_i\right\rfloor+c_{ai} \tag{2-21}$$

其中，$\sum_{1\leqslant j\leqslant m}\gamma\left\lfloor\frac{T_i}{\tau_j}\right\rfloor+1\leqslant c_{ai}\leqslant\sum_{1\leqslant j\leqslant m}\gamma\left\lceil\frac{T_i}{\tau_j}\right\rceil+1$，$\gamma$ 是一个价值系数。当 j 是一个由两个节点组成的核心组时，$\gamma=1$；否则，$\gamma=3$。

同理，改写式(2-16)为

$$e\left(p_a,T_i,n_i,N,m\right)=E_i^{(T)}-E_i^{(C)} \tag{2-22}$$

2.5 本章小结

作为网络移动信息服务方法的底层基础技术之一，邻居节点发现技术是在数据链路层上发现周围节点、进行有效组网的关键。本章首先详细介绍了邻居发现的基本概念和邻居节点发现技术的发展现状，针对目前流行的社交应用场景，按角色、按密集程度，介绍了不同场景下的高效邻居发现技术。其中 Erupt 邻居发现算法将节点按角色分成主持者节点和参与者节点两类，利用一个衰减策略来满足主持者希望通过多一些能量换取更高发现效率(即多发现、低延迟)的期望。Centron 邻居发现算法通过巧妙建立一个核心组，解决了在节点密集的区域，节点之间通信会受到频繁冲突，发现效率降低的问题。以上这些发现算法从能量、效率、延迟等方面给出了相应的高效性证明。对未来如何设计更好的邻居发现算法给出了启示。

参考文献

[1] 杨思骞. 面向移动网络服务中邻居发现方法和应用的研究. 同济大学博士学位论文, 2018.

[2] 游理钊. 新型无线网络组邻居发现算法的研究. 南京大学硕士学位论文, 2013.

[3] Wang Y, Cong G, Song G, et al. Community-based greedy algorithm for mining top-k influential nodes in mobile social networks. Proc. ACM SIGKDD, Washington, DC, USA, 2010:1039-1048.

[4] Park E, Baek S I, Ohm J Y, et al. Determinants of player acceptance of mobile social network games: An application of extended technology acceptance model. Telematics and Informatics, 2014, 31(1): 3-15.

[5] 朱立超. 基于位置的社交网络中个性化路径推荐算法的研究. 哈尔滨工业大学硕士学位论

文, 2014.
[6] Yang S, Li Z, Stojmenovic M, et al. Erupt: A role-based neighbor discovery protocol for mobile social applications. Ad Hoc & Sensor Wireless Networks, 2015, 24(3/4): 265-281.
[7] Yang S Q, Wang C, Jiang C J. Centron: Cooperative neighbor discovery in mobile Ad-hoc networks. Computer Networks, 2018, 136: 128-136.
[8] Ye W, Heidemann J S, Estrin D. An energy-efficient MAC protocol for wireless sensor networks. Proc. IEEE INFOCOM, New York, NY, USA, 2002: 1567-1576.
[9] Polastrc J, Hill J L, Culler D E. Versatile low power media access for wireless sensor networks. Proc. ACM SenSys, Baltimore, MD, USA, 2004: 95-107.
[10] McGlynn M J, Borbash S A. Birthday protocols for low energy deployment and flexible neighbor discovery in Ad hoc wireless networks. Proc. ACM MobiHoc, Long Beach, CA, USA, 2001: 137-145.
[11] Vasudevan S, Adler M, Goeckel D, et al. Efficient algorithms for neighbor discovery in wireless networks. IEEE ACM Transactions on Networking, 2013, 21(1): 69-83.
[12] Jiang J, Tseng Y, Hsu C, et al. Quorum-based asynchronous power-saving protocols for IEEE 802.11 Ad hoc networks. Mobile Networks and Applications, 2005, 10(1): 169-181.
[13] Lai S, Ravindran B, Cho H. Heterogenous quorum-based wake-up scheduling in wireless sensor networks. IEEE Transactions on Computers, 2010, 59(11): 1562-1575.
[14] Dutta P, Culler D E. Practical asynchronous neighbor discovery and rendezvous for mobile sensing applications. Proc. ACM SenSys, Raleigh, NC, USA, 2008: 71-84.
[15] Kandhalu A, Lakshmanan K, Rajkumar R. U-connect: A low-latency energy-efficient asynchronous neighbor discovery protocol. Proc. ACM IPSN, Stockholm, Sweden, 2010: 350-361.
[16] Hardy G H, Wright E M. An Introduction to the Theory of Numbers. New York: Oxford University Press, 1975.
[17] Bakht M, Trower M, Kravets R H. Searchlight: Won't you be my neighbor?. Proc. ACM MobiCom, Istanbul, Turkey, 2012: 185-196.
[18] Wang K, Mao X, Liu Y. BlindDate: A neighbor discovery protocol. IEEE Transactions on Parallel and Distributed Systems, 2015, 26(4): 949-959.
[19] Zhang D, He T, Liu Y, et al. Acc: Generic on-demand accelerations for neighbor discovery in mobile applications. Proc. ACM SenSys, Toronto, Ontario, Canada, 2012: 169-182.
[20] Sun W, Yang Z, Wang K, et al. Hello: A generic flexible protocol for neighbor discovery. Proc. IEEE INFOCOM, Toronto, ON, Canada, 2014: 540-548.
[21] Chen S, Russell A, Jin R, et al. Asynchronous neighbor discovery on duty-cycled mobile devices: Integer and non-integer schedules. Proc. ACM MobiHoc, Hangzhou, China, 2015: 47-56.
[22] Meng T, Wu F, Chen G. Code-based neighbor discovery protocols in mobile wireless networks. IEEE ACM Transactions on Networking, 2016, 24(2): 806-819.
[23] Chen L, Bian K, Zheng M. Heterogeneous multi-channel neighbor discovery formobile sensing applications: Theoretical foundationand protocol design. Proc. ACM MobiHoc, Philadelphia, Pennsylvania, USA, 2014: 307-316.

[24] Zeng Y, Mills K A, Gokhale S, et al. Robust neighbor discovery in multi-hop multi-channel heterogeneous wireless networks. Journal of Parallel and Distributed Computing, 2016, 92: 15-34.

[25] Russell A, Vasudevan S, Wang B, et al. Neighbor discovery in wireless networks with multipacket reception. IEEE Transactions on Parallel and Distributed Systems, 2015, 26(7): 1984-1998.

[26] Felemban E A, Murawski R, Ekici E, et al. Sand: Sectored-antenna neighbor discovery protocol for wireless networks. Proc. IEEE SECON, Boston, MA, USA, 2010: 1-9.

[27] Park H, Kim Y, Song T, et al. Multiband directional neighbor discovery in self-organized mm wave Ad hoc networks. IEEE Transactions on Vehicular Technology, 2015, 64(3): 1143-1155.

[28] Zanella A, Bazzi A, Masini B. Relay selection analysis for an opportunistic two-hop multi-user system in a Poisson field of nodes. IEEE Transactions on Wireless Communications, 2017, 16(2): 1281-1293.

[29] Khan A A, Rehmani M H, Saleem Y. Neighbor discovery in traditional wireless networks and cognitive radio networks. Journal of Network & Computer Applications, 2015, 52: 173-190.

第三章　移动网络高效路由与均衡接入技术

3.1　引　　言

在当前各种各样的网络移动信息服务中，高效的数据传输是信息服务网络层的重要保障和基础，这依赖于路由协议与接入技术的发展。而该技术与当前信息服务的网络架构和网络拓扑变化有很大关系。首先，就网络架构来说，本书在第一章的 1.2 节中讨论了两种支撑网络移动信息服务的架构，一种是集中式蜂窝架构，另一种是更灵活的分布式 Ad hoc 架构，即数据的传递发生在移动设备之间。对于蜂窝架构来说，数据传输路径的选择不是难点，如何进行区域内用户均衡接入，才是影响网络数据传输性能的根本；对于分布式 Ad hoc 架构来说，如何选择高效低延时的多跳传输路径是关键。其次，本书将移动网络拓扑变化的快慢分为三类，第一种是以人走路速度(1～10km/h)为衡量标准的慢速移动网络拓扑变化，第二种是以车辆行驶速度(20～150km/h)为衡量标准的快速移动网络拓扑变化，第三种是以高铁速度(大于 200km/h)为衡量标准的超高速移动网络拓扑变化。由此，针对构建于不同网络架构及不同网络拓扑变化情况之上的移动信息服务，路由协议的设计均有所不同。

传统的依赖拓扑结构或者简单依赖相遇概率的路由协议，已经无法满足当前信息爆炸时代下数据高效传输的要求。本章首先在 Ad hoc 网络架构下，分别针对慢速移动用户网络场景和快速车联网场景，在 3.3 节和 3.4 节，利用当前信息服务中的社交因素和基于环境感知的智能手段来对这两种场景下的网络信息传递给出新的路由协议设计方法。其次针对集中式蜂窝架构，3.5 节在移动环境下，突破传统的流稳态的假设，利用强化学习手段实现用户接入的负载均衡，使得基站传输模式下的用户接入服务速率得以提升[1-6]。

3.2　相关技术发展

(1) 移动网络多跳路由协议研究进展

在路由协议方面，当前已有不少自组织网络架构下的多跳路由协议。路由协议的主旨是报文投递率的最大化和平均端到端传输延时的最小化。

其中一大类移动网络多跳路由协议是基于相遇概率的，如 Epidemic[7]和 Spray-and-Wait[8]是两种最早的基于相遇概率的数据转发算法。此后，很多文献使用节点相遇历史信息、空间信息或上下文信息等来预测节点未来和目的节点的相遇概率，这些启发式算法旨在寻找那些最有可能和目的节点相遇的中继点，如 Lindgren 等提出了名为 PROPHET[9]的路由算法，在该算法中，每个节点维持着与其他节点的相遇历史记录，PROPHET 正是基于对节点的相遇概率进行时间加权提出来的。Wu 等[10]在路由算法中利用了马尔可夫链去预测未来节点的相遇概率并同时考虑了缓冲容量的限制。

最近，人们发现社交信息对数据转发具有重要影响，这是因为社交关系可以反映人们的偏好，这对预测节点的相遇概率非常重要。因此，研究者提出了数种基于社交相遇的数据转发算法，如 Daly 等提出了利用节点中间中心性(betweenness)和社交相似性(由两个节点间的共同相邻节点的数量来衡量)的 SimBet 算法[11]; Hui 等针对延迟容忍网络(delay tolerant networks，DTN)，提出了利用兴趣小组(或称为社区结构)中节点的全局和局部中心性(centrality)来提升数据传输性能的 BUBBLE RAP 算法[12]；Gao 等和 Fan 等分别在文献[13]和[14]中通过定义节点的地理中心性(geo-centrality)和地理性社区(geo-community)来研究延迟容忍网络中的数据多播和广播问题；Nguyen 等在文献[15]中给出了将共同兴趣小组的数量作为社交相似性的路由算法；等等。

另外还有一大类是基于拓扑结构的路由协议，这些协议从关注网络节点间拓扑或者地理位置的角度来讨论路由协议的设计方法，经典协议包括 DSR 协议、AODV 协议、GPSR 协议、DSDV 协议、TORA 协议等[16, 17]。还有一些基于道路地图的协议设计方法[18-22]，然而这些研究存在着道路死胡同问题，并且在一些预期的数据转发路径上可能并不存在移动节点，这将导致这些方法失效[23]。尽管有些文献针对这些问题做出了改进，但是在多跳 Ad hoc 网络中预测路径的开销十分大。

(2) 移动网络用户均衡接入研究进展

针对蜂窝网络中用户负载接入均衡问题已有一些利用马尔可夫决策过程、博弈论等方法的研究。例如 Andrews 等的研究[24-28]主要集中在蜂窝网络、OFDM 系统和大规模 MIMO 系统的负载均衡问题上。Cheng 等的研究[29, 30]主要针对蜂窝网到 WiFi 接入点的负载分流(offloading)问题。还有一些考虑社会属性和能量消耗的网络负载均衡研究[31, 32]。

为了实现负载均衡，研究人员通常将关联接入问题转换为凸优化问题[33]，然后利用启发式方法[34]、梯度投影和对偶分解等来解决优化问题，获得关联接入解之后，再使用蜂窝呼吸(cell breathing)技术[35, 36]可以根据蜂窝覆盖区的负载情况动态调整基站的发射功率。在这个过程中，之前的研究通常采用泊松点过程(poisson point process，PPP)来对移动网络中的用户进行建模。使用泊松点过程模型的确简化了分析,降低了计算难度,但在许多情况下,特别是对于移动网络中的动态流(人流/车流)来说，均匀泊松点过程模型是不现实的。有些研究[37, 38]利用马尔可夫决策过程来研究离散和随机系统中的关联接入问题。但是，对于用户来说，复杂的环境通常是未知的，所以很难定义合理的状态转移模型。还有一些研究[39-41]采用博弈论来解决网络选择问题，但需要收敛到纳什均衡，这并不容易。

3.3　基于社交关系的移动网络路由协议

在本节中，我们先关注一般性慢速移动网络场景，如 3.2 节所述，在移动网络中存在多种基于相遇式的数据转发算法。虽然没有明确说明，但是许多文献普遍基于如下重要假设：社交相似性更高的两个节点，其相遇概率也较大。不同算法使用不同的社交相似性衡量指标，其中一种常用的方法是以共同兴趣(common interests)或共同兴趣小组(group of interests)数量为基础。

但基于共同兴趣小组数量的社交相似性指标忽略了如下事实：同一兴趣小组内的成员往往具有不同的局部活跃性水平。如果使用了一个较低的局部活跃性节点去传递数据，将会导致低效的数据包传递比和较长的时间延迟。

图 3.1(a)描绘了 Thomas 和 Stephen 间的中继选择；图 3.1(b)中，不同大小的图标代表了每个节点不同程度的局部活跃性；在交叠区域内，重叠在一起的方形、三角形或圆形代表一个节点可以有隶属于不同兴趣小组的不同局部活跃性。

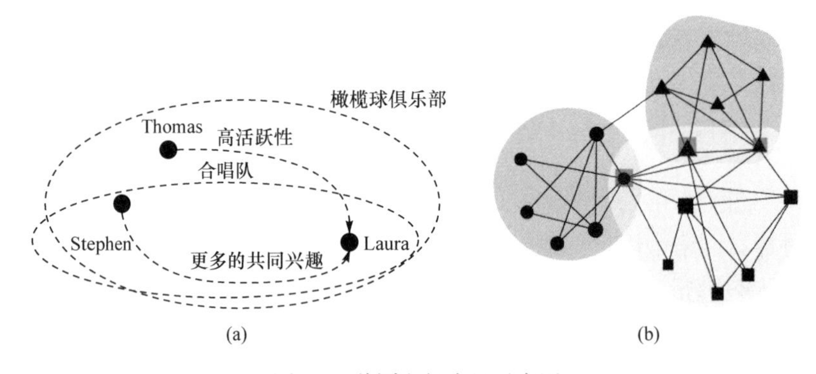

图 3.1　共同兴趣小组示意图

如图 3.1(a)所示，Laura、Thomas 和 Stephen 是大学橄榄球俱乐部的会员，也就是说他们具有共同的兴趣；现在，必须经由 Thomas 或 Stephen 向 Laura 发送一条信息。假设 Thomas 与俱乐部许多其他成员频繁交流，即他的局部活跃性较高，而 Stephen 与 Laura 还有另外一个共同爱好，比如他们都是大学合唱队成员。由于缺乏衡量标准，所以难以确定中继节点，是选择行为活跃的节点还是选择共同兴趣较多的节点呢？如果选择 Stephen，则可能由其局部活跃性低于 Thomas 而导致数据包传递比较低。所以，为解决这一问题，需要选择与目的节点的共同兴趣较多且在兴趣小组内局部活跃性较高的节点作为中继节点，本节将着重介绍并给出移动网络中基于局部活跃性和社交相似性的多跳路由协议(local activity and social similarity，LASS)。

3.3.1　局部活跃性

节点u在其隶属兴趣小组i内的局部活跃性定义为节点u与兴趣小组i内所有其他节点的相遇概率与兴趣小组i内任意两个节点的相遇概率之比。一个节点的局部活跃性反映了节点兴趣小组内的统计学相遇概率。具体地，有以下定义。

定义 3.1　局部活跃性(local activity)

令$a_{u,i}^t$表示在时刻t节点u在标号为i的兴趣小组中的局部活跃性，则有

$$a_{u,i}^t = \frac{P_{u,i}^t}{Q_i^t} \tag{3-1}$$

其中，分子$P_{u,i}^t$表示节点u与兴趣小组i中的所有其他节点在时刻t之前的相遇频率之和；分母Q_i^t表示兴趣小组i内任意两个节点在时刻t之前的相遇频率之和。

定义 3.2　活跃性向量(activity vector)

对每个节点u，定义时刻t时的活跃性向量为

$$A_t(u) = \left(a_{u,1}^t, a_{u,2}^t, \cdots, a_{u,i}^t, \cdots, a_{u,K}^t\right) \tag{3-2}$$

其中，$a_{u,i}^t$表示在时刻t，节点u在兴趣小组i内的局部活跃性；K表示兴趣小组数量。活跃性向量包含三种信息：时间、兴趣小组数量和局部活跃性。

这里打个比喻来解释节点局部活跃性的含义。假设大学内有一个橄榄球俱乐部(兴趣小组)。学生 Stephen 和 Thomas 是这个俱乐部的会员。如果 Thomas 与俱乐部内其他会员的交往非常紧密，而 Stephen 与其他会员的交往相对较少，于是可以说 Thomas 的局部活跃性较高，Stephen 的局部活跃性较低。如果 Stephen 和 Thomas 是属于多个俱乐部的会员，则 Stephen 和 Thomas 在每个兴趣小组内的局部活跃性是不同的。如果数据包传给局部活跃性较低的节点，则会降低数据包传递比，因此局部活跃性概念对数据转发具有重要作用。

可以发现，同一兴趣小组内的不同节点具有不同的局部活跃性数值，而同一节点在不同兴趣小组内也具有不同的局部活跃性数值。下面将基于节点的局部活跃性来讨论两个节点间的社交相似性。

3.3.2　社交相似性

在给出了节点局部活跃性和活跃性向量的定义之后，本小节关注节点相似性的问题。这里介绍一些常用的相似性度量准则，如欧几里得距离、海明距离、余弦距离、Pearson 相关系数和 Jaccard 距离等，这些度量准则常用于信息服务网络、推荐系统和 Web 搜索聚类分析[42-45]等领域。每种度量准则在不同的环境下各有其优缺点。更多关于相似性度量方法的知识参见文献[46]。

(1) 欧几里得距离

欧几里得距离是最易于理解的一种距离计算方法，源自欧几里得空间中两点间的距离公式。两个 n 维向量 $A\left(x_{11},x_{12},\ldots,x_{1n}\right)$ 与 $B\left(y_{11},y_{12},\ldots,y_{1n}\right)$ 间的欧几里得距离为

$$d=\sqrt{\sum_{k=1}^{n}\left(x_{1k}-y_{1k}\right)^{2}} \tag{3-3}$$

(2) 海明距离

两个等长字符串 s_1 与 s_2 之间的海明距离定义为将其中一个变为另外一个所需要做的最小替换次数。其应用领域一般为信息编码学。为了增强容错性，应使得编码间的最小海明距离尽可能大。

(3) 余弦距离

余弦距离也称为余弦相似度，是用向量空间中两个向量夹角的余弦值作为衡量两个个体间差异大小的度量。向量是多维空间中有方向的线段，如果两个向量的方向一致，即夹角接近于零，那么这两个向量就相近。而要确定两个向量方向是否一致，这就要用到余弦定理计算向量的夹角。两个 n 维向量 $A\left(x_{11},x_{12},\cdots,x_{1n}\right)$ 与 $B\left(y_{11},y_{12},\cdots,y_{1n}\right)$ 间的余弦距离为

$$\cos\left(\theta\right)=\frac{\sum_{k=1}^{n}x_{1k}y_{1k}}{\sqrt{\sum_{k=1}^{n}x_{1k}^{2}}\sqrt{\sum_{k=1}^{n}y_{1k}^{2}}} \tag{3-4}$$

相比欧几里得距离，余弦距离更加注重两个向量在方向上的差异。欧几里得距离和余弦距离各自有不同的计算方式和度量特征，因此它们适用于不同的数据分析模型。欧几里得距离能够体现个体数值特征的绝对差异，所以更多地用于需要从数值维度体现差异的分析；而余弦距离则更多地从方向上区分差异，而对绝对的数值不敏感。

(4) Pearson 相关系数

Pearson 相关系数是衡量随机变量 X 与 Y 相关程度的一种方法，取值范围是 $[-1,1]$。Pearson 相关系数的绝对值越大，则表明 X 与 Y 相关度越高。当 X 与 Y 线

性相关时，Pearson 相关系数取值为 1(正线性相关)或–1(负线性相关)。两个变量 X 与 Y 间的 Pearson 相关系数为

$$\rho_{X,Y}=\frac{N\sum XY-\sum X\sum Y}{\sqrt{N\sum X^2-\left(\sum X\right)^2}\sqrt{N\sum Y^2-\left(\sum Y\right)^2}} \tag{3-5}$$

(5) Jaccard 距离

Jaccard 距离使用两个集合中不同元素占所有元素的比例来衡量两个集合的区分度。两个集合 A 与 B 间的 Jaccard 距离定义为

$$J_d=\frac{|A\cup B|-|A\cap B|}{|A\cup B|} \tag{3-6}$$

在本小节中，对于相似性的度量主要考虑两个关键方面：一是局部活跃性；二是节点所隶属的兴趣小组分布。目的是希望节点的局部活跃性较大，且节点隶属兴趣小组的分布与目的节点所隶属的兴趣小组分布情况尽量保持一致。然而，上述这些度量无法满足该目的的要求，如余弦距离和 Pearson 相关系数只注重节点隶属的兴趣小组分布情况；欧几里得距离只注重向量中分量值的大小，即局部活跃性的大小；Jaccard 距离只考虑了两个节点公共的隶属兴趣小组的数量。所以，需要仔细挑选合适的相似性度量方法。那么，结合上述的两个关键方面，根据 3.3.1 节社交相似性的输入特征，即活跃性向量，这里选择内积法来定义社交相似性。

定义 3.3　社交相似性(social similarity)

给定节点 u 的活跃性向量 $A_t(u)$ 和节点 w 的活跃性向量 $A_t(w)$，定义节点 u 和节点 w 在时刻 t 时的社交相似性为

$$\mathrm{SS}_t(u,w)=A_t(u)\cdot A_t(w) \tag{3-7}$$

其中，符号“·”表示向量内积。

局部活跃性反映了节点在兴趣小组中的重要性。以目的节点为导向，路由算法希望找到一个与目的节点内积社交相似性较大的中继点，这样的中继点既可以保证其隶属兴趣小组分布与目的节点的隶属兴趣小组分布近似，又可以在与目的节点相关的隶属兴趣小组内拥有较大的局部活跃性。所以，如果一个节点与目的节点有较大的内积社交相似性，那么该节点有更大的机会能够接近目的地。

3.3.3　LASS 算法

LASS 算法的数据转发准则是选择与目的点社交相似性较高的节点作为中继点。社交相似性越高，说明被选节点与目的节点的共同兴趣越多，且在兴趣小组内的局部活跃性较高，这可以保证数据转发的优异性能。

基于定义 3.1、3.2 和 3.3，LASS 算法的详细步骤见算法 3.1。为了更加清晰

地阐明算法，这里给出一个例子来说明数据转发的整个过程。

算法 3.1　LASS：时刻 t 节点 u 到 w 的一次会话

1. **for** 节点 u 在时刻 t 相遇的每个节点 v_i
2. 　计算 $SS_t(u,w)$ 和 $SS_t(v_i,w)$
3. 　**if** $SS_t(v_i,w) > SS_t(u,w)$ **then**
4. 　　将 $SS_t(v_i,w)$ 添加到集合 $Temp^t$ 中
5. 　**end if**
6. **end for**
7. **if** $Temp^t \neq \varnothing$ **then**
8. 　对集合 $Temp^t$ 中的数值按降序排列
9. 　从 $Temp^t$ 中选择最大 $SS_t(v_i,w)$
10. 　节点 u 把数据包发送给节点 v_i
11. **else**
12. 　节点 u 继续持有数据包
13. **end if**

在图 3.2 所示的节点 u 到节点 w 的数据传输会话中，弯曲的虚线代表根据 LASS 算法所得的数据传输路径。

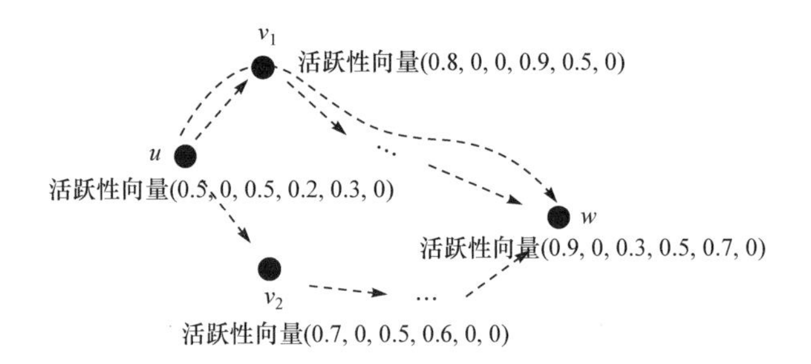

图 3.2　数据传输路径图

如图 3.2 所示，在时刻 t，有一个从节点 u 到目的节点 w 的数据传输会话，节点 u 遇到节点 v_1 和 v_2。节点 u、v_1、v_2 和 w 的活跃性向量分别为

$$A_t(u) = (0.5,0,0.5,0.2,0.3,0)$$

$$A_t(v_1) = (0.8,0,0,0.9,0.5,0)$$

$$A_t(v_2) = (0.7,0,0.5,0.6,0,0)$$

$$A_t(w) = (0.9,0,0.3,0.5,0.7,0)$$

根据算法 3.1 计算社交相似性，有 $SS_t(u,w) = 0.91$，$SS_t(v_1,w) = 1.52$，$SS_t(v_2,w) = 1.08$。从以上结果可以看出，节点 v_1 和 v_2 均可作为下一跳传输的中继

节点。但是因为$SS_t(v_1,w) > SS_t(v_2,w)$，所以最终选择节点$v_1$，并把数据包从节点$u$传给$v_1$。然后，节点$v_1$继续执行与上述步骤相类似的操作，来完成整个数据传输会话。

3.3.4　实验评估

(1) 对比算法

本小节把 LASS 算法与其他几种基于节点相遇的数据转发算法(Epidemic、PROPHET、Simbet、BUBBLE RAP 和 Nguyen's Routing)进行比较。其中，后三种算法含有社交属性。

① Epidemic 算法把数据包传递给所有相遇的节点，直到数据包到达目的地。

② PROPHET 算法通过对相遇历史记录进行时间加权来估计未来两节点间的相遇概率，选择相遇概率较大的节点作为下一跳的中继节点。

③ Simbet 算法通过计算移动节点的中间中心性和相似性来得到节点的效用指标。算法将数据包传递给效用指标高于当前数据包持有节点的相遇节点。本实验中 Simbet 的参数设置为：相似性系数设为 0.5，中间中心性系数设为 0.5。

④ BUBBLE RAP 算法提出一种分级转发策略。节点首先根据全局中心性，使数据包沿着节点的中心性排序树传输。当数据包到达目的节点所在的兴趣小组后，再使用局部中心性继续转发，直到数据包到达目的点。

⑤ Nguyen's Routing 算法给出了一种基于兴趣小组检测的数据转发策略。如果相遇节点与目的节点共享了比当前数据包持有点更多的共同兴趣小组结构，那么数据包会被转发给相遇节点。

(2) 数据集和仿真设置

目前已有很多机构或组织会提供或发布一些移动信息服务网络数据集，这些机构或组织如 CRAWDAD、Haggle iMotes 项目和斯坦福大学 SNAP Graph Library 等。其中，常用的 Infocom 06 数据集、MIT Reality Mining 数据集和 Facebook 数据集等都可以在这些机构或组织中找到。人们以这些数据集为基础，就社交关系推导、行为建模和预测、复杂移动网络分析和信息传播等问题进行了研究。这些数据集可以分为两类，第一类是直接描述社交朋友关系，第二类是描述社交地理上的邻近关系。在本小节中，因为考虑的是基于地理相遇的场景，所以第二类数据集(利用蓝牙扫描获得物理邻近信息)适宜本小节来开展实验。为了观察社交对数据转发的影响，这里将 MIT Reality Mining 数据集用于本小节实验上。在 MIT Reality Mining 数据集中，97 个用户携带 Nokia 6600 手机，在 MIT 校园及其周边地区活动，历时 9 个月。当然也可使用其他数据集来验证 LASS 算法的高效性。

这里选择 ONE 模拟器作为本小节的仿真工具[47]。该模拟器不仅可以提供包括日常生活复杂运动场景在内的多种移动模型，还可集成真实世界的移动轨迹。MIT Reality Mining 数据集中最重要的数据库就是手机蓝牙设备间的相遇接触记录，它包括了相遇的开始时间、结束时间和通信对等方。这些离散的相遇接触事件可以作为 ONE 模拟器的输入。另外，为了模拟通信链路的连接和断开，这里对数据库中节点相遇的开始时间和结束时间重新排序。根据通信对等方，设置相遇开始时间为链路连接，设置结束时间为链路断开。从数据集中提取出来的移动轨迹数据格式如表 3.1 所示，表中，CONN 表示连接(connection)，up 表示接连开启，down 表示连接关闭。

表 3.1　移动轨迹数据格式

0	CONN	93	96	up
0	CONN	93	14	up
128	CONN	85	17	up
129	CONN	94	29	up
		…		
1168	CONN	28	5	down
1169	CONN	28	17	down

设置每个节点在仿真期间生成 1000 个数据包；数据包大小服从 50～100KB 的均匀分布；数据传输速率为 2Mb/s，传输范围为 10m；每个节点的缓存大小为 5MB；源-目的节点对从所有节点中随机挑选；每个仿真重复 20 次；为了不损失精度，将网络更新周期设为 1s；底层网络的接口设置为蓝牙模式。

(3) 评价指标

① 数据包传递比：成功传输的数据包数量与数据包生成总数量之比。

② 开销比：中继传输的数据包数量与成功传输的数据包数量之差比上成功传输的数据包数量。

③ 平均时延：所有成功会话的平均数据包时延。

(4) 比较性实验

MIT Reality Mining 数据集是一个通过长期观察收集得到的数据集。因此，一些累积型社交现象(如局部活跃性、兴趣小组结构等)需要一段时间才能显现。这里设置实验生存时间为 30 分钟到 1 个月。相关实验结果见图 3.3。注意，选取的实验数据是从 2004 年 10 月 1 日至 2004 年 11 月 1 日的一段数据。

图 3.3(a)～(c)分别显示了 LASS、Epidemic 和 PROPHET 算法的数据包传递比、开销比和平均时延。

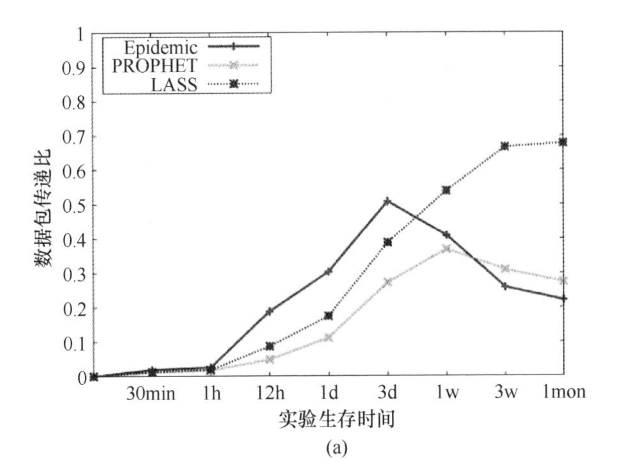
Epidemic
PROPHET
LASS
数据包传递比
1
0.9
0.8
0.7
0.6
0.5
0.4
0.3
0.2
0.1
0
30min
1h
12h
1d
3d
1w
3w
1mon
实验生存时间

(a)

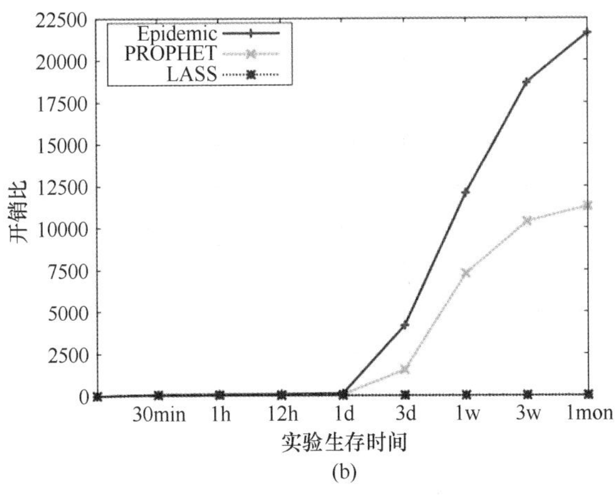
Epidemic
PROPHET
LASS
开销比
22500
20000
17500
15000
12500
10000
7500
5000
2500
0
30min
1h
12h
1d
3d
1w
3w
1mon
实验生存时间

(b)

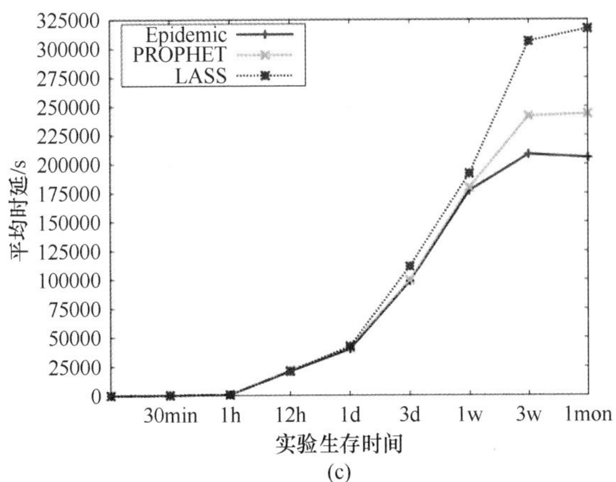
Epidemic
PROPHET
LASS
平均时延/s
325000
300000
275000
250000
225000
200000
175000
150000
125000
100000
75000
50000
25000
0
30min
1h
12h
1d
3d
1w
3w
1mon
实验生存时间

(c)

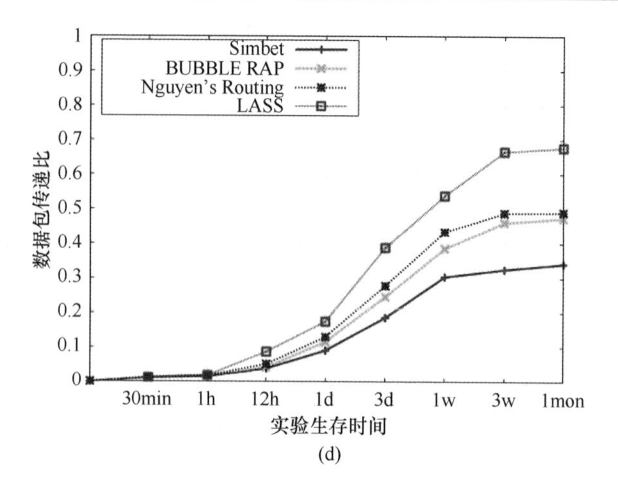

(d)

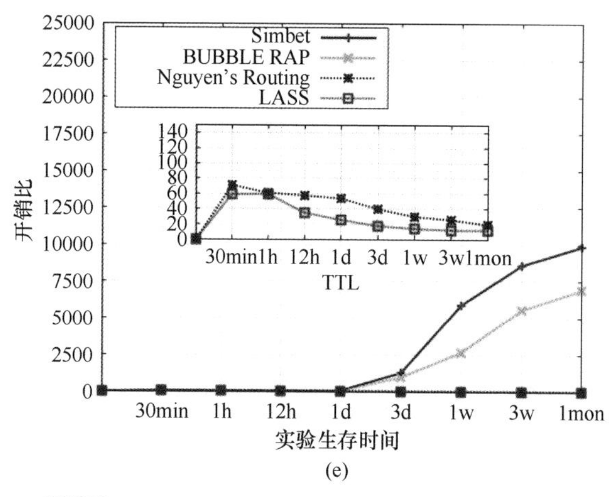

(e)

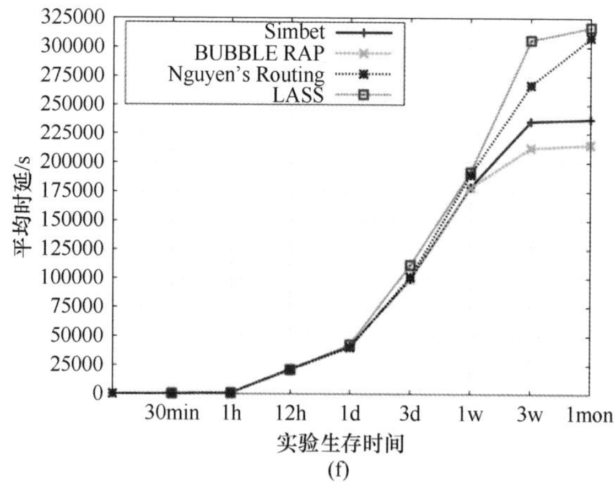

(f)

图 3.3　实验比较结果图

关于图 3.3(a)中描绘的数据包传递比的性能，由于 Epidemic 算法采用了洪泛的策略，所以其性能在初始阶段要优于 PROPHET 算法。在第 3 天时，Epidemic 算法达到峰值，其数据包传递比接近于 50%。但在此后，由于洪泛副本的数量太多，网络拥塞，所以数据包的传递性能出现下降。在进行仿真实验时，为了避免洪泛策略严重的性能衰减问题，本小节实验限制了 Epidemic 算法的数据包副本数量。虽然拐点现象仍然存在，但是其性能衰减不会太大。类似地，因为 PROPHET 算法需要冗余的中继以适应相遇概率的波动，所以它的性能在 1 周的时间点上也出现了拐点。然而，由于该算法使用了相遇历史信息来预测下一跳中继节点，所以在拐点之后，其数据包传递比要优于 Epidemic 算法。相比较之下，LASS 算法的数据包传递比稳步上升，在各对比算法中表现最优，分别比 Epidemic 和 PROPHET 算法高出 32.63%和 81.5%。在 1 个月时，LASS 算法达到 66.74%的数据包传递比峰值。尽管 LASS 算法与其余两种算法一样，没有对副本数量施加约束，但其峰值拐点不会出现太早。这是因为 LASS 算法使用了社交相似性策略来转发数据，这种策略可以保证数据包会被传输给与目的节点相遇概率较大的中继节点。

关于图 3.3(b)中描绘的开销比的性能，由于洪泛策略本身的特性，Epidemic 算法的劣势非常明显。其开销比相对 PROPHET 算法高出 64.64%。LASS 算法由于采取了基于社交相似性的转发策略，所以其性能在对比算法中最优。在整个实验生存期间，LASS 算法的开销比基本平均维持在 26.07%。关于图 3.3(c)中描绘的平均时延的性能，当实验生存时间增加时，所有算法的时延均增加。由于 Epidemic 算法的副本数量较多，所以其时延在对比算法中最小。PROPHET 算法的时延性能居于 Epidemic 和 LASS 算法之间。LASS 比 PROPHET 算法略高出 19.01%。这是因为在副本数量和中继选择策略间的权衡(trade-off)效应，即如果追求一个高性能的数据转发算法，那么由于算法选取的中继点都比较合适，所以数据副本量会相对较少，这导致了时延略高。

图 3.3(d)～(f)分别显示了 LASS、Simbet、BUBBLE RAP 和 Nguyen's Routing 算法的数据包传递比、开销比和平均时延。

从图 3.3(d)可以看出，LASS 算法的性能在对比算法中最优，其数据包传递比分别比 Nguyen's Routing、BUBBLE RAP 和 Simbet 算法平均高出 34.64%、46.18%和 120%。Simbet、BUBBLE RAP 和 Nguyen's Routing 算法存在的一个共同问题是它们均没有考虑相遇频率。在这三种对比算法中，如果在时刻 t 两个节点相遇，则形成社交图时，将会在这两个节点间添加一条边。也就是说，它们没有考虑一段时间内的相遇频率，而只考虑了某一时间点上的相遇情况。而且在兴趣小组检测时也没有对边做区分对待，所以在这三种算法中，存在将数据包传递给一个与数据包持有节点间存在一条边的中继节点，但很有可能该节点在未来与其他节点很少接触，那么此次数据传输将会是低效的，甚至无效。

如果 Simbet、BUBBLE RAP 和 Nguyen's Routing 算法考虑相遇频率，那么它们的数据包传递比将会比过去有所提高。但相遇频率还不是 LASS 算法的决定性因素。即使 Simbet、BUBBLE RAP 和 Nguyen's Routing 算法考虑了相遇频率，仍然有其他因素影响它们的性能。Simbet 和 BUBBLE RAP 算法存在的问题是在数据转发的整个或部分阶段使用了全局中间中心性。Simbet 和 BUBBLE RAP 算法分别隐含地和明确地考虑了兴趣小组的概念。也就是说，除了孤立节点外的其他节点均有所隶属的兴趣小组。如果将数据包传递给全局中间中心性较高的节点，即使该节点就整个网络来说与其他节点的相遇频率较高，但该节点所隶属的兴趣小组有可能是与目的兴趣小组毫无关系或交叠的兴趣小组。这样，如果该节点作为中继节点，它会增加数据包到达目的节点的传输时间。而 Nguyen's Routing 算法倾向于把数据包传递给与目的节点有较多公共隶属兴趣小组的节点。然而，这种算法可能会把数据包传递给兴趣小组内局部活跃性较低的节点。这也是 Nguyen's Routing 算法的数据包传递比相对 LASS 低的主要原因。因此，考虑每个加权兴趣小组中节点的局部活跃性，且利用社交相似性作为数据转发准则，是 LASS 算法提升数据转发性能的两个关键。

在图 3.3(e)中，Simbet 和 BUBBLE RAP 算法的开销比远高于 LASS 和 Nguyen's Routing 算法。原因是 LASS 和 Nguyen's Routing 算法的数据转发算法中均考虑了“优先选择具有共同兴趣小组的节点作为中继节点”这一策略。而这一策略会控制会话期间数据的副本数量。在放大的图例中可以发现，LASS 和 Nguyen's Routing 算法的开销比随着实验生存时间的增加而下降。这是因为这两种算法在传输数据包时均使用了社交相似性的策略，LASS 算法使用活跃性向量的内积作为相似性，而 Nguyen's Routing 算法使用共同兴趣小组的数量作为相似性。随着时间推移，社交现象愈发规律且清晰，这会变相提高算法对移动网络的适应性，即用少量的数据副本就可以成功满足数据转发的要求。平均上讲，LASS 算法的开销比只有 26.07%，优于 Nguyen's Routing 算法的 44.72%。在图 3.3(f)中，当实验生存时间增加时，四种算法的时延均会增加。LASS 和 Nguyen's Routing 算法比较接近，且略优于 BUBBLE RAP 和 Simbet 算法。原因是 LASS 和 Nguyen's Routing 算法中副本的数量较少。

从上述实验结果和相关分析可以得到，平均而言，在数据包传递比方面，LASS(66.74%)比 Epidemic 算法高 32.63%，比 Nguyen's Routing 算法高 34.64%，比 BUBBLE RAP 算法高 46.18%，比 PROPHET 算法高 81.5%，比 Simbet 算法高 120%。在开销比方面，LASS 算法只有 26.07%，比次优 Nguyen's Routing 算法(平均开销比为 44.72%)低 41.7%，且远优于 Epidemic、PROPHET、Simbet 和 BUBBLE RAP 算法。总体来说，LASS 算法的数据传输性能较出色，且将时延控制在了合理的范围内。

3.4　车联网认知路由协议

上一节介绍了一种一般性慢速移动网络场景下的高效多跳式路由协议设计方法。本节阐述另外一种情形，即快速移动车联网场景下的多跳式路由协议设计。

车联网中车辆的高速移动、网络拓扑结构的高动态变化、信道的频繁切换等特性[48]，给车联网的路由协议设计提出了严峻挑战。当前大多数车辆通信路由协议是针对具体场景来设计的，如高速公路、城市道路、车队行驶等不同场景。然而，车辆的外部状态，如车流量、道路状况、天气状况等会经常发生变化[49]。车辆只能局部感知周围车辆的状态，无法获知当前全局环境状况，所以全程只使用一种路由协议无法迅速应对网络变化。因此，当前车联网路由协议面临的一个挑战就是如何对具体区域的交通情况进行感知，并对网络的动态变化规律进行学习，以此来设计智能的车联网路由协议。

本节介绍了一种基于Q学习的车联网认知路由算法(Q-learning based cognitive routing，QCR)。通过感知当前环境状态，QCR算法可根据网络状态，学习最优的车联网路由策略。

3.4.1　Q学习框架

Q学习算法是一种经典的可快速收敛的无模型强化学习算法。它不需环境模型也可解决学习问题[50]。

这里将学习问题描述为一个三元组(S,A,r)，其中S表示所有可能的状态空间，A表示动作空间，r表示奖励函数。假设智能体在时间t感知到环境状态s_t，它从动作集A中选择动作a_t，然后状态从s_t转化为状态s_t'，智能体获得直接奖励值(immediate reward value)r_t。根据Q学习理论[51]，其学习过程为

$$Q(s_t,a_t)\leftarrow Q(s_t,a_t)+\alpha\left[r_{t+1}+\gamma\max_a Q(s_{t+1},a)-Q(s_t,a_t)\right] \tag{3-8}$$

其中，$\gamma\in(0,1)$表示平衡直接奖励和未来奖励的折扣因子；$\alpha\in(0,1]$表示学习率。通过动作选择，智能体的目标是找到可使奖励最大化的策略π。

值函数$Q^{\pi}(s,a)$对每一对状态-动作(s,a)进行映射。最优值函数$Q^{\pi^*}(s,a)$可确定各个状态的最优奖励，且通过求解Bellman方程[52]就可实现，即

$$Q^{\pi^*}(s_t,a_t)=E\left[r(s_t,a_t)+\gamma\cdot\max_{a_{t+1}}Q^{\pi^*}(s_{t+1},a_{t+1})\right] \tag{3-9}$$

在学习过程中涉及探索和利用这一关键问题，常见方法是ε-贪婪方法。即在第i次迭代时，智能体以概率$1-\varepsilon$选取最优动作$a_i=\arg\max_a Q^*(x_i,a)$，否则随机

选取动作。Q 学习算法如算法 3.2 所示。

算法 3.2 Q 学习算法

1. 初始化 $Q(s_t, a_t)$
2. 对每个周期(episode)：
3. **repeat:**
4. 观察当前状态 $s = s_t$
5. 利用 ε -贪婪策略从 s_t 选择 a_t
6. 采取动作 a_t
7. 接收到直接奖励 r_{t+1}
8. 观察新的状态 $s = s_{t+1}$
9. 根据式(3-8)更新 $Q(s, a)$
10. 更新时间 $t = t + 1$ 和当前状态 $s = s_{t+1}$
11. **until:** s 转到终止状态

3.4.2 基于 Q 学习的车联网认知路由算法

本小节给出基于 Q 学习的车联网认知路由算法 QCR，该算法是一种通过收集周围环境信息并从环境中学习最优路由策略的路由算法。表 3.2 给出了用到的主要数学符号。

表 3.2 主要使用的数学符号

标记	描述
ρ	某个区域内的车辆密度(车辆数量/区域面积)
v	车辆平均速度(km/h)
S	状态空间
A	动作空间
a_t	时刻 t 采取的动作
r	奖励函数
r_t	时刻 t 收到的奖励
s_t	时刻 t 的状态
π	路由协议的选择策略
π^*	路由协议的最优选择策略
γ	折扣因子
α	学习率
i	更新 Q 值的迭代次数

续表

标记	描述
$Q(s_t,a_t)$	状态-动作值函数
$Q^{\pi^*}(s_t,a_t)$	状态-动作最优值函数
p	报文投递率
d	平均时延
ω	奖励函数中的权重
N	可能的状态-动作组合数目

在 QCR 中，基站用于收集车辆状态，包括车流量密度和平均车辆速度，并部署各种路由协议。QCR 的伪代码如算法 3.3 所示。该算法可获得最优 $Q(s,a)$。Q 学习表初始化为 0。车辆首先向基站汇报流量信息和网络状态，然后基站根据当前场景状态，学习最优策略，选择相应的路由协议。动作选取策略使用 ε-贪婪方法，如果探索了所有状态且 $Q(s,a)$ 值不再变化，则算法最终收敛。持续学习之后，算法可学习到给定状态的最优路由策略。

算法 3.3　QCR

1. 对每一对 $(s_t,a_t)\in N$，初始化 $Q(s_t,a_t)=0$
2. 对每一个周期：
3. **repeat**：
4. 　观察 ρ, v
5. 　评估 s_t
6. 　利用 ε-贪婪方法选择 a_t
7. 　采取动作 a_t
8. 　接收到直接奖励 r_{t+1}
9. 　观察新的状态 $s=s_{t+1}$
10. 　根据式(3-8)更新 $Q(s,a)$
11. 　更新时间 $t=t+1$ 和当前状态 $s=s_{t+1}$
12. **until:** $Q(s_t,a_t)$ 收敛，其中 $\forall(s_t,a_t)\in N$

① QCR 的状态空间。将车辆平均速度和车辆密度划分到不同的状态空间中。用 S 表示状态空间。Q 学习搜索表(searching table)只适用于解决小规模离散型空间问题。在车联网环境下，由于车辆速度 v 和密度 ρ 连续，因此 QCR 需将其状态离散化，状态表示为 $\{t,v,\rho\}$。根据车辆速度，这里给出三种典型场景：郊区道路 0～40km/h，市区道路 40～80km/h，高速公路 80+ km/h，其中“+”代表“之

上”的含义。针对车辆密度再给出三种场景：稀疏型——每 2500m^2 0～50 辆车，正常型——每 2500m^2 51～100 辆车，拥堵型——每 2500m^2 100+ 辆车。综合所有场景，给出状态如表 3.3 所示。

表 3.3　QCR 的状态空间

状态	平均速度/(km/h)	车辆密度/(车辆数量/2500m^2)
0	0～40	0～50
1	41～80	0～50
2	80+	0～50
3	0～40	51～100
4	41～80	51～100
5	80+	51～100
6	0～40	100+
7	41～80	100+
8	80+	100+

② QCR 动作空间。定义动作集合为 A，动作集合中包含车辆 Ad hoc 网络(vehicular Ad hoc networks，VANET)的多种路由协议，本节选用贪婪的周边无状态路由协议(greedy perimeter stateless routing，GPSR)和无线自组网按需平面距离向量路由协议(Ad hoc on-demand distance vector routing，AODV)作为动作集 A 中的动作。根据算法 3.3，针对当前状态 s_t，基站选择动作即为指定区域内的车辆选择和发送动作集合中的一种路由协议。另外，将来可利用最新路由协议对动作集合进行补充和更新。

③ QCR 奖励函数。利用路由性能指标定义 QCR 奖励函数。这里考虑报文投递率和平均端到端时延这两个关键性能指标。这两个指标可反映网络拓扑的相对稳定性和网络通信质量。将奖励函数定义为

$$r = w_1 p + w_2 d$$

其中，w_1 表示报文投递率的权重；w_2 表示平均端到端时延的权重。两个权重的取值范围均为 0～1。对于安全类应用，时延应该较小，设置 w_2 大于 w_1；对于非安全类应用，可设置 w_1 较大。

3.4.3　实验评估

在本小节中将比较 QCR 和其他两种经典路由协议(AODV 和 GPSR)的性能。下面给出仿真环境配置及仿真结果。

(1) 仿真环境配置

利用车联网开源仿真模拟器 Veins 进行仿真实验[53]。它是基于以下两种模拟

器构建起来的：一个是基于事件的网络模拟器 OMNeT++[54]，另一个是道路流量模拟器 SUMO[55]。

为了提高仿真实验的可信性，我们采用 VANET 项目的旧金山城市车流轨迹数据和道路网络数据。图 3.4 显示了 2500m×2500m 仿真区域示例。

图 3.4 仿真区域示例图

在无线网络配置方面，实验设置多路访问控制层采用 IEEE 802.11p 协议，通信距离设置为 400m。在仿真期间随机选择源节点-目的节点对。表 3.4 给出了仿真参数。

表 3.4 实验配置

参数	数值
传输范围	400m
仿真时间	360s
比特率	18Mb/s
多路访问控制协议	IEEE 802.11p
数据报文尺寸	512byte
场地尺寸 XY	2500m×2500m
路由协议	AODV、GPSR
载波频率	2.4GHz
传输功率	2mW
传输协议	UDP
传播模型	Nakagami
折扣因子	0
学习率	0.8
ε	0.2

(2) 仿真结果

仿真期间车辆平均速度和数量如图 3.5 所示。QCR 与 AODV 和 GPSR 的比较结果如图 3.6 所示。结果表明，当报文产生速率从 0pkt/s 变化至 4pkt/s 时，QCR 的平均投递率高于其他协议。结合图 3.5 可以看出，QCR 算法在整个仿真期间均能应对车联网环境的变化并获得较好的数据传递效果。

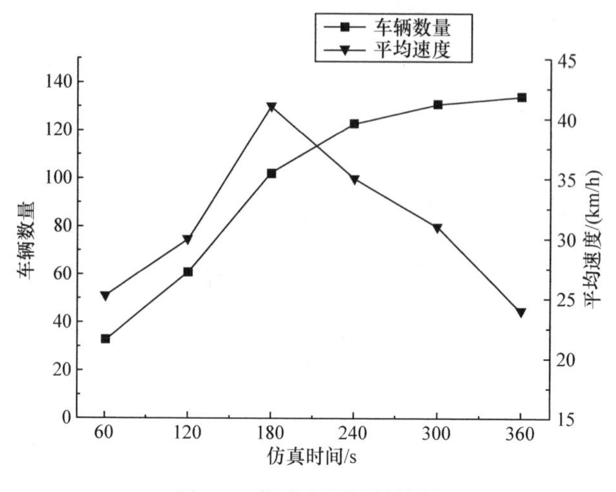

图 3.5　仿真车辆场景状况

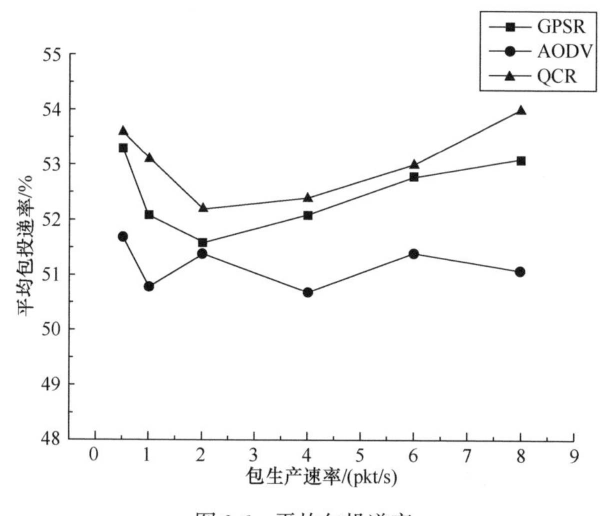

图 3.6　平均包投递率

3.5　基于强化学习的移动用户接入负载均衡方法

前面的 3.3 节和 3.4 节讨论了网络路由问题,下面本节将讨论网络层技术的另一个重点问题，即移动用户的均衡接入问题。在此，移动用户既可以是持手机等移动设备的用户，也可以是驾驶高速移动工具(如车辆)的用户。

目前，随着5G技术的全面商业化，越来越多的移动用户在使用过程中需要与大量异构基站(发射功率、物理尺寸、容量或建设成本不同)关联接入。在一个城市中，移动用户接入需求会有很大的差异。在人流/车流密集区，关联接入的需求要远大于稀疏区域。在传统的名为max-SINR的最大信号与干扰加噪声比方案下，功率较强的基站可能吸引更多的移动用户与之相关联。即使有意在密集人流/车流区域，针对性地部署一些功率较低的基站，但是大多数用户仍然会从功率较强的基站接收到强大的下行链路信号。这将导致功率较强的基站负载过重，而功率较弱的基站仍有许多空闲资源。因为强基站服务太多的移动用户，即使移动用户与强基站相关联，所能得到的服务速率仍然很差。所以，需要一个能使系统负载更均衡的关联接入方案。

但当前很多方法为了分析的简便，假定人流/车流稳态变化，信道质量稳定或变化很小，这种假设构成了一个近似静态的网络场景。然而，在现实世界中，人流/车流的变化是不稳定的，该假设将导致无效的关联接入结果。即使将这些方法应用于未知的动态环境中，一旦网络场景改变，这些关联接入算法必须在整个网络中重新运行，这将导致运行的高成本。幸运的是，用户移动其实存在潜藏时空规律性。因此本节引入强化学习的思想，学习和利用时空关联经验，从而在动态环境中获得关联接入解。

强化学习在3.4节中已有介绍，它是学习如何根据状态或情景来选择最优的动作，以便获得累积奖励最大的一种机器学习方法。不同于有监督学习与无监督学习，“试错搜索”和“延迟奖励”是强化学习两个最重要的特征。通过持续与未知环境的交互，智能体要学得从状态到决策的映射关系。下面基于上述思想，将介绍一种移动网络中基于在线强化学习的用户关联接入方法(online reinforcement learning approach，ORLA)。

3.5.1　主要思想

设计ORLA时有两个挑战性的问题：

① 如何使用强化学习模型在动态环境中来定义用户的关联接入问题?

② 如何利用人流/车流的时空规律性来设计ORLA方法?

对于第一个挑战，可将关联问题转换成为“N臂赌博机问题”，利用基于价格的思想给出一个初始强化学习方法。在该方法中，通过从当前环境获得反馈，我们设计一个能够指导价格变化的奖励函数。奖励可定义为所有用户平均服务速率的方差，这在一定程度上反映了网络负载情况。通过学习，可以利用最大长期累积奖励获得最佳关联接入决策。

对于第二个挑战，可设计一个基于历史的强化学习方法。在初始强化学习后，每个基站获得自己的历史关联接入模式，即哪些移动用户与其相关联接入。因为用户移动具有时空规律性，当前基站面临的用户接入需求情形很可能与之前的关联接入模式存在相似性。所以可将历史关联模式作为参考经验。关于关联模式的详细定义，将在 3.5.3 节给出。当网络后续发生变化时，基站使用ε-贪婪方法结合历史关联模式来学习移动用户的接入动作。ORLA 使用 Pearson 距离和 Kullback-Leibler 距离来计算当前状态与历史关联接入模式间的相似性，这有助于基站选择适当的关联接入动作并加速学习。

ORLA 算法在每个基站上分布式执行，关于学习和决策的操作都置于基站侧，用户侧不需要做任何复杂的计算。

3.5.2　系统模型和假设

(1) 系统模型

在本小节中，假设异构基站网络是由宏单元(macrocell)/基站、微单元(picocell)/基站和毫微单元(femtocell)/基站构成的，这三种基站的发射功率依次递减。

我们考虑下行链路和单基站关联(一个移动用户只与一个基站关联接入)的情况。

用 B 和 V 分别表示基站和移动用户的集合。在关联接入期间，定义可达速率为

$$c_{ij} = \log_2\left(1+\frac{P_j g_{ij}}{\sum\limits_{k\in B,k\neq j} P_k g_{ik}+\sigma^2}\right) \tag{3-10}$$

其中，P_j 代表基站 j 的发射功率；σ^2 代表噪声功率；g_{ij} 代表移动用户 i 和基站 j 之间的信道增益，包括天线增益、路径损耗和遮蔽。

(2) 负载均衡的度量

负载均衡是一个描述整个网络系统状态的概念，不是指一个单一的基站。由于每个基站通常可服务多个移动用户，那么接入同一基站的移动用户便需要分享有限的基站资源。因此，对移动用户来说，性能的关键指标是他能获得的服务速率，而不是简单地使用信号与干扰加噪声比来衡量。移动用户的服务速率取决于基站的负载，即基站如何在与其相关联接入的移动用户之间分配资源。设置起始时间为 t_0，假设在当前时间 t，移动用户 i 与基站 j 关联接入，定义长期服务速率为

$$R_{ij}(t) = f_{ij}(t)\int_{t_0}^{t} x_{ij}(\tau)c_{ij}(\tau)\mathrm{d}(\tau) \tag{3-11}$$

其中，τ 为一个时间变量，满足 $t_0 \leqslant \tau \leqslant t$；$f_{ij}(t)$ 表示基站 j 服务用户 i 的比例，

有 $f_{ij}(t)=\frac{\sum_{\tau=t_0}^{\tau=t}x_{ij}(\tau)}{t-t_0}$；$x_{ij}(\tau)$表示调度指示符，$x_{ij}(\tau)\in\{0,1\}$，如果基站 j 在时间 τ 调度移动用户 i，则有 $x_{ij}(\tau)=1$，反之亦然。

对网络负载均衡的程度进行度量时,一个好的负载均衡应满足以下两个特点:

① 整体服务速率 $\sum_{i\in V}\sum_{j\in B}R_{ij}$ 很大。

② 用户服务速率 R_{ij} 的方差小。

对于以上这两个特点：首先，网络均衡良好意味着网络拥塞不严重，所以整体服务水平应该较好；其次，移动用户关联接入的目的是使大多数移动用户能够与基站相关联，同时每个接入的移动用户应该得到一个好的服务速率，至少其数值应该在平均水平上下波动。否则，一个低于平均水平很多的服务速率对于移动用户来说是没有意义的。

在这里需要指出，还有一些其他的负载均衡指标。例如可以使用延迟的效用函数来衡量无线网络的负载均衡，该度量通常用于研究从基站到 WiFi 接入点的负载分流的性能。另外还可以使用吞吐量 Jain 指标来衡量负载均衡，这个度量方法也满足上述所说的负载均衡的两个特点。基于应用背景和比较类似方案便利性的原因，这里使用整体服务速率和服务速率的方差作为本小节实验负载均衡的指标。

(3) 移动性和资源分配

考虑时变信道和用户的移动性, 在此采用按比例公平调度方案, 移动用户 i 的分配优先权为

$$\mathrm{AP}_{ij}(t)=\frac{c_{ij}(t)}{R_{ij}(t-1)} \tag{3-12}$$

根据式(3-12)每个移动用户计算其每个时间段的优先级,基站将根据优先级来调度接入的移动用户。可以看到，如果基站 j 不断地调度具有良好信道质量的移动用户，那么式(3-12)的分母值会增大，随之优先级会降低，移动用户获得的资源比例也将减少。

此外，为了更便于实验的计算，在此设置了一个阈值 ϱ 来判断是否需要更新可达速率 $c_{ij}(t)$。如果 $\left|c_{ij}(t)-c_{ij}(t-1)\right|<\varrho$ (ϱ 是一个极小的正数)，则有 $c_{ij}(t)=c_{ij}(t-1)$，否则更新可达速率 $c_{ij}(t)$。

3.5.3　在线强化学习移动用户接入设计

本小节将会讨论强化学习关联接入方法的设计原理并详细阐述方法细节。

ORLA 的架构如图 3.7 所示。在 ORLA 中，首先设计初始化强化学习接入方法，以获得移动用户在动态环境中的最初关联接入结果。这些关联结果累积记录在每个基站中。经过一段时间学习，当网络变化时，基站可以使用历史记录的关联接入模式，学习相似接入模式，直接求解当前的关联接入问题，即基于历史的强化学习接入方法。新获得的关联结果也将在每个基站中再次保存。在图 3.7 中，可以看到关联接入决策、关联接入模式库、基于历史的强化学习形成了一个自适应处理网络动态变化的闭环。

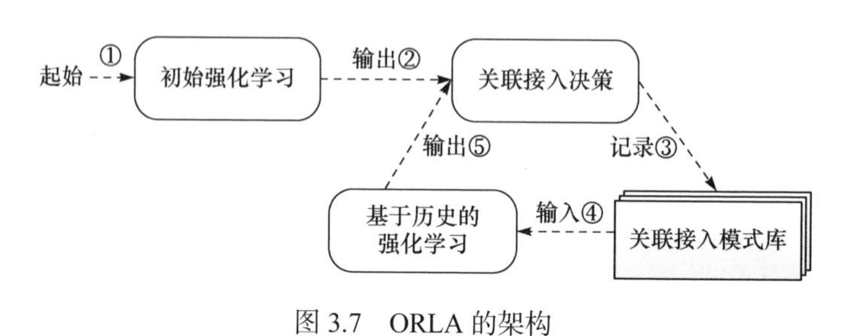

图 3.7　ORLA 的架构

1. *初始强化学习*

(1) 初始化

每个基站知道其能提供的资源 K_j 和接入需求 D_j。D_j 的初始值被定义为在基站 j 通信范围内的用户的数量。每个用户使用领航信号(beacon)来测得信号与干扰加噪声比，并在每个时间段向所有基站广播其可达速率 c_{ij}。

定义每个基站的价格值为 $\mu_j = D_j - K_j$，价格值可以是正值或负值。定义基站 j 和移动用户 i 之间的决策值为 $d_{ij} = c_{ij} - \mu_j$，可以看到如果基站 j 超载，其价格值增大，决策值变小。

另外通过与其他基站周期性地通信，每个基站可以维持由元素 c_{ij} 组成的信号与干扰加噪声比矩阵，及由元素 $\{0,1\}$ 组成的关联矩阵。值 1 表示移动用户 i 和基站 j 之间存在关联接入，0 则代表不存在。两个矩阵的维度均为 $|V|\times|B|$。

(2) 初始强化学习算法

初始强化学习的理论模型可看作一个 N 臂赌博机的问题。在 ORLA 中，每个基站作为一个独立学习的智能体。

① 环境为当前的移动网络。

② 动作定义为基站试图与一些移动用户进行关联接入。

③ 奖励定义为所有用户的平均服务速率偏差的倒数，如式(3-13)所示。

对于一个基站 j，假设可以通过学习获得关联结果，即知道与基站 j 相关联接入的移动用户，则可定义与基站 j 关联接入的奖励为

$$r_j = \frac{1}{\sum_{i=1}^{|S_j|} \frac{1}{|S_j|} \cdot \left(R_{ij} - \left(\sum_{k=1}^{|B|} \sum_{i=1}^{|V|} R_{ik} \right) \Big/ |V| \right)^2} \tag{3-13}$$

其中，S_j 表示与基站 j 相关联接入的移动用户的集合。S_j 和 R_{ij} 的值可以通过信号与干扰加噪声比矩阵和关联矩阵获得。

另外定义一个数学运算符 $Z \wr z$，它代表在条件 z 下计算函数 Z 的值。基于以上定义，在初始强化学习的第 t 次迭代时，有以下步骤：

步骤 1：每个基站计算决策值 $d_{ij}(t) = c_{ij}(t) - \mu_j(t)$。

步骤 2：每个基站将决策值发送至所有移动用户。

步骤 3：每个用户选择最佳决策值，即 $\operatorname{argmax}_j d_{ij}(t)$。并尝试与相对应的基站 j 关联接入。然后可以获得一个动作集 $S_j(t)$。注意，在迭代中，可能出现两个或更多个相同的动作集合，例如 $S_j(t) = S_j(t+1)$。之后，通过设置一个索引 l 来区分不同的动作集，表示为 $S_j^l (l = 1, 2, \cdots)$。

步骤 4：基于步骤 3，每个基站可以根据式(3-13)计算它的当前奖励 $r_j(t)$，即 $r_j(t) \wr S_j^l$。

步骤 5：为动作集 S_j^l 计算长期平均累计奖励 $Q_j(t)$，有

$$Q_j(t) \wr S_j^l = \frac{\left[Q_j(t-1) \wr S_j^l \right] \times \operatorname{count}\left(S_j^l\right) + \left[r_j(t) \wr S_j^l \right]}{\operatorname{count}\left(S_j^l\right) + 1} \tag{3-14}$$

其中，$\operatorname{count}\left(S_j^l\right)$ 代表选择动作集 S_j^l 的次数。

步骤 6：通过以下三个原则来调整价格值：

① 如果当前奖励 $r_j(t) \wr S_j^l \geqslant \frac{\sum_{k \in B, k \neq j} r_k(t) \wr S_k(t)}{|B| - 1}$，保持价格值 $\mu_j = \mu_j(t)$。

② 如果 $\left| \frac{\sum_{i=1}^{|S_j(t)|} R_{ij}(t)}{|S_j(t)|} > \frac{\sum_{k=1}^{|B|} \sum_{i=1}^{|V|} R_{ik}(t)}{|V|} \right|$，将降低价格值为 $\mu_j(t+1) = [1 - \delta(t)] \cdot \mu_j(t)$。

③ 否则，将价格值增加为 $\mu_j(t+1) = [1 + \delta(t)] \cdot \mu_j(t)$。其中，$\delta(t) \in [0,1)$ 是在实验中选择的一个动态步长。

步骤 7：如果对于所有 $S_j^l (l = 1, 2, \cdots)$，满足 $\left| Q_j(t) \wr S_j^l - Q_j(t-1) \wr S_j^l \right| < \epsilon$ (ϵ 是

一个极小的正数)，则迭代结束。基站基于 $\arg\max_{S_j^l}\left(Q_j(t)\wr S_j^l\right)$ 可获得最终的关联接入结果 S_j^l；否则，回到步骤 1 继续迭代。

步骤 8：基站根据步骤 7 迭代结束后得到的关联接入结果 S_j^l，执行相应的连接操作，并记录其最终的关联接入结果。

(3) 初始强化学习分析

在上述初始强化学习中，存在两个促使算法迭代的因素：一个是动态的可达速率 $c_{ij}(t)$；另一个是来自关联接入不均衡所产生的价格 $\mu_j(t)$。当基站尝试与一些移动用户建立关联时，它将收到这些动作相应的奖励。尽管每个基站自己完成决策，但奖励 r_j 包含了整个系统的平均服务速率。如果奖励很差，基站就调整它的价格，即以 r_j 作为一个基准来调整基站的价格。通过多次迭代，利用式(3-14)，学习得到这些动作的最佳累积奖励，通过累积奖励来选择最佳动作。

2. 关联接入模式定义

ORLA 使用初始强化学习作为冷启动。由于网络不断动态变化，经过一段时间，每个基站都可以累积一系列关联接入模式。

基站 k 的关联接入模式定义为在某种信号与干扰加噪声比和价格值下，哪些移动用户与基站 k 相关联接入。可以通过使用以下三个元素来描述/记录关联接入模式：

① 信号与干扰加噪声比矩阵。由带有元素 c_{ij} 的矩阵 C_p^k 标识，k 表示基站的索引，p 表示关联接入模式的序列号。

② 关联矩阵。由带有元素 $\{0,1\}$ 的矩阵 A_p^k 标识，值 0 与 1 表示移动用户是否与基站 k 关联接入。

③ 价格值。已在初始强化学习中定义。

这些记录的关联接入模式对于之后的基于历史的强化学习来说是宝贵的经验。在执行基于历史的强化学习算法时，新获得的关联模式也会不断地被记录在每个基站中。

3. 基于历史的强化学习

当环境变化时，基站将面临新的来自移动用户的关联接入需求。既然移动网络中的人流/车流存在着时空规律性，所以在此可以使用基于历史的接入模式经验来处理网络变化。在这个过程中，参与其中的每个基站都是一个强化学习的智能体。

算法 3.4 给出了基于历史的强化学习的伪代码，其中环境为当前的移动网络；

动作定义为基站选择一个历史关联接入模式；奖励与式(3-13)中的定义相同。

在算法 3.4 中，假设在基站 k 上，它具有一组模式记录 P，所以会有 $|P|$ 种不同动作。$\text{count}(p)$ 为选择历史模式 p 的次数，$Q(p)$ 为模式记录 p 的累积奖励(第 2～3 行)。然后，根据当前模式 p' 所掌握的关于基站 k 的信号与干扰加噪声比矩阵 $C_{p'}^k$ 和价格 $\mu_{p'}^k$，计算当前情况 p' 和每个历史模式 p 之间的相似性。如果最大相似性的值低于阈值 λ (通过实验定义)，那么便转向初始强化学习的阶段(第 6～7 行)，这意味着历史经验对于当前的关联问题效用较低。否则，便在 T 次迭代中的 $|P|$ 个关联模式中选择动作，$T>|P|$。T 次迭代结束的条件是：对于所有的 $p\in P$，$Q(p)$ 收敛，即 $|Q_t(p)-Q_{t-1}(p)|$ 的值小于一个小的正数。

算法 3.4 中的关键是平衡探索(exploring)和利用(exploiting)。仅探索将会给予所有动作一样的机会，而仅利用则将机会给予当前奖励最好的动作。显然，仅探索可以估计每个动作的相应奖励，但会失去选择最佳动作的机会；而仅利用可以选择最佳动作，但不能很好地估计每个动作的奖励期望。如果想要最大化最终的累积奖励，需要探索和利用两者达到平衡。

算法 3.4　ORLA：基于历史的强化学习

1. $r=0$，P 表示基于历史的关联矩阵
2. **for** p 从 1 到 $|P|$ **do**
3. 　$Q(p)=0$，$\text{count}(p)=0$
4. **end for**
5. **for** t 从 1 到 T **do**
6. 　**if** $\max(\text{sim}(p',p))<\lambda$ **then**
7. 　　转到初始强化学习阶段
8. 　**else**
9. 　　**if** $\text{rand}()<\varepsilon$ **then**
10. 　　　**if** 集合 P 中的模式还没有遍历完 **then**
11. 　　　　选择满足条件 $\text{argmax}_p(\text{sim}(p',p))$ 的模式 p
12. 　　　　$P=P\setminus\{p\}$
13. 　　　**else**
14. 　　　　从集合 P 中均匀随机挑选模式 p
15. 　　　**end if**
16. 　　**else**
17. 　　　选择满足条件 $\text{argmax}_p Q(p)$ 的模式 p
18. 　　**end if**
19. 　**end if**
20. 　执行 $\text{sim}(p',p)$
21. 　根据式(3-13)计算奖励 r

22. $Q(p)=\dfrac{Q(p)\times \mathrm{count}(p)+r}{\mathrm{count}(p)+1}$

23. $\mathrm{count}(p)=\mathrm{count}(p)+1$

24. **end for**

25. 做最终动作决策，即选择具有最大$Q(p)$值的模式p

26. 执行 $\mathrm{allocation}(p',p)$

27. 输出关联矩阵$A_{p'}^{k}$

这里使用ε-贪婪方法来选择动作，它可以让探索和利用之间的关系相互平衡。当随机值低于阈值ε时，首先使用最大相似性去选择动作(第 9～12 行)。如果已经遍历了集合P中所有的模式，则从集合P中均匀等概率地选择动作(第 13～15 行)。当随机值超过阈值ε时，选择具有最大累积奖励的动作(第 16～18 行)。通过多次迭代，可以接近每个动作的平均奖励$Q(p)$(第 20～23 行)。在这种方法中，最大相似性可以保证算法快速找到可能的最优值。同时，该方法可以遍历所有历史模式。最后选择具有最佳累积奖励的关联动作(第 25～26 行)。

在算法 3.4 中，有两个重要组成部分：模式相似性算法$\mathrm{sim}(p',p)$和关联分配算法$\mathrm{allocation}(p',p)$。$\mathrm{sim}(p',p)$算法是计算历史模式$p$和当前模式$p'$相似性的方法，$\mathrm{allocation}(p',p)$算法基于历史模式$p$，来为当前模式$p'$分配可能的移动用户关联接入动作。下面详细描述这两个算法。

(1) 模式相似性算法

在该算法中，两种模式的相似度被定义为在一定价格分布下的服务需求c_{ij}的分布接近度。因此在算法$\mathrm{sim}(p',p)$中(伪代码见算法 3.5)，对于基站k，首先使用 Pearson 距离，来计算服务需求c_{ij}在历史模式p和当前模式p'之间的分布相似度(第 1～2 行)。Pearson 距离用来测算两个模式之间的相关性，它可以用于不同的数量级或评估标准情况下的相似性测量。由于在本小节的研究中，$C_{p'}^{k}$中的当前需求c_{ij}和历史模式C_{p}^{k}中的c_{ij}可能有不同的数量级，所以 Pearson 距离适合表示它们之间的相似性。相似性值的范围为$[-1,1]$，值 1 表示最大正相关。

算法 3.5　ORLA：模式相似性算法$\mathrm{sim}(p',p)$

输入：当前和历史的信号与干扰加噪声比矩阵$C_{p'}^{k}$和C_{p}^{k}，当前和历史的价格$\mu_{p'}^{k}$和μ_{p}^{k}

输出：相似度值

1. 设一个变量$\mathrm{vec}(k,p')$是矩阵$C_{p'}^{k}$排序后的第k列

   设一个变量$\mathrm{vec}(k,p)$是矩阵C_{p}^{k}排序后的第k列

2. 计算向量 $\text{vec}(k,p')$ 和 $\text{vec}(k,p)$ 间的 Pearson 距离

$$\text{PD}\left(\text{vec}(k,p'),\text{vec}(k,p)\right)$$

3. 设 $\omega(k,p')=\sum_{j=k} c_{ij}, c_{ij}\in C_{p'}^{k}$

   设 $\omega(k,p)=\sum_{j=k} c_{ij}, c_{ij}\in C_{p}^{k}$

4. 设 $W(p',p)=\omega(k,p')/\omega(k,p)$
5. 设 $U(p',p)=\mu_{p'}^{k}/\mu_{p}^{k}$
6. 计算 Kullback-Leibler 距离

$$\text{KL}(W(p',p)\|U(p',p))$$

7. 输出相似度值

$$\alpha\cdot\text{PDvec}(k,p'),\text{vec}(k,p)-\beta\cdot\text{KL}\left(W(p',p)\|U(p',p)\right)$$

然后，使用 Kullback-Leibler 距离来计算历史模式 p 和当前模式 p' 在需求比率(第 4 行)和价格比率(第 5 行)之间的分布相似度。Kullback-Leibler 距离用于测量两个模式之间分布的相似性(第 3～6 行)。相似值的范围是 $[0,1]$，值 0 意味着这两个分布是相同的。

最后给 Pearson 距离和 Kullback-Leibler 距离分别设置相应的权重 α 和 β，通常 $\alpha=\beta=0.5$。

(2) 关联分配算法

在算法 3.4 中，当基站选择一个历史模式 p 作为其当前动作时，基于历史经验，ORLA 用关联分配算法来为当前移动用户做关联分配。伪代码见算法 3.6。

算法 3.6　ORLA：关联分配算法 $\text{allocation}(p',p)$

输入：当前和历史的信号与干扰加噪声比矩阵 $C_{p'}^{k}$ 和 C_{p}^{k}，当前和历史的 $\mu_{p'}^{k}$ 和 μ_{p}^{k}，历史关联矩阵 A_{p}^{k}

输出：对应信号与干扰加噪声比矩阵 $C_{p'}^{k}$ 的关联矩阵 $A_{p'}^{k}$

1. 将 C_{p}^{k} 中的元素 c_{ij} 进行排序 $\left(j=k,c_{ij}\neq 0\right)$ 并将它们放入向量 $X_{p,k}$
2. 将 $C_{p'}^{k}$ 中的元素 c_{ij} 进行排序 $\left(j=k,c_{ij}\neq 0\right)$ 并将它们放入向量 $X_{p',k}$
3. 将向量 $X_{p,k}$ 中对应矩阵 $A_{p}^{k}=1$ 的元素 c_{ij} 排序并将它们放入向量 $Y_{p,k}$
4. 定义集合 $Y=\varnothing$ 用来记录当前模式 p' 中被选择的关联元素
5. 计算需要被关联的移动用户的数量

$$\text{NUM}=\frac{\mu_{p'}^{k}}{\mu_{p}^{k}}\times\frac{\dim\left(X_{p',k}\right)}{\dim\left(X_{p,k}\right)}\times\dim\left(Y_{p,k}\right)$$

/*令 $\dim(\cdot)$ 表示向量的维度*/

---

6. **if** NUM < $\dim(Y_{p,k})$ **then**
7. 　使用二分逼近法(算法 3.7)获得关联矩阵 $A_{p'}^{k}$
8. **else**
9. 　使用多点扩散法(算法 3.8)来获得关联矩阵 $A_{p'}^{k}$
10. **end if**
11. 输出关联矩阵 $A_{p'}^{k}$

首先，对于基站 k，ORLA 需要计算在当前情况下可以与其相关联的移动用户的数量。这里，ORLA 使用按比例分配方法(算法 3.6 中的第 1～5 行)。设 $\dim(\cdot)$ 表示向量的维度。

其次，ORLA 需要判断哪些移动用户可以在当前情况下与基站 k 相关联，分为两种情况(算法 3.6 中的第 6～10 行)。注意在算法 3.7 和 3.8 中，有一些初始化的信息已经在算法 3.6(第 1～4 行)中给出。

情况 1：$\text{NUM} < \dim\left(Y_{P,k}\right)$。这意味着在当前模式 p' 中需要关联的移动用户的数量低于历史模式 p 中分配的移动用户的数量 $\dim\left(Y_{P,k}\right)$。这里使用二分逼近法(算法 3.7)来求解。

算法 3.7　ORLA：二分逼近法

1. 将向量 $X_{p,k}$ 拆分成两个相等的向量 $X_{p,k}^{\text{up}}$ 和 $X_{p,k}^{\text{down}}$
　将向量 $X_{p',k}$ 拆分成两个相等的向量 $X_{p',k}^{\text{up}}$ 和 $X_{p',k}^{\text{down}}$
2. 计算向量 $Y_{p,k}$ 和向量 $X_{p,k}^{\text{up}}$ 中的公共元素，记作 N_{up}
　计算向量 $Y_{p,k}$ 和向量 $X_{p,k}^{\text{down}}$ 中的公共元素，记作 N_{down}
3. **if** NUM = 1 **then**
4. 　从 $X_{p',k}$ 中随机选取一个不属于集合 Y 的非零元素 y
5. 　集合 $Y = Y \cup \{y\}$
6. **else if** 比例差异很大 $\left|\dfrac{N_{\text{up}} - N_{\text{down}}}{\dim\left(X_{p,k}\right)}\right| > \theta$ 且 $N_{\text{up}} > N_{\text{down}}$ **then**
7. 　从 $X_{p',k}^{\text{up}}$ 中以均匀概率选取一个不属于集合 Y 的非零元素 y
8. 　集合 $Y = Y \cup \{y\}$，NUM = NUM − 1
9. 　集合 $X_{p,k} = X_{p,k}^{\text{up}}$ 和 $X_{p',k} = X_{p',k}^{\text{up}}$
10. 　继续二分递归
11. **else if** 比例差异很大 $\left|\dfrac{N_{\text{up}} - N_{\text{down}}}{\dim\left(X_{p,k}\right)}\right| > \theta$ 且 $N_{\text{up}} < N_{\text{down}}$ **then**
12. 　在对向的向量中进行与步骤 7～10 相同的操作

13. **else if** 比例基本相同 $\left|\dfrac{N_{\text{up}}-N_{\text{down}}}{\dim\left(X_{p,k}\right)}\right| \leqslant \theta$ **then**
14. 　分别从向量 $X_{p',k}^{\text{up}}$ 和向量 $X_{p',k}^{\text{down}}$ 中均匀选出两个非零元素 y 和 y'，其中 y 和 y' 不属于集合 Y
15. 　集合 $Y=Y\cup\{y,y'\}$， $\text{NUM}=\text{NUM}-2$
16. 　集合 $X_{p,k}=X_{p,k}:\left[1,\dfrac{l_p}{2}\right]$ 和 $X_{p',k}:\left[1,\dfrac{l_{p'}}{2}\right]$
17. 　进行与步骤 9~10 相同的操作
18. **end if**
19. 设置矩阵 $A_{p'}^{k}$ 中对应集合 Y 的相应元素值为 1

情况 2： $\text{NUM}\geqslant\dim\left(Y_{P,k}\right)$。这意味着在当前模式 p' 中需要关联的移动用户的数量超过历史模式 p 中分配的移动用户的数量 $\dim\left(Y_{P,k}\right)$。这里使用多点扩散法(算法 3.8)来求解。

算法 3.8　ORLA：多点扩散法

1. 定义一个新集合 SPOT
2. 初始化一个对象的 rank，用来标记向量中一个元素的 rank 位置
3. **for** 对于向量 $Y_{p,k}$ 中的每个元素 i **do**
4. 　rank.i 是向量 $X_{p,k}$ 中元素 i 的位置
5. 　选择相应的元素 j，其中元素 j 的 rank 位置满足条件

$$\text{rank}.j=\frac{\dim\left(X_{p',k}\right)}{\dim\left(X_{p,k}\right)}\times\text{rank}.i$$

6. 　把元素 j 放入集合 SPOT
7. **end for**
8. 集合 $q=\dfrac{\text{NUM}}{\dim\left(Y_{p,k}\right)}$
9. **for** 对于集合 SPOT 中的每个元素 j **do**
10. 　将元素 j 设为 $X_{p',k}$ 的中心点，并从 $X_{p',k}$ 中选择包括自身的离中心点 j 距离最近的 q 个元素
11. 　将 q 个元素放入集合 Y
12. **end for**
13. 设置矩阵矩阵 $A_{p'}^{k}$ 中对应集合 Y 的相应元素值为 1
14. **if** $\text{NUM}-q\cdot\dim\left(Y_{p,k}\right)\neq 0$ **then**
15. 　使用二分逼近法
16. **end if**

(3) 分析与总结

当 $\mathrm{NUM} < \dim\left(Y_{p,k}\right)$ 时，二分逼近法不断划分历史关联接入向量并找到关联移动用户的特征分布，这里有四种不同的情况需要应对(即算法 3.7 中对应的第 3、6、11 和 13 行)。然后当基站面对当前的关联任务时，则可以用与历史记录具有相同的特征分布这一特性，来找到合适的移动用户与基站相关联。

当 $\mathrm{NUM} \geqslant \dim\left(Y_{p,k}\right)$ 时，首先，从当前模式 p' 中选择与历史模式 p 相等数量、相同位置的元素(第 1～7 行)。将这些元素称为中心点。其后在这些中心点周围，扩大范围并选择中心点周围对称的元素(第 8～13 行)，如果取完对称元素后还有余，则将转向二分逼近法来完成关联分配任务(第 14～16 行)，最后获得关联矩阵。

基站通过基于历史的强化学习学会关联决策 $A_{p'}^{k}$ 后，发出信号通知移动用户与之关联接入。如果移动用户收到了不止一个关联信号，它将选择一个服务速率最大的基站关联接入。

3.5.4 复杂性分析

以下将从三方面来分析 ORLA 的复杂性。

① 在初始强化学习中，每一个基站作为独立智能体进行分布式学习，但它们之间需要一些合作交互信息的指导，以便能够达到全局负载均衡的目标。交互信息的量级为 $\left(I \cdot |B| \cdot |B-1| + |B| \cdot |V|\right)$，其中 I 是迭代总数。信息交互包括基站之间的交互(信号与干扰加噪声比矩阵和关联矩阵)、基站与移动用户之间的交互(c_{ij} 广播)。

在一个庞大的移动网络中，网络区域通常根据十字路口或者街区分为许多小区域，负载均衡只需要在一定范围区域内达到即可，因此通信和计算开销可以得到控制。

② 在基于历史的强化学习中，动作选择使用相似性作为指导原则，这样不需要盲目地进行多次尝试。另外，由于用户移动具有时空规律性，这里有许多相似的历史模式，但 ORLA 只维护了一些具有代表性的模式，这样做是为了保证搜索空间不会太大。因此，基于历史的强化学习可以较快地收敛。

③ 因为所有计算都在基站侧，而不在用户侧，基站的计算能力较强，所以一些针对二分搜索和元素排序的计算可以得到保证。

3.5.5 实验评估

在本小节中，选择使用效果更能体现方法能力的车辆移动数据来进行实验评估。

本实验使用真实的基于 GPS 的车辆移动轨迹来评估 ORLA 算法。数据集来自强生出租车轨迹数据。数据集在上海收集，共 117 辆出租车，车辆行驶时间从 2015 年 4 月 1 日到 2015 年 4 月 30 日。通过车载设备，出租车定期发送报告给数据收集器。在数据集中，记录了包括车辆的车牌号，地理位置的纬度、经度，时间戳，速度等相关信息。

我们划定一片区域来做实验，实验区域的纬度在[31.15, 31.30]之间，经度在[121.25, 121.45]之间。在这个区域内共有 76 辆车和 20 个基站，包括 5 个宏基站，5 个微基站和 10 个毫微基站，基站的位置如图 3.8 示。三种基站的发送功率分别为 46dBm、35dBm、20dBm。对于宏基站和微基站，设置路径损耗 $L\left(d_{ij}\right)=34+40\lg d_{ij}$，对于毫微基站，设置路径损耗 $L\left(d_{ij}\right)=37+30\lg d_{ij}$，其中 d_{ij} 表示移动用户 i 和基站 j 之间的距离，噪音功率 σ^2 为–104dBm，带宽为 10MHz。此外，在实验中将相似性阈值 λ 设置为–0.25。通过实验数据，本小节将验证 ORLA 算法在负载均衡方面的有效性与高效性。

宏基站	
经度	纬度
121.2878	31.22992
121.3751	31.23252
121.3394	31.27665
121.3113	31.17921
121.3594	31.24665

微基站	
经度	纬度
121.3989	31.27174
121.3237	31.28139
121.4060	31.24337
121.2662	31.23806
121.4051	31.19519

毫微基站	
经度	纬度
121.3517	31.18389
121.3522	31.17561
121.4135	31.18415
121.3093	31.20679
121.3874	31.20261
121.2867	31.29085
121.4359	31.18116
121.3474	31.22064
121.3372	31.18457
121.4090	31.21535

图 3.8　20 个基站的 GPS 位置

(1) 不同基站的负载测试

这里将 ORLA 与另外两个关联接入方法进行比较，一个是 max-SINR 方法，另一个是名为 3D 的分布式对偶分解接入方法。前者是传统的关联接入方法，在该方法中，用户将会选择与功率最大的基站相关联。后者是一个通过使用梯度下降和对偶分解来解决关联接入问题的方法。

接下来比较三种不同关联接入方法的负载。图 3.9 是最终捕获的收敛结束时的关联接入结果。可以看到 max-SINR 方法会导致负载不均衡，其中功率较大的基站超载，而功率较小的基站关联接入的移动用户较少。而在 ORLA 方法中，负载转移到较不拥挤的功率较小的基站，这表明 ORLA 减轻了不对称负载问题。实验显示了 ORLA 的有效性。3D 和 ORLA 的实验结果是类似的，因为它们都能获得近似最优的结果。

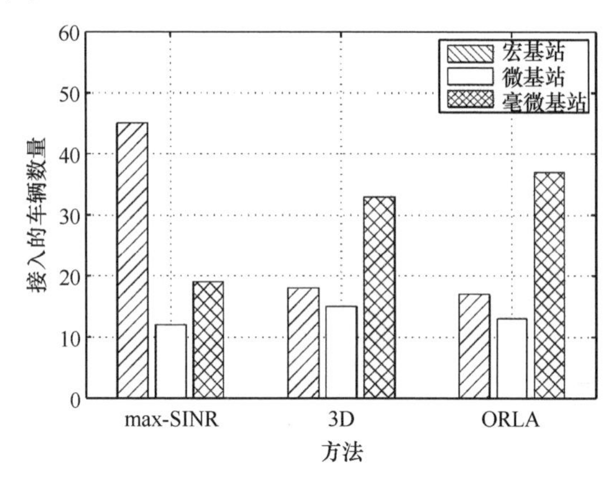

图 3.9　三个不同基站关联接入移动用户的数量

(2) 服务速率和收敛时间

在 3.5.2 节中，已经给出了负载均衡的度量，即整体服务速率和用户服务速率的方差。整体服务速率大、方差小，则意味着基站没有拥塞，可以提供足够的资源支持网络服务。

图 3.10 显示了三种不同关联接入方法的总体服务速率的累积分布函数(cumulative distribution function，CDF)。首先，可以看到 ORLA 比 max-SINR 和 3D 方法的起始值更大，而且 ORLA 的尾部也是比他们长。其次，ORLA 在低速率时的累积分布函数比 max-SINR 和 3D 方法的累积分布函数要高。上述这些现象表明，在 ORLA 中较大的整体服务速率占据了较高比例。

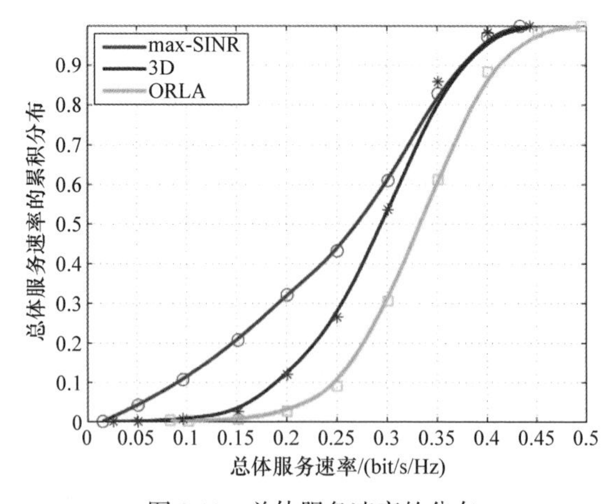

图 3.10　总体服务速率的分布

图 3.11 显示了 20 辆车中每辆车的平均服务速率的分布。可以看到 ORLA 的服务速率的方差(2.3642×10^{-5})比 max-SINR(4.2359×10^{-5})和 3D(3.0072×10^{-5})的小。同时，ORLA 的总体服务速率也是这三者中最大的。因此，结合图 3.10 和图 3.11，可以看到 ORLA 提供了更佳的用户体验和更高的移动用户服务速率。

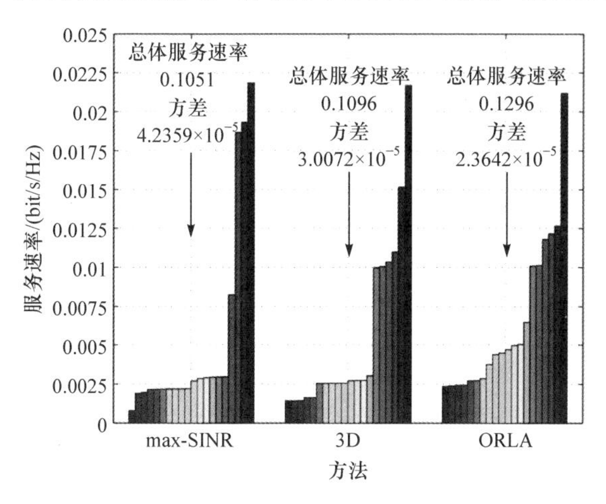

图 3.11 服务速率的分布和方差

图 3.12 显示了在强生出租车数据集中，1400 次连续收敛的收敛时间分布。我们知道在强化学习算法中，一次收敛需要多次迭代。首先可以看到最久的收敛时间在 1500ms 以下。其次，在图 3.12 中有个用虚线表示的分界。虚线左侧是初始强化学习的收敛时间情况，虚线右侧是基于历史强化学习的收敛时间情况。这意味着，在一开始 ORLA 会付出更多时间来应对移动用户的动态变化(新到达的和离开的)。之后，根据历史经验，后期可以省去 75.9%的收敛时间。

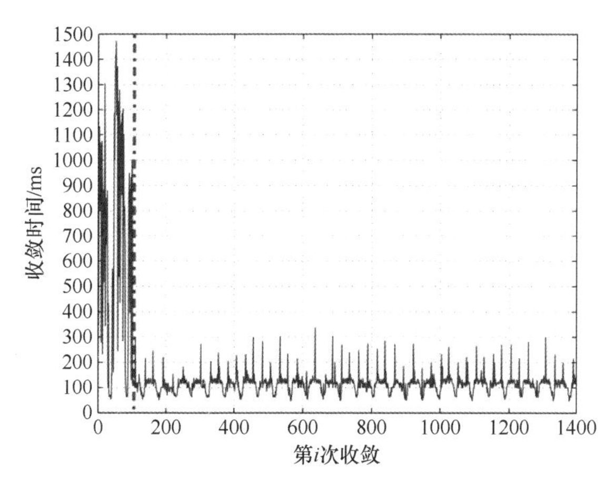

图 3.12 ORLA 的收敛时间

3.6 本章小结

本章对网络信息服务中重要的网络层技术，即高效路由和用户接入技术，做了详细的分析和介绍。针对多跳式 Ad hoc 自组织网络，分别在慢速移动用户网络场景和快速车联网场景，给出了基于局部活跃性和社交相似性的数据转发算法 LASS，以及基于车流状态的车联网认知路由协议 QCR。另外针对集中式蜂窝网络，通过关注人流/车流的时空规律，利用强化学习手段，实现了在动态环境下的用户接入负载均衡，为移动用户提供了优质的服务速率。路由和用户接入技术均是为了实现信息服务中数据传递的高效性，在不同网络架构层面实现的网络层技术。该章的内容为网络移动信息服务的发展提供了“数据高速公路”的基础。

参考文献

[1] 蒋昌俊, 闫春钢, 陈闽中, 等. 基于内容的 WInternet 管道通信协议路由算法: 201410489962.8, 2014-09-23.

[2] 蒋昌俊, 张栋良, 陈闽中, 等. 适用于大规模交通流仿真的虚拟车辆路由方法: 201110002566.4, 2011-01-07.

[3] 蒋昌俊, 程久军, 闫春钢. 基于自编码网络的车联网网络节点筛选及其通达性路由构建方法: 201510697871.8, 2015-10-23.

[4] Li Z, Wang C, Yang S, et al. LASS: Local-activity and social-similarity based data forwarding in mobile social networks. IEEE Transactions on Parallel and Distributed Systems, 2015, 26(1): 174-184.

[5] Li Z, Wang C, Jiang C J. User association for load balancing in vehicular networks: An online reinforcement learning approach. IEEE Transactions on Intelligent Transportation Systems, 2017, 18(8): 2217-2228.

[6] Wang C, Zhang L, Li Z, et al. SDCOR: Software defined cognitive routing for internet of vehicles. IEEE Internet of Things Journal, 2018, 5(5): 3513-3520.

[7] Vahdat A, Becker D. Epidemic routing for partially connected Ad hoc networks. Report, Duke University, 2000.

[8] Spyropoulos T, Psounis K, Raghavendra C S. Spray and wait: An efficient routing scheme for intermittently connected mobile networks. Proc. ACM SIGCOMM, Philadelphia, Pennsylvania, USA, 2005: 252-259.

[9] Lindgren A, Doria A, Schelen O. Probabilistic routing in intermittently connected networks. Mobile Computing and Communications Review, 2003, 7(3): 19-20.

[10] Wu Y, Zhu Y, Li B. Infrastructure-assisted routing in vehicular networks. Proc. IEEE INFOCOM, Orlando, FL, USA, 2012: 1485-1493.

[11] Daly E M, Haahr M. Social network analysis for routing in disconnected delay-tolerant manets. Proc. ACM MANETs, Montreal, Quebec, Canada, 2007: 32-40.

[12] Hui P, Crowcroft J, Yoneki E. BUBBLE RAP: Social-based forwarding in delay-tolerant networks. IEEE Transactions on Mobile Computing, 2011, 10(11): 1576-1589.
[13] Gao W, Li Q, Zhao B, et al. Multicasting in delay tolerant networks: A social network perspective. Proc. ACM MANETs, New Orleans, LA, USA, 2009: 299-308.
[14] Fan J, Chen J, Du Y, et al. Geocommunity-based broadcasting for data dissemination in mobile social networks. IEEE Transactions on Parallel and Distributed Systems, 2013, 24(4): 734-743.
[15] Nguyen N P, Dinh T N, Tokala S, et al. Overlapping communities in dynamic networks: Their detection and mobile applications. Proc. ACM MobiCom, Las Vegas, Nevada, USA, 2011: 85-96.
[16] Perkins C, Belding-Royer E, Das S. Ad hoc on-demand distance vector (AODV) routing. Report, Network Working Group, 2003.
[17] Sharef B T, Alsaqour R A, Ismail M. Vehicular communication Ad hoc routing protocols: A survey. Journal of Network and Computer Applications, 2014, 40(1): 363-396.
[18] Jerbi M, Senouci S, Rasheed T, et al. Towards efficient geographic routing in urban vehicular networks. IEEE Transactions on Vehicular Technology, 2009, 58(9): 5048-5059.
[19] Leontiadis I, Mascolo C. Geopps: Geographical opportunistic routing for vehicular networks. Proc. IEEE WoWMoM, Espoo, Finland, 2007: 1-6.
[20] Nzouonta J, Rajgure N, Wang G, et al. Vanet routing on city roads using real-time vehicular traffic information. IEEE Transactions on Vehicular Technology, 2009, 58(7): 3609-3626.
[21] Jeong J, Guo S, Gu Y, et al. TBD: Trajectory-based data forwarding for light-traffic vehicular networks. Proc. IEEE ICDCS, Montreal, QC, Canada, 2009: 231-238.
[22] Jeong J, Guo S, Gu Y, et al. TSF: Trajectory-based statistical forwarding for infrastructure-to-vehicle data delivery in vehicular networks. Proc. IEEE ICDCS, Genova, Italy, 2010: 557-566.
[23] Khokhar R H, Noor R M, Ghafoor K Z, et al. Fuzzy-assisted social-based routing for urban vehicular environments. EURASIP Journal on Wireless Communications and Networking, 2011, (1): 178.
[24] Shen Z, Andrews J G, Evans B L. Adaptive resource allocation in multiuser OFDM systems with proportional rate constraints. IEEE Transactions on Wireless Communications, 2005, 4(6): 2726-2737.
[25] Boccardi F, Andrews J G, Elshaer H, et al. Why to decouple the uplink and downlink in cellular networks and how to do it. IEEE Communications Magazine, 2016, 54(3): 110-117.
[26] Ye Q, Rong B, Chen Y, et al. User association for load balancing in heterogeneous cellular networks. IEEE Transactions on Wireless Communications, 2013, 12(6): 2706-2716.
[27] Andrews J G, Singh S, Ye Q, et al. An overview of load balancing in hetnets: Old myths and open problems. IEEE Wireless Communications, 2014, 21(2): 18-25.
[28] Jo H, Sang Y J, Xia P, et al. Heterogeneous cellular networks with flexible cell association: A comprehensive downlink SINR analysis. IEEE Transactions on Wireless Communications, 2012, 11(10): 3484-3495.
[29] Cheng N, Lu N, Zhang N, et al. Vehicular WiFi offloading. Vehicular Communications, 2014, 1(1): 13-21.

[30] Cheng N, Lu N, Zhang N, et al. Opportunistic WiFi offloading in vehicular environment: A game-theory approach. IEEE Transactions on Intelligent Transportation Systems, 2016, 17(7): 1944-1955.

[31] Yue C, Xue G, Zhu H, et al. S3: Characterizing sociality for user-friendly steady load balancing in enterprise wlans. Proc. IEEE ICDCS, Philadelphia, PA, USA, 2013: 491-499.

[32] Han H, Yu J, Zhu H, et al. E3: Energy-efficient engine for frame rate adaptation on smartphones. Proc. ACM SenSys, Roma, Italy, 2013: 1-9.

[33] Kim H, de Veciana G, Yang X, et al. Distributed α-optimal user association and cell load balancing in wireless networks. IEEE/ACM Transactions on Networking, 2012, 20(1): 177-190.

[34] Corroy S, Falconetti L, Mathar R. Dynamic cell association for downlink sum rate maximization in multi-cell heterogeneous networks. Proc. IEEE ICC, Ottawa, ON, Canada, 2012: 2457-2461.

[35] Bejerano Y, Han S. Cell breathing techniques for load balancing in wireless LANs. IEEE Transactions on Mobile Computing, 2009, 8(6): 735-749.

[36] Das S, Viswanathan H, Rittenhouse G. Dynamic load balancing through coordinated scheduling in packet data systems. Proc. IEEE INFOCOM, San Francisco, CA, USA, 2003: 786-796.

[37] Elayoubi S E, Altman E, Haddad M, et al. A hybrid decision approach for the association problem in heterogeneous networks. Proc. IEEE INFOCOM, San Diego, CA, USA, 2010: 401-405.

[38] Stevensnavarro E, Lin Y, Wong V W S. An MDP-based vertical handoff decision algorithm for heterogeneous wireless networks. IEEE Transactions on Vehicular Technology, 2008, 57(2): 1243-1254.

[39] Niyato D, Hossain E. Dynamics of network selection in heterogeneous wireless networks: An evolutionary game approach. IEEE Transactions on Vehicular Technology, 2009, 58(4): 2008-2017.

[40] Shakkottai S, Altman E, Kumar A. Multihoming of users to access points in WLANs: A population game perspective. IEEE Journal on Selected Areas in Communications, 2007, 25(6): 1207-1215.

[41] Aryafar E, Keshavarzhaddad A, Wang M, et al. Rat selection games in HetNets. Proc. IEEE INFOCOM, Turin, Italy, 2013: 998-1006.

[42] Ahn H J. A new similarity measure for collaborative filtering to alleviate the new user cold-starting problem. Information Sciences, 2008, 178(1): 37-51.

[43] Guo G, Zhang J, Yorkesmith N. A novel Bayesian similarity measure for recommender systems. Proc. AAAI, Beijing,China, 2013: 2619-2625.

[44] Papadopoulos F, Kitsak M, Serrano M A, et al. Popularity versus similarity in growing networks. Nature, 2012, 489(7417): 537-540.

[45] Wu J, Wang Y. Social feature-based multi-path routing in delay tolerant networks. Proc. IEEE INFOCOM, Orlando, FL, USA, 2012: 1368-1376.

[46] Ma H, King I, Lyu M R. Effective missing data prediction for collaborative filtering. Proc. ACM SIGIR, Amsterdam, Netherlands, 2007: 39-46.

[47] Keranen A, Ott J, Karkkainen T. The one simulator for DTN protocol evaluation. Proc. IEEE

SIMUTools, Rome, Italy, 2009: 55.

[48] Alsultan S, Aldoori M, Albayatti A H, et al. A comprehensive survey on vehicular Ad hoc network. Journal of Network and Computer Applications, 2014, 37: 380-392.

[49] He Z, Cao J, Liu X. SDVN: Enabling rapid network innovation for heterogeneous vehicular communication. IEEE Network, 2016, 30(4): 10-15.

[50] 蒋昌俊, 喻剑, 闫春钢, 等. 一种基于 Q 学习的改进交通信号控制方法: 201610135744.3, 2016-03-10.

[51] Watkins C, Dayan P. Technical note: Q-learning. Machine Learning, 1992, 8: 279-292.

[52] Sutton R S, Barto A G. Introduction to Reinforcement Learning. Cambridge: MIT Press,1998.

[53] Sommer C, German R, Dressler F. Bidirectionally coupled network and road traffic simulation for improved IVC analysis. IEEE Transactions on Mobile Computing, 2011, 10(1): 3-15.

[54] Varga A. OMNeT++. Berlin: Springer, 2010.

[55] Behrisch M, Bieker L, Erdmann J, et al. SUMO-simulation of urban mobility: An overview. Proc. SIMUL, Barcelona, Spain, 2011: 55-60.

第四章　网络社区结构发掘技术

4.1 引　　言

对于当前蓬勃发展的各类网络移动信息服务，人的深度参与会使得依附于网络用户身上的移动设备具有社交关系属性。一些原本看似没有关联性的物理实体，如手机、平板电脑、车辆等会因此产生潜藏的关联关系，这些移动设备和关联关系可以抽象成为一个由顶点和连接顶点的边构成的网络结构。移动设备之间的拓扑连接既代表着设备的物理连接链路，又描述了节点之间的社会关系。这种动态链接不仅反映了设备的自由移动性，同时也体现了设备持有者之间纷繁复杂的社交关系。在这样的网络结构中，一个重要的网络移动信息服务应用层技术是网络社区结构发掘技术。

社区是指节点联系非常紧密且内部链路多于外部链路的一种结构[1, 2]，其概念最初来自复杂网络，后来延伸到在线及移动社交网络领域。广义上来讲，移动社交网络是包含用户社交关系的移动通信系统[3]。其网络节点不限于人，还包括与人相关联的物理实体。其边可以是由相遇频率、相互信任度、爱好兴趣相似程度等所形成的关联关系。所以在当前的信息世界中，很多由网络移动信息服务所联系在一起的底层移动通信设备，组网后都可以看成是广义上的移动社交网络。本章后文所提及的移动社交网络即为广义上的社交网络概念。在这种网络中，如果人们具有共同兴趣，或者与他人频繁相遇，则这些人或人所持有的物理设备可以形成一个社区。若用相遇频率表示节点间的联系程度，则社区定义为联系程度较高的一组节点。然而，社区定义的主观性非常强，目前还没有统一的社区定义。大部分定义与具体的社区检测算法或社交应用有关，而社区发掘即为发现网络中社区结构的方法。需要注意，在机器学习等人工智能领域，发现节点间的紧密结构被称为“聚类”[4]，一般用目标特征构成的向量来计算，侧重于找到一堆属性相似的目标。社区和聚类两个概念并没有完全独立，只是在不同背景下的不同称呼。

网络移动信息服务中的社区发掘通过发现若干社区结构，可以达到明晰网络节点关联关系、划分网络结构的功效，同时可支持推荐算法、路径规划、路由协议设计等。在本章中，我们以网络移动信息服务所面临的不同网络通信架构为视角，探究社区结构发掘新方法，解析底层通信架构和顶层逻辑关系网络的联系，进而建立二者之间的桥梁。本章首先介绍一些经典的社区检测算法。然后，面向分布式通信架构，基于用户相遇频率，给出自适应加权动态社区检测算法，从而获得物理邻近社区的概念。随后，面向混合式通信架构(分布式+集中式)，介绍一种跨空间的社区检测算法，使得物理邻近社区的概念可以在地理空间上进一步拓展为跨空间社区[5-7]。

4.2　社区发掘技术发展现状

目前，已有很多的经典社区检测算法被应用于社交网络、生物信息网络和商业网络中。综述性文献[8]和[9]可以作为这一领域的入门读物。

在静态社区检测算法研究方面，Newman 和 Girvan 做出了先驱性的工作。在文献[10]中，社区检测算法根据中间中心性排序，通过迭代的移除边来构建最终的社区结构并提出 MODULARITY Q 的概念来评估社区检测结果的质量。Newman 和 Leicht 等分别在文献[11]和[12]中将上述工作进一步拓展为加权和有向的社区检测。之后，很多基于 MODULARITY Q 的优化算法被不断提出[13-16]。此外，Palla 等在文献[17]中提出 K-CLIQUE 这一里程碑式的算法，主要解决了社区检测中的社区交叠问题。

随着移动网络的出现，基于对以上静态算法的改造，很多动态社区检测算法被提出，例如，Hui 等提出的分布式社区检测算法[18]、AFOCS 算法[19]、FacetNet 算法[20]、iLCD 算法[21]。

针对不同的网络情况，以上这些静态或动态社区检测算法在具体运用时，会出现一些低效率或者不能适应网络模型的问题。例如，基于 MODULARITY Q 的检测算法存在求解限制(resolution limit)和退化(extreme degeneracy)问题[22]。基于 K-CLIQUE 的算法要求事先确定好 K 的数值，这个值代表了团结构 CLIQUE 的大小，这就在一定程度上提前限制了社区的尺寸。FacetNet 算法则要求事先预知网络中社区的个数，但在实际运用时，社交网络是无法预先获知此信息的。iLCD 算法只研究了网络中动态增加边的情况，对于网络的动态变化考虑不充分。Hui 社区检测算法无法处理动态环境下社区交叠的情况。AFOCS 算法把网络建模为一个二元图，边上没有代表节点相遇频率或其他代表社交关系属性的权重。这样检测出来的社区结构中就容易存在一种由社交关系弱的节点组成的社区，这是无意义的社区。所以要考虑网络动态性、社交关系物理含义、社区结构交叠、跨物理空间社交特性等因素来设计新的社区检测算法。

4.3　自适应加权动态社区发掘算法

上述的 AFCOS 是一种可处理动态和交叠社区结构的检测算法。然而，该算法只适用于无权图且对节点和边的动态处理存在重复性操作。面向分布式通信架构，基于用户相遇频率，本节给出一个自适应加权动态社区检测算法(self-adaptive weighted dynamic community detection，SAWD)。

首先，SAWD 为了处理加权图，定义了通信临界值和加权密度胚来帮助实现社区检测。利用这两个定义可以避免使一些低权重的边形成无意义的社区。其次，在社区动态检测过程中，将添加或移除点或边的操作划分为“池外”和“池内”两种类型，进而利用局部信息来处理网络的动态变化。SAWD 分为两个步骤：

① 在网络初始，SAWD 使用集中式社区初始化算法来处理移动网络，得到初始加权社区结构。

② 随着时间推移，网络结构发生变化，SAWD 将使用动态跟踪算法去局部地处理发生变化的社区结构。

4.3.1　动态加权图

将移动社交网络看成是一个由一组时间序列网络图构成的动态加权图，表示为$\mathcal{G}=\{G_0,G_1,\cdots,G_t,\cdots\}$。其中$G_t=(V_t,E_t,W_t,F_t)$表示在时刻$t$捕捉的网络快照，$V_t$表示节点集合，$E_t=\{(u,v)\mid u,v\in V_t\}$表示边集合，$W_t=\{w_{uv}^t\in[0,1)\mid u,v\in V_t$且$(u,v)\in E_t\}$表示在时刻$t$边的权重集合，$F_t:E_t\to W_t$表示为边赋予权重的映射。节点集合和边集合会随着时间的变化而变化。对节点u，设d_u^t和$N_t(u)$分别表示时刻t节点u的度和节点u所有相邻节点的集合。特别地，对w_{uv}^t的定义有如下解释：根据节点在网络中的物理移动，令$l_{uv}^t=1$代表在时刻$t(0\leqslant t<\infty)$节点u和v之间发生了一次相遇。然后令$\sum\limits_{t=t_{\text{now}-\Delta}}^{t_{\text{now}}}l_{uv}^t$代表从时间$t_{\text{now}-\Delta}$到$t_{\text{now}}$，节点$u$和$v$之间全部的相遇次数之和；令$\sum\limits_{t=t_{\text{now}-\Delta}}^{t_{\text{now}}}l_*^t$代表从时间$t_{\text{now}-\Delta}$到$t_{\text{now}}$，所有节点的相遇次数之和，$0<\Delta<t_{\text{now}-\Delta}$。定义在当前时刻$t_{\text{now}}$，节点$u$和$v$的相遇概率为

$$w_{uv}^{t_{\text{now}}}=\sum_{t=t_{\text{now}-\Delta}}^{t_{\text{now}}}l_{uv}^t\Bigg/\sum_{t=t_{\text{now}-\Delta}}^{t_{\text{now}}}l_*^t$$

为了避免设备检测相遇次数统计的不对称性，假设$w_{uv}^{t_{\text{now}}}=w_{vu}^{t_{\text{now}}}$。在本节，为

了表示简便起见，且不混淆含义，用符号 t 代表当前时刻 t_{now} 。

另外，设置滑动时间窗口 Δ 的长度为一个常数。此长度为一个经验值，根据文献[23]～[28]所述，本节统一对所有算法设定 Δ 为 $6\times 3600\text{s}$ 。

4.3.2　社区结构

令 $\mathcal{C}_t=\left\{C_1^t,C_2^t,\cdots,C_k^t\right\}$ 表示时刻 t 时的网络社区结构，即 V_t 的一组子集。其中，元素 $C_i^t\in\mathcal{C}_t$ 并且其生成子图形成了图 G_t 的一个社区； k 是一个整数，表示每个网络快照中的社区数量。尤其地，设 $C_i^t\cap C_j^t\neq\varnothing$ ，即社区结构可以互相交叠。对于节点 u ，令 $\text{Com}_t(u)$ 表示在时刻 t 包含 u 的所有社区标号组成的集合，即 $\{C_i^t\mid i\in\text{Com}_t(u)\}$; 令 $\mathcal{C}_t(u)$ 表示在时刻 t 包含 u 的所有社区结构组成的集合。本节所描述的社区及 SAWD 社区检测算法所检测出的社区，可以称为物理邻近社区。简单起见，本节统称其为社区。主要使用符号如表 4.1 表示。

表 4.1　主要使用符号

符号	含义
$\mathcal{C}_t$	时刻 t 时的社区结构
$N_t(u)$	节点 u 在时刻 t 时的邻居标号集合
$\text{Com}_t(u)$	节点 u 在时刻 t 时所隶属的社区标号集合
$\mathcal{C}_t(u)$	在时刻 t 包含节点 u 的所有社区组成的集合
x_t	时刻 t 时的通信临界值
$O_t(u,v)$	边 (u,v) 在时刻 t 时生成的加权密度胚
$\Phi(O_t(u,v))\dfrac{n!}{r!(n-r)!}$	加权密度函数
$\Gamma\left(C_i^t,C_j^t\right)$	耦合系数
α	合并准则阈值
$a_{u,i}^t$	在时刻 t 时社区 i 内节点 u 的局部活跃性
$A_t(u)$	节点 u 在时刻 t 时的活跃性向量
$\text{SS}_t(u,w)$	节点 u 和 w 在时刻 t 时的社交相似性

4.3.3　社区结构初始化

在社区结构初始化阶段，首先，根据社区加权准则，将节点划分为多个群组，即粗糙社区。然后，根据社区合并准则，高度交叠的粗糙社区将会合并，形成初始加权社区结构。

定义 4.1　通信临界值(communication critical value)

定义权值集合$\{W_t\}$的中位数为在时刻t时的通信临界值，记为x_t。随着时间推移，通信临界值可以形成一个序列$\{x_t\}$。x_t非常重要，因为它可以避免部分低权重的边在社交网络内形成没有意义的社区，即不常相遇的节点不得形成社区。

给定通信临界值x_t后，通过删除权重低于x_t的边，可获得一个G_t的生成子图，称该生成子图为过滤子图，记为$G_t(x_t)$。

在给出社区的定义之前，先给出加权密度胚的概念。

定义 4.2　加权密度胚(weighted density embryo，WDE)

在时刻t，给定一条边(u,v)，如果子图$G_t(x_t)$的所有节点属于$N_t(u)\cap N_t(v)$，则这个子图称为在时刻t由(u,v)生成的x_t级加权密度胚，记为$O_t(u,v;x_t)$。

出于简便起见且不引起混乱，将x_t级加权密度胚$O_t(u,v;x_t)$以及$O_t(u,v;x_t)$的节点和边集合分别记为$O_t(u,v)$、$V_t(u,v)$和$E_t(u,v)$。

图 4.1(a)给出了一个加权密度胚$O_t(u,v)$的示例。

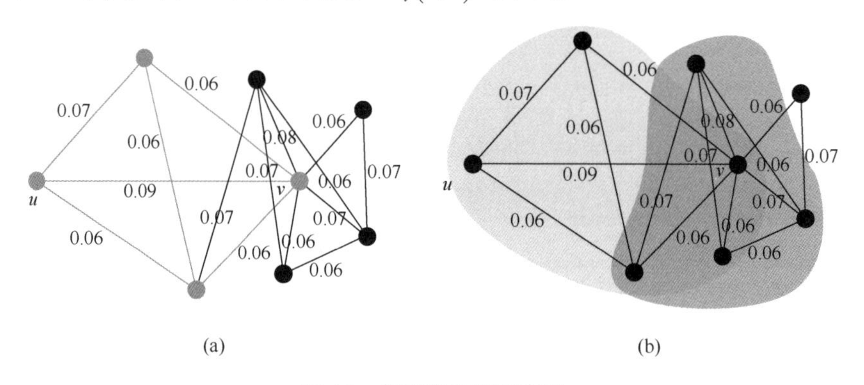

图 4.1　加权密度胚示意图

在图 4.1 的子图(a)中，灰色的部分显示了一个加权密度胚$O_t(u,v)$，相应的灰色的线代表边集$E_t(u,v)$。定义加权密度胚$O_t(u,v)$的加权密度为

$$\Phi\left(O_t(u,v)\right)=\frac{\left|E_t(u,v)\right|}{\binom{\left|V_t(u,v)\right|}{2}}$$

现在，给出一个加权准则来判定一个加权密度胚是否是一个社区。

定义 4.3　社区加权准则(weighted criterion of community)

一个加权密度胚$O_t(u,v)$为一个社区结构当且仅当加权密度满足$\Phi\left(O_t(u,v)\right)\geqslant$

$\delta\left(O_t(u,v)\right)$。其中

$$\delta\left(O_t(u,v)\right)=\frac{\binom{|V_t(u,v)|}{2}^{1-\frac{1}{\binom{|V_t(u,v)|}{2}}}}{\binom{|V_t(u,v)|}{2}}$$

其中，阈值$\delta\left(O_t(u,v)\right)$是一个递增函数，是传统密度阈值(如完全图)的松弛版本。根据定义 4.3，一些节点和边就可以被聚集为不同的社区，但有些社区结构会高度交叠。所以有必要利用合并准则将它们合成为一个更大的社区。在给出合并准则前，先给出耦合系数的概念。

定义 4.4 耦合系数(coupling coefficient)

对两个加权社区C_i^t和C_j^t，耦合系数定义为

$$\Gamma\left(C_i^t,C_j^t\right)=\frac{\sum\limits_{(u,v)\in C_i^t\cap C_j^t} w_{uv}^t}{\min\left\{\sum\limits_{(u',v')\in C_i^t} w_{u'v'}^t,\ \sum\limits_{(u'',v'')\in C_j^t} w_{u''v''}^t\right\}}+\frac{\sum\limits_{u\in C_i^t\cap C_j^t}\sum\limits_{v\in C_i^t\cap C_j^t} w_{uv}^t}{\min\left(\sum\limits_{u'\in C_i^t}\sum\limits_{v'\in C_i} w_{u'v'}^t,\ \sum\limits_{u''\in C_j^t}\sum\limits_{v''\in C_j^t} w_{u''v''}^t\right)}$$

耦合系数包括两部分，一个是交叠结构的内部边权重比，另一个是交叠结构的内部点权重比。以此为基础，有以下社区合并准则定义。

定义 4.5 社区合并准则(combining criterion of communities)

对两个社区C_i^t和C_j^t，如果它们的耦合系数$\Gamma\left(C_i^t,C_j^t\right)\geqslant\alpha$，则这两个社区应该被合并，其中$\alpha$是给定的合并阈值。

需要注意，参数α的取值可以通过实验来确定，即选择一个最优α值来使社区检测效果达到最好。图 4.1(b)显示了两个加权交叠社区。左侧阴影的社区结构由权为 0.09 的边生成，右侧阴影的社区结构由权为 0.08 的边生成，两个社区结构互相交叠。

社区初始化的构建如算法 4.1 所示。

算法 4.1 社区初始化构建算法

输入：$G_0=\left(V_0,E_0,W_0,F_0\right)$

输出：初始社区的集合$\mathcal{C}_{\text{init}}$

1. $x_0\leftarrow$对G_0使用定义 4.1
2. $E'\leftarrow E_0$

---

3. **for** 每个 $w_{uv}^t \in W_0$ **do**
4. 　**if** $w_{uv}^t < x_0$ **then**
5. 　　$E' \leftarrow E' \setminus (u,v)$
6. 　**end if**
7. **end for**
8. 对边权重按照降序排列
9. 从最大权重边 $(u,v) \in E'$ 开始
10. 　**if** $\text{Com}_t(u) \cap \text{Com}_t(v) = \varnothing$ **then**
11. 　　根据定义 4.2 寻找 $O_t(u,v)$
12. 　　**if** $\Phi(O_t(u,v)) \geqslant \delta(O_t(u,v))$ 且 $|V_t(u,v)| \geqslant 4$ **then**
13. 　　　$\mathcal{C}_{\text{raw}} = \mathcal{C}_{\text{raw}} \cup \{V_t(u,v)\}$
14. 　　**end if**
15. 　**end if**
16. $\mathcal{C}_{\text{init}} \leftarrow \mathcal{C}_{\text{raw}}$
17. **for** $C_i^t, C_j^t \in \mathcal{C}_{\text{raw}}$ 且 C_i^t, C_j^t 没有被该算法选中过 **do**
18. 　**if** $\Gamma(C_i^t, C_j^t) \geqslant \alpha$ **then**
19. 　　$C' \leftarrow$ 合并 C_i^t 和 C_j^t
20. 　　$\mathcal{C}_{\text{init}} = (\mathcal{C}_{\text{init}} \setminus \{C_i^t, C_j^t\}) \cup \{C'\}$
21. 　　Done $\leftarrow$ False
22. 　**end if**
23. **end for**

4.3.4 动态跟踪算法

在初始社区构建好之后，随着时间推移，边的权重将会由于社交关系强度的变化而发生变化。比如，新的个体互相成为朋友，用户加入或离开社交网络。因此，社区检测算法需要能应对这些动态变化。在这里将网络看成是一个“池”，反映到加权图上，网络的动态变化可以分为以下两种类型：

① 节点数量和边的权重均发生变化，称为“池外”变化。

② 节点数量没有变化，但是边的权重发生变化，称为“池内”变化。

当检测到变化后，动态跟踪算法将会同时处理节点和边的所有变化。“池外”情况包括向当前社交网络添加新的节点以及从网络中移除节点。“池内”情况包括添加边和移除边的操作。先给出一些关于动态跟踪算法的必要说明：

① 通过检查集合 V_t 和 E_t，可以发现节点或边的添加或删除操作。尤其是当边的权重发生变化时，通过算法 4.2 可以检测出边的添加或删除。

② 简便起见，假设包括孤立节点在内的每个节点都有一个社区标号集合 $\text{Com}_t(u)$。在最后的实验中，如果发现社区中节点的数量为 1，就将这个社区抛弃。

③ 这里要区分两种类型的节点：一种是$\mathrm{Com}_t(u)=\varnothing$且$N_t(u)=\varnothing$的外来新节点，即它不在当前网络池中；另一种是$\mathrm{Com}_t(u)\neq\varnothing$且$N_t(u)=\varnothing$的孤立节点，即它位于当前网络池中，但与其他节点无联系。令CS^t表示时刻t时的孤立节点集合。

算法 4.2　检测发生变化的边

输入：社区结构G_{t-1}和G_t
输出：集合ΔE_t
1. 对G_{t-1}使用定义 4.1
2. $E'_{t-1} \leftarrow E_{t-1}$
3. **for** 每个$w_{uv}^t \in W_{t-1}$ **do**
4. 　**if** $w_{uv}^t < x_{t-1}$ **then**
5. 　　$E'_{t-1} \leftarrow E'_{t-1} \setminus (u,v)$
6. 　**end if**
7. **end for**
8. $x_t \leftarrow$ 对G_t使用定义 4.1
9. $E'_t \leftarrow E_t$
10. **for** 每个$w_{uv}^t \in W_t$ **do**
11. 　**if** $w_{uv}^t < x_t$ **then**
12. 　　$E'_t \leftarrow E'_t \setminus (u,v)$
13. 　**end if**
14. **end for**
15. 比较E'_{t-1}和E'_t
16. 获得发生变化的边集合ΔE_t

接下来本小节的动态跟踪算法将分为以下两种情况讨论：“池外”情况和“池内”情况。

(1)“池外”情况

包括跟踪外来新节点算法和跟踪移除节点算法。

首先，图 4.2 给出了跟踪外来新节点算法示意图，箭头所指节点代表外来新节点，其带来的新边用虚线表示。在子图(a)，外来节点加入了它相邻的社区；在子图(b)，外来节点和其邻居节点一起形成了新的社区；在子图(c)，外来节点联合孤立点一起形成了新的社区。

分析跟踪外来新节点算法 4.3，有两种可能情况：一种是节点添加时不带边，另一种是节点添加时带有边。如果节点u满足前一种情况，则只将节点u添加到当前社区结构内即可。如果节点u属于后一种情况，则情况稍显复杂，会有三种可能操作：

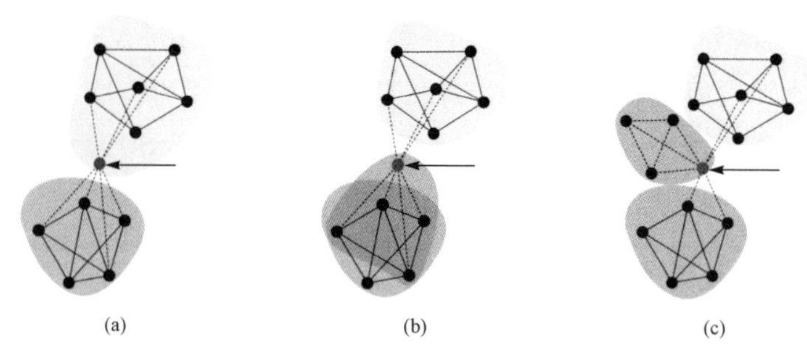

图 4.2　跟踪外来新节点算法示意图

① 因为u添加时带有边，所以它有可能会加入到其相邻社区，即步骤 11～15。

② 外来节点u通过与其相邻节点联合可能会形成新的社区，即步骤 17～19。

③ 考虑到孤立节点集合，u可能会与它们形成新的社区，即步骤 23～26。

算法 4.3　跟踪外来新节点算法

输入：当前社区结构 $\mathcal{C}_t$

输出：更新后的结构 $\mathcal{C}_{t+1}$

1. **if** 节点 u 添加时没有带边 **then**
2. 　$\mathrm{CS}^t = \mathrm{CS}^t \cup \{u\}$
3. **else** u 带有边
4. 　$x_t \leftarrow$ 对 $\mathcal{C}_t$ 社区图使用定义 4.1
5. 　**for** 每个 $w_{uv}^t \in W_t$ **do**
6. 　　**if** $w_{uv}^t < x_t$ **then**
7. 　　　$E_t \leftarrow E_t \setminus (u,v)$
8. 　　**end if**
9. 　**end for**
10. 　更新集合 $N_t(u)$
11. 　$C_1^t, C_2^t, \cdots, C_k^t \leftarrow u$ 的相邻社区
12. 　**for** i 从 1 到 k **do**
13. 　　$O_t(u,v) \leftarrow$ 基于 $C_i^t \cup \{u\}$ 的生成子图 $G_t(x_t)$
14. 　　**if** $\Phi(O_t(u,v)) \geqslant \delta(O_t(u,v))$ 且 $|V_t(u,v)| \geqslant 4$ **then**
15. 　　　$C_i^t \leftarrow C_i^t \cup \{u\}$
16. 　　**else**
17. 　　　$O_t(u,v) \leftarrow$ 基于 $C_i^t \cap N_t(u)$ 的诱导子图 $G_t(x_t)$
18. 　　**if** $\Phi(O_t(u,v)) \geqslant \delta(O_t(u,v))$ 且 $|V_t(u,v)| \geqslant 4$ **then**
19. 　　　将 $O_t(u,v)$ 的 $V_t(u,v)$ 定义为一个新的社区 C'
20. 　　**end if**

21. 　　**end if**
22. 　**end for**
23. 　**for** $v \in \mathrm{CS}^t$ 且 $\mathrm{Com}_t(u) \cap \mathrm{Com}_t(v) = \varnothing$ **do**
24. 　　$O_t(u,v) \leftarrow$ 基于 $N_t(u) \cap N_t(v)$ 的生成子图 $G_t(x_t)$
25. 　　**if** $\Phi(O_t(u,v)) \geqslant \delta(O_t(u,v))$ 且 $|V_t(u,v)| \geqslant 4$ **then**
26. 　　　将 $O_t(u,v)$ 的 $V_t(u,v)$ 作为一个新社区 C'
27. 　　**end if**
28. 　**end for**
29. **end if**
30. 对 $C_1^t, C_2^t, \cdots, C_k^t$ 和 C' 进行合并
31. 将 $\mathcal{C}_t$ 更新为 $\mathcal{C}_{t+1}$

其次，图 4.3 给出了跟踪移除节点算法示意图，箭头所指节点代表移除节点，与其一起移除的边由虚线表示。在子图(a)，移除后剩余的社区结构仍然可以保持其结构不变；在子图(b)，移除后的剩余结构形成了新的社区。

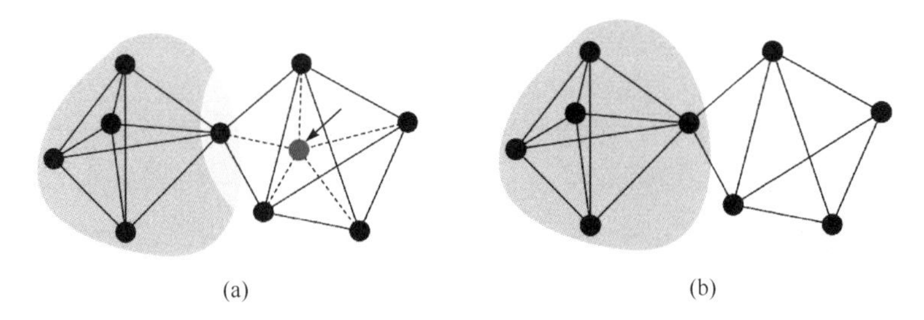

(a)　(b)

图 4.3　跟踪移除节点算法示意图

分析跟踪移除节点算法 4.4，如果 u 是个孤立点或 $d_u = 1$，则只需将节点从当前社区结构中删除即可；否则，会有两种可能操作：

① 移除节点后的剩余结构可维持原社区结构，即步骤 10～13。

② 移除节点后的剩余结构重新形成新的社区，即步骤 15～17。

算法 4.4　跟踪移除节点算法

输入：当前社区结构 $\mathcal{C}_t$

输出：更新后的结构 $\mathcal{C}_{t+1}$

1. **if** u 为孤立节点或 $d_u^t = 1$ **then**
2. 　$\mathcal{C}_t \leftarrow \mathcal{C}_t \setminus \mathcal{C}_t(u)$
3. **else**
4. 　$x_t \leftarrow$ 对社区图 $\mathcal{C}_t$ 使用定义 4.1
5. 　**for** 每个 $w_{uv}^t \in W_t$ **do**

6. **if** $w_{uv}^t < x_t$ **then**
7. $E_t \leftarrow E_t \setminus (u,v)$
8. **end if**
9. **end for**
10. **for** $\mathcal{C}_t(u)$ 或 $\mathcal{C}_t(v)$ 内的每个子集 C_i^t **do**
11. $O_t(u,v) \leftarrow$ 利用 $\mathcal{C}_t(u)$ 的一个子集 C_i^t 中的所有剩余节点获得的过滤子图 $G_t(x_t)$ 的生成子图
12. **if** $\Phi(O_t(u,v)) \geqslant \delta(O_t(u,v))$ 且 $|V_t(u,v)| \geqslant 4$ **then**
13. $C_i^t \leftarrow V_t(u,v)$
14. **else**
15. 对 $E_t(u,v)$ 中的边按权重降序排列
16. 从最大权重边 $(u,v) \in E_t(u,v)$ 开始
17. 运行算法 4.1 中的步骤 10~15，获得新社区序列 C'
18. **end if**
19. **end for**
20. **end if**
21. 对交叠社区进行合并
22. 将 $\mathcal{C}_t$ 更新为 $\mathcal{C}_{t+1}$

(2) “池内”情况

包括跟踪新增边算法和跟踪移除边算法。

首先，图 4.4 给出了跟踪新增边算法示意图，虚线代表一条新增的边。在子图(a)，新增边形成了一个新的社区；在子图(b)，新增边的一个端点加入了对方的社区结构。

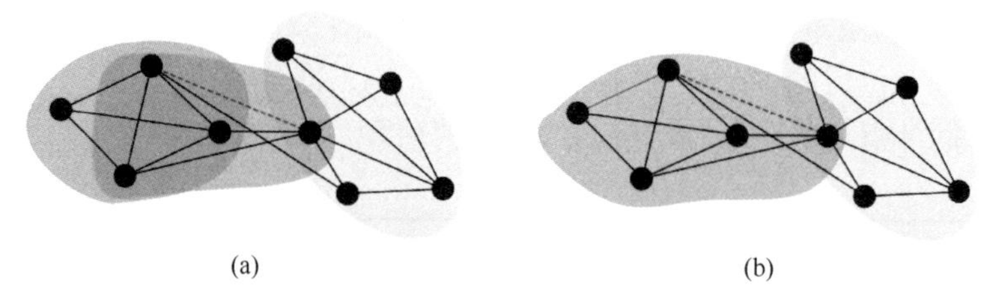

图 4.4　跟踪新增边算法示意图

分析跟踪新增边算法 4.5，有两种可能情况：一种是新增边的两个端点在同一社区内，另一种是两个端点不在同一社区内。在前一种情况下，社区结构不会改变，这是因为新增边使社区的加权密度更大了。在后一种情况下，会有两种可能操作：

① 如果新增边来自当前网络中的节点，则需要判定边 (u,v) 能否形成一个新

的社区，即步骤 4～8。此外，还需判定节点 u 或 v 是否会加入到对方节点所在的社区，即步骤 10～15。

② 如果新增边来自新添加的外来节点，则只需处理边 (u,v) 即可，确定该边是否会形成新的社区，即步骤 19～21。关于两个端点的操作已经由算法 4.3 完成了。

算法 4.5　跟踪新增边算法

输入：当前社区结构 $\mathcal{C}_t$

输出：初始社区的集合 $\mathcal{C}_{\text{init}}$ 更新后的结构 $\mathcal{C}_{t+1}$

1. **if** $\text{Com}_t(u) \cap \text{Com}_t(v) \neq \varnothing$ **then**
2. 　$\mathcal{C}_{t+1} \leftarrow \mathcal{C}_t$
3. **else**
4. 　**if** $\text{Com}_t(u) \neq \varnothing$ 且 $\text{Com}_t(v) \neq \varnothing$ **then**
5. 　　**if** $\text{Com}_t(u) \cap \text{Com}_t(v) = \varnothing$ **then**
6. 　　　$O_t(u,v) \leftarrow$ 基于 $N_t(u) \cap N_t(v)$ 获得的 $G_t(x_t)$ 的生成子图
7. 　　　**if** $\Phi(O_t(u,v)) \geqslant \delta(O_t(u,v))$ 且 $|V_t(u,v)| \geqslant 4$ **then**
8. 　　　　将 $O_t(u,v)$ 的 $V_t(u,v)$ 作为一个新社区 C'
9. 　　　**else**
10. 　　　　**for** $\mathcal{C}_t(u)$ 或 $\mathcal{C}_t(v)$ 内的每个子集 C_i^t **do**
11. 　　　　　$O_t(u,v) \leftarrow$ 利用 $\mathcal{C}_t(u) \cup \{v\}$ 或 $\mathcal{C}_t(v) \cup \{u\}$ 中的一个子集 C_i^t 获得 $G_t(x_t)$ 的生成子图
12. 　　　　　**if** $\Phi(O_t(u,v)) \geqslant \delta(O_t(u,v))$ 且 $|V_t(u,v)| \geqslant 4$ **then**
13. 　　　　　　$C_i^t \leftarrow C_i^t \cup \{v\}$ 或 $C_i^t \leftarrow C_i^t \cup \{u\}$
14. 　　　　　**end if**
15. 　　　　**end for**
16. 　　　**end if**
17. 　　**end if**
18. 　**end if**
19. 　**if** ($\text{Com}_t(u) = \varnothing$ 且 $\text{Com}_t(v) \neq \varnothing$)或($\text{Com}_t(v) = \varnothing$ 且 $\text{Com}_t(u) \neq \varnothing$) **then**
20. 　　只运行算法 4.5 中的步骤 5～8
21. 　**end if**
22. **end if**
23. 对交叠社区进行合并
24. 将 $\mathcal{C}_t$ 更新为 $\mathcal{C}_{t+1}$

其次，图 4.5 给出了跟踪移除边算法示意图，虚线代表了一条移除的边。在子图(a)，剩余结构可以保持原来的社区结构；在子图(b)，剩余结构形成了两个新的社区。

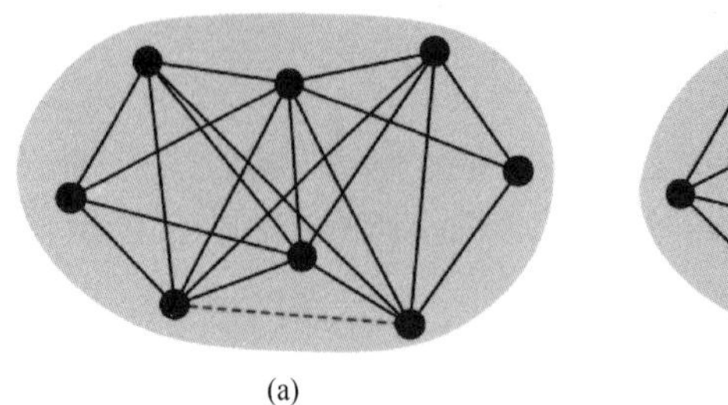

(a)

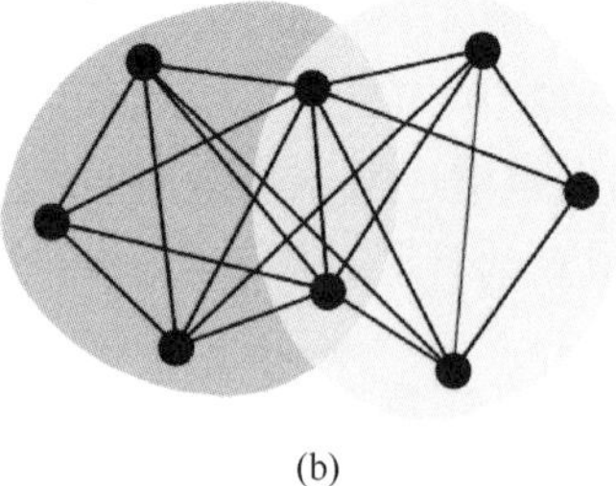

(b)

图 4.5 跟踪移除边算法示意图

分析跟踪移除边算法 4.6，同样有两种可能情况：一种是删除边的两个端点在同一社区内，另一种是两个端点不在同一社区内。在前一种情况下，社区结构不会改变。在后一种情况下，如果删除边来自移除节点，则其相应的操作已经由算法 4.4 完成了。所以，在算法 4.6 中，两种可能操作为：

① 判定移除边后的剩余结构能否保持原社区结构，即步骤 2～5。

② 否则，剩余结构重新形成新的社区，即步骤 7～9。

算法 4.6 跟踪移除边算法

输入：当前社区结构 $\mathcal{C}_t$

输出：更新后的结构 $\mathcal{C}_{t+1}$

1. **if** $\text{Com}_t(u)\neq\varnothing$ 且 $\text{Com}_t(v)\neq\varnothing$ **then**
2. 　**for** $\mathcal{C}_t(u)$ 或 $\mathcal{C}_t(v)$ 内的每个子集 C_i^t **do**
3. 　　$O_t(u,v)\leftarrow$ 利用删除 (u,v) 后 $\mathcal{C}_t(u)$ 的一个子集 C_i^t 内的所有剩余节点获得的 $G_t(x_t)$ 的生成子图
4. 　　**if** $\Phi(O_t(u,v))\geqslant\delta(O_t(u,v))$ 且 $|V_t(u,v)|\geqslant 4$ **then**
5. 　　　$C_i^t\leftarrow V_t(u,v)$
6. 　　**else**
7. 　　　对 $E_t(u,v)$ 权重按降序排列
8. 　　　从最大权重边 $(u,v)\in E_t(u,v)$ 开始
9. 　　　　执行算法 4.1 步骤 10～15，获得新社区序列 C'
10. 　　**end if**
11. 　**end for**
12. **end if**
13. 对交叠社区进行合并
14. 将 $\mathcal{C}_t$ 更新为 $\mathcal{C}_{t+1}$

4.3.5 SAWD 社区检测算法的复杂度

引理 4.1 算法 4.1 的时间复杂度为 $O\left(M+M\log M+N^2\right)$。

证明：假设一个社交加权图有 N 个节点和 M 条边。首先，获得权重集合 W_t 的中位数的时间复杂度为 $O(M)$。其次，因为有 M 条边需要与中位数做比较，所以比较操作的时间复杂度为 $O(M)$。再次，算法 4.1 步骤 8 对加权边进行排序的时间复杂度为 $O(M\log M)$。最后，从步骤 9 至步骤 16，确定 $N_t(u)$ 和 $N_t(v)$ 的交集。因为 $|N_t(u)|+|N_t(v)|=d^t(u)+d^t(v)$，所以每个加权边的时间复杂度为 $\sum_{u\in V_t}d^t(u)=2M$。对步骤 17～23，假设在步骤 17 的社区结构 $\mathcal{C}_{\text{raw}}$ 内有 N_0 个初始社区。根据文献[29]中的引理 11.8，当任意两个社区交叠部分内节点数量的上界为常数时，那么检测出来的初始社区的数量 N_0 为 $O(N)$。因此，社区合并的时间复杂度为 $O(N^2)$。综上，算法 4.1 的时间复杂度为 $O(M+M\log M+N^2)$。

引理 4.2　算法 4.2 的时间复杂度为 $O(M)$。

证明：首先，获得权重集合中位数的时间复杂度为 $O(M)$。其次，因为有 M 条边需要与中位数做比较，所以比较操作的时间复杂度为 $O(M)$。最后，获得时刻 $t-1$ 和 t 两个边集合的差集的时间复杂度为 $O(M)$。因此，算法 4.2 的时间复杂度为 $O(M)$。

对于算法 4.3～4.6，因为它们是局部处理网络变化(包括判定一个新的社区及合并交叠社区)，所以这些算法的时间复杂度上界由算法 4.1 来约束。

4.3.6　SAWD 社区检测算法的拟合度评估

检测算法的拟合度评估是通过求社区检测算法的结果 X 和真实/基准结果 Y 间的标准化互信息(normalized mutual information，NMI) $N(X|Y)$ 来衡量的。$N(X|Y)$ 是信息论领域的一种熵值法，$N(X|Y)$ 值越高，表示两个社区检测算法的结果越相似。一般来讲，如果实验数据集本身带有真实的社区分类结果，则选择真实的结果作为比较对象；如果实验数据集没有真实的社区分类结果，则使用基准分类结果作为比较对象。这里选择常用的一种基准分类算法 LFR[30]来验证 SAWD 检测算法的拟合度。

(1) 合并阈值的参数选择

SAWD 检测算法不需要用户提供关于社区的任何先验信息(如社区数量)。唯一需要被确定的参数是用于合并两个交叠社区的合并阈值 α。最优 α 值决定着 SAWD 检测算法的拟合度。为了保证 SAWD 最优的检测效果，这里利用本节的基准算法实验来妥善确定 α 的值。一旦参数值确定后，它将被用于初始社区构建步骤和后续的动态操作，且不需要再进行重新计算。此外，α 只与检测算法有关，与所使用的网络类型无关。

(2) 标准化互信息实验的网络生成

这里选择 LFR 的无向加权版本来生成一个合成的社交网络。也就是说，它可以生成一个带有交叠社区结构且节点服从幂律分布的无向加权图。设置部分参数如下：令权重分布指数$\beta=1.5$，每个节点最多隶属社区的数目$\mathrm{om}=2$。固定节点数量$N=1000$，拓扑混合参数$\mu_t=0.1$或$\mu_t=0.5$，交叠节点的数量$\mathrm{on}=100$或$\mathrm{on}=300$。然后，在 0～0.6 范围内变化加权混合参数μ_w，以确定最优α值。μ_w表示节点与其社区外部节点相连的强度与该节点在网络中的总强度之比。μ_w越大，节点在其社区内的强度越小，较小的强度将会增加社区检测的难度。

(3) 评价指标

这里使用文献[31]中的标准化互信息交叠版本作为评价指标。该指标是信息论中最重要的熵指标之一。$N(X|Y)$可被理解为Y已知时，为了推断随机变量X而相对缺少的信息量均值，$N(X|Y)\in[0,1]$。$N(X|Y)$值越高，两类社区的检测结果越相似。如果$N(X|Y)$等于 1，则意味着两类社区检测结果完全相同。这里，将 SAWD 社区检测算法看成X，将 LFR 基准检测算法的检测结果看成Y。

(4) 实验结果及分析

通过大量测试，可得到α的波动范围在 0～1.8 之间。本实验选择具有代表性的 0.4～1.4 的范围来确定α的最优值。因为在此范围内，$N(X|Y)$的表现要优于在其他范围内的表现。

下面通过设置参数来获得四种网络场景，从而观测到最优α值。首先有μ_t，较小的μ_t意味着网络的拓扑结构比较清晰，社区内部结构比较紧密；其次有 on，较小的 on 表示社区之间的分离度比较大。四种网络场景设置如下：第一，$\mu_t=0.1$且$\mathrm{on}=100$；第二，$\mu_t=0.1$且$\mathrm{on}=300$；第三，$\mu_t=0.5$且$\mathrm{on}=100$；第四，$\mu_t=0.5$且$\mathrm{on}=300$。在这四种场景下，本实验以 0.1 为间隔，在 0.4～1.4 范围内变化α，最终观测得到了α的合适值为 0.6。因为$\alpha=0.6$时的$N(X|Y)$值大于其他α取值时的$N(X|Y)$值。从平均水平上来说，$\alpha=0.6$时的$N(X|Y)$值可达 0.86。这表明社区检测的质量较高，结果接近于基准 LFR 的检测结果。

4.3.7　问题讨论

(1) 通信临界值的选择

在不断地执行添加或移除点或边的操作时，通过在每个网络快照时计算权重集W_t的中位数来生成通信临界值x_t。该中位数方法既可处理权重均匀分布的情况，又可处理权重幂律分布的情况。当然，也可能存在比此方法更为精确的数学方法来处理该问题，下一步可对此展开研究。

(2) 算法部署

部署实施的前提是要知道一个节点可以获得哪些信息及如何获得这些信息。节点可以了解并掌握其邻居节点完整的信息及其邻居节点所获得的部分局部邻居的信息。一些必要的信息可以通过相邻节点来点到点传输。

SAWD 社区检测以集中式方式进行，社区初始化只全局执行一次。而后面的动态跟踪算法是局部执行的，省去了全局重复更替的复杂性。基站周期性地把社区检测结果推送给所有节点，以完成全局控制工作。

4.4　跨空间社区检测

4.3 节研究了物理邻近社区，探讨了用户物理接近的情况。但在社交网络中更常见的是，两个地理距离远且是朋友关系的用户通过公共基础设施(如基站、接入点)进行频繁通信。那么之前的社区结构就不足以应对这种情况。

一般来讲，人们将社区定义为一组内部链路多于外部链路的密切联系的节点。在社交网络，基于社交关系，这种链路可以在朋友间清晰地建立出来，且朋友间的距离在地理上可长可短。但在基于通信的社交图上，这种链路往往是以直接的物理设备相遇为基础而得到。例如，在移动社交网络中，一条链路表示他们的手机或平板电脑的蓝牙或 WiFi 的连接。面对这种情况，本节对传统的社区概念进行拓展，我们以接入点为例来展开如下讨论。考虑那些互相之间没有直接链路但可以通过接入点进行通信的远距离节点。这样，社区的定义就会发生本质变化。社区内的链路不再仅是以前的直接通信链路，而是还应该包括一些通信能力强的远距离链路。基于这种含接入点的混合通信架构，本节给出了新的社区概念，称为跨空间社区。跨空间社区可以同时反映接入点支持和社区属性两方面的问题。本节将详细介绍跨空间社区的检测方法。该方法中给出一种轻量型的合并准则 CA，它根据接入点网络负载确定初始的跨空间社区结构；还给出一种局部合并准则 CB，以适应后续动态社区检测的需要。

4.4.1　关于跨空间社区的描述性定义

在混合通信架构的底层网络中，每个移动用户和静态接入点都可被看成独立的参与者。首先，鉴于移动用户-移动用户、移动用户-接入点间的频繁交互(物理接近)，用户和接入点将会根据交互频率形成部分密集群组，我们称之为物理邻近社区，即 4.3 节的 SAWD 算法检测出的社区。

然后，借助于接入点的连接，一些位于包含接入点的不同物理邻近社区中的远距离节点可以进行通信。我们将这些利用接入点进行便利通信的物理邻近社区合并，形成跨越地理空间的群组，称其为跨空间社区。

无论是物理邻近社区还是跨空间社区，它们均表示通信能力相对出色的结构。我们允许跨空间社区结构可以互相交叠。

4.4.2　跨空间社区检测算法

在动态混合底层通信架构下，需用两个步骤实现跨空间社区检测。首先，根据动态图，使用 4.3 节的 SAWD 算法获得每个时刻的物理邻近社区。然后，使用合并准则 CA (在第一个时刻 t=1)和合并准则 CB (在后续第 $t=2,\cdots$ 个时刻)，获得每个时刻的跨空间社区结构。如此，可获得两个序列，一个是关于物理邻近社区的动态时间序列，表示为 $\{\mathcal{PP}_0,\mathcal{PP}_1,\cdots,\mathcal{PP}_t,\cdots\}$，且令 $\text{ComPP}_t(i)$ 表示第 t 个时刻 $\mathcal{PP}_t$ 中的第 i 个物理邻近社区。另一个是跨空间社区结构的动态时间序列，表示为 $\{\mathcal{SC}_0,\mathcal{SC}_1,\cdots,\mathcal{SC}_t,\cdots\}$，且令 $\text{ComSC}_t(i)$ 表示第 t 个时刻 $\mathcal{SC}_t$ 中的第 i 个跨空间社区。

在网络初始，根据 4.3.1 节定义的网络图 G_1 (G_1 中的节点包括接入点和移动用户)，利用 SAWD 算法的“社区初始化算法”，可以得到初始的物理邻近社区集合 $\mathcal{PP}_1$。

之后，给出合并准则 CA 来获得初始的跨空间社区集合 $\mathcal{SC}_1$。对合并准则 CA 的描述如下：

① 系统给每个接入点分配序号(自然数)。每个接入点维持一个标记 undone，表示其隶属社区在当前时刻还没有执行 CA 合并操作。

② 出于简便的考虑，假设按照从小到大的升序，使随机若干个接入点组成不同的连通分支，各连通分支中的接入点依次相连(链式结构)。

③ 对一个接入点 r，首先检测其左序(即 r' 的序号小于 r)的接入点 r'，并设定如下三个条件：

第一，如果接入点 r' 与接入点 r 存在一条链路；

第二，接入点 r' 的 CA 合并准则的标记是 undone；

第三，它们不在同一物理邻近社区。

④ 如果满足上述三个条件，则将包含 r 和 r' 的物理邻近社区合并为一个新的跨空间社区，并将接入点 r 和接入点 r' 的 CA 标记设为 done。

⑤ 否则，对右序(即 r' 的序号大于 r)的接入点 r'，同样执行步骤③和步骤④。由此可得，假设在某个接入点连通分支内有 R 个接入点，那么跨空间社区的数量最多为 $R/2$。合并准则 CA 的伪代码描述见算法 4.7。

算法 4.7　合并准则 CA

输入：在第一个时刻 t=1 的物理邻近社区结构 $\mathcal{PP}_1$

输出：在第一个时刻 t=1 的跨空间社区结构 $\mathcal{SC}_1$

1. 定义一个数组 OCA ,数组长度为接入点的个数

---

2. **for** k 从 0 到 $|\mathrm{OCA}|$ **do**

3. $\mathrm{OCA}[k]=0$ //0 代表第 $k+1$ 个接入点还没有执行 CA 合并准则

4. **end for**

5. $\mathcal{SC}_1 \leftarrow \mathcal{PP}_1$

6. 对于一个接入点 r

7. **if** 第 r 个和第 $r-1$ 个接入点不在同一物理邻近社区且两者之间有一条通信链路且 $\mathrm{OCA}[r-2]\neq 1$ **then**

8. 令 LA 表示所有包含第 r 个接入点的物理邻近社区标号的集合

9. 令 LB 表示所有包含第 $r-1$ 个接入点的物理邻近社区标号的集合

10. **for** i 从 0 到 $|\mathrm{LA}|$ **do**

11. **for** j 从 0 到 $|\mathrm{LB}|$ **do**

12. $C \leftarrow$ 合并跨空间社区 $\mathrm{ComPP}_1(\mathrm{LA}[i])$ 和 $\mathrm{ComPP}_1(\mathrm{LB}[j])$

13. $\mathcal{SC}_1 \leftarrow \left\{\mathcal{SC}_1 \setminus \{\mathrm{ComPP}_1(\mathrm{LA}[i])\} \cup \{\mathrm{ComPP}_1(\mathrm{LB}[j])\}\right\} \cup \{C\}$

14. **end for**

15. **end for**

16. $\mathrm{OCA}[r-1]=1$；$\mathrm{OCA}[r-2]=1$

17. **else**

18. **if** 第 r 个和第 $r+1$ 个接入点不在同一物理邻近社区且两者之间有一条通信链路且 $\mathrm{OCA}[r]\neq 1$ **then**

19. 对第 r 个和第 $r+1$ 个接入点同样执行步骤 8～13

20. $\mathrm{OCA}[r-1]=1$；$\mathrm{OCA}[r]=1$

21. **end if**

22. **end if**

图 4.6 给出了跨空间社区检测算法示意图，图中实线代表了接入点间的有线链路；虚线圈出了物理邻近社区；阴影部分覆盖了跨空间社区结构。其中，图 4.6(a) 给出了在第一个时刻 t=1 合并准则 CA 的直观示意图。假设执行完 SAWD 算法的“社区初始化算法”后，有三个包含移动用户和接入点的物理邻近社区 $\mathrm{ComPP}_1(1)$～$\mathrm{ComPP}_1(3)$。现在分别由 $r_1-r_2-r_3, r_4-r_5-r_6, r_7-r_8$ 形成了三个接入点连通分支。根据合并准则 CA，在第一个连通分支，跨空间社区 $\mathrm{ComSC}_1(1)$ 可由 r_1-r_2 来形成；在第二个连通分支，跨空间社区 $\mathrm{ComSC}_1(2)$ 可由 r_4-r_5 来形成。由于 r_7 和 r_8 已经在同一物理邻近社区内，因此不需再运行合并准则 CA。

对后续第 $t=2,\cdots$ 个时刻，以 $\mathcal{PP}_{t-1}$ 为基础，运行 SAWD 算法的“动态跟踪算法”可获得物理邻近社区集合 $\mathcal{PP}_t$。在 SAWD 算法中，网络的动态变化被分为四种简单操作：增加新节点、增加边、删除节点、删除边。针对每种变化，本章算法 4.3～4.6 给出了相应的方法来自适应更新物理邻近社区。

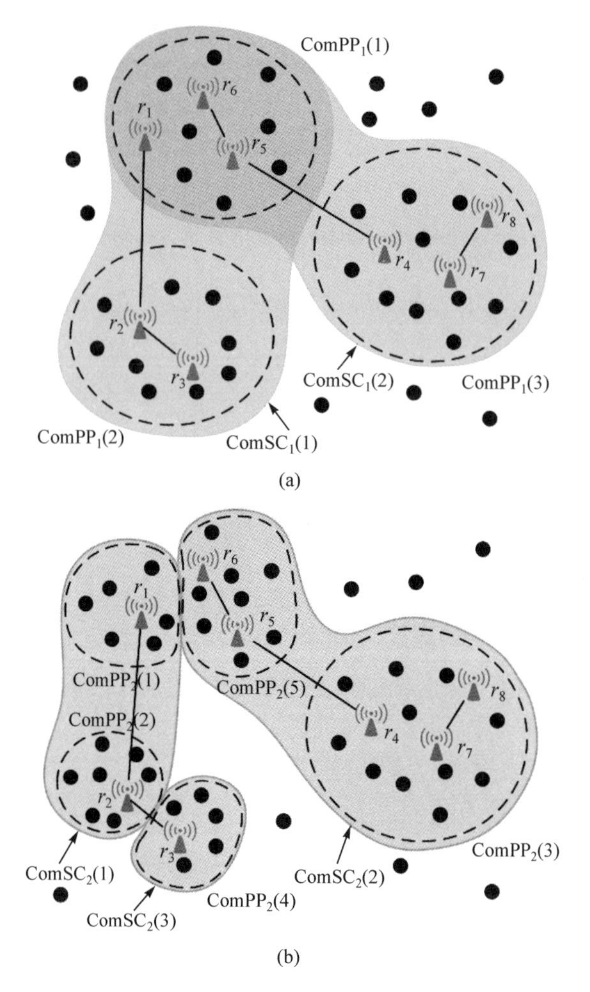

图 4.6　跨空间社区检测算法示意图

基于上面得到的集合 $\mathcal{PP}_t\left(2\leqslant t<\infty\right)$，使用合并准则 CB 来获得跨空间社区集合 $\mathcal{SC}_t\left(2\leqslant t<\infty\right)$。对合并准则 CB 的描述如下：

① 在后续第 $t=2,\cdots$ 个时刻，每个接入点维持一个初始标记 undone，表示其隶属社区在当前时刻还没有执行 CB 合并操作。

② 当某个 CA 合并准则标记为 done 的接入点 r 发现它所隶属的物理邻近社区的大小发生了变化。

③ 接入点 r 首先检测其左序(即 r' 的序号小于 r)的接入点 r'，并设定如下三个条件：

第一，如果接入点 r' 与接入点 r 存在一条链路；

第二，接入点 r' 的CB合并准则的标记为undone；

第三，它们不在同一物理邻近社区。

④ 如果满足上述三个条件，则将包含 r 和 r' 的物理邻近社区合并/更新为一个新的跨空间社区，并将接入点 r 和接入点 r' 的CB标记设为done。

⑤ 否则，对右序(即 r' 的序号大于 r)的接入点 r' ，同样执行步骤③和步骤④。

合并准则CB可以自适应地去局部处理那些发生变化的物理邻近社区，并把它们合并/更新为新的跨空间社区。合并准则CB的伪代码描述见算法4.8。

算法 4.8　合并准则CB

输入：物理邻近社区结构 $\mathcal{PP}_t\left(2\leqslant t<\infty\right)$

输出：跨空间社区结构 $\mathcal{SC}_t\left(2\leqslant t<\infty\right)$

1. $\mathcal{SC}_{\mathrm{t}}\leftarrow\mathcal{PP}_{\mathrm{t}}$
2. 定义一个数组OCB，数组长度为接入点的个数
3. **for** k 从0到 $\left|\mathrm{OCB}\right|$ **do**
4. 　$\mathrm{OCB}\left[k\right]=0$ //0代表第 $k+1$ 个接入点还没有执行CB合并准则
5. **end for**
6. **if** 包含第 r 个接入点的物理邻近社区的大小发生改变且 $\mathrm{OCA}\left[r-1\right]=1$ **then**
7. 　**if** 第 r 个和第 $r-1$ 个接入点不在同一物理邻近社区且两者之间有一条通信链路且 $\mathrm{OCB}\left[r-2\right]\neq1$ **then**
8. 　　合并包含第 r 个接入点的物理邻近社区和包含第 $r-1$ 个接入点的物理邻近社区形成新的跨空间社区
9. 　　$\mathrm{OCB}\left[r-1\right]=1$；$\mathrm{OCB}\left[r-2\right]=1$
10. 　**else**
11. 　　**if** 第 r 个和第 $r+1$ 个接入点不在同一物理邻近社区且两者之间有一条通信链路且 $\mathrm{OCB}\left[r\right]\neq1$ **then**
12. 　　对第 r 和第 $r+1$ 个接入点同样执行步骤8
13. 　　$\mathrm{OCB}\left[r\right]=1$；$\mathrm{OCB}\left[r-1\right]=1$
14. 　　**end if**
15. 　**end if**
16. **end if**
17. 更新 $\mathcal{SC}_{\mathrm{t}}$

图4.6(b)给出了在第二个时刻 t=2的合并准则CB的直观示意图。基于图4.6(a)，假设四种类型的网络动态变化(增加新节点、增加边、删除节点、删除边)已经发生。在执行完SAWD算法的"动态跟踪算法"后，得到了更新后的包含 $\mathrm{ComPP}_2\left(1\right)$ ~ $\mathrm{ComPP}_2\left(5\right)$ 的物理邻近社区结构。我们发现，接入点 r_1,r_2,r_3,r_5,r_6 所隶属的物理邻

近社区已经发生变化。因此，在图 4.6(b)中，使用 CB 合并准则，由 r_1 和 r_2，$\text{ComPP}_2(1)$ 和 $\text{ComPP}_2(2)$ 被局部合并为一个新的跨空间社区 $\text{ComSC}_2(1)$；由 r_5，$\text{ComPP}_2(3)$ 和 $\text{ComPP}_2(5)$ 被局部合并为一个新的跨空间社区 $\text{ComSC}_2(2)$。

图 4.7 给出了跨空间社区检测在不同时间段的不同子算法和合并准则的调用时序，两条虚线箭头示意了这个过程的两个主线。总结如下：

① 在初始时刻，图为空。

② 在第一个时刻 $t=1$，根据从初始到第一个时刻 $t=1$ 间的设备累积相遇通信情况，可获得图 G_1。以图 G_1 为基础，通过使用 SAWD 算法的“社区初始化阶段算法”，获得 $\mathcal{PP}_1$。

③ 以 $\mathcal{PP}_1$ 为基础，使用合并准则 CA 来获得 $\mathcal{SC}_1$。

④ 然后，在第二个时刻 t=2，因为网络动态图发生变化，所以基于 $\mathcal{PP}_1$，通过执行 SAWD 算法的“动态跟踪算法”，获得 $\mathcal{PP}_2$。

⑤ 以 $\mathcal{PP}_2$ 为基础，使用合并准则 CB 来获得 $\mathcal{SC}_2$。

⑥ 对第三个时刻 $t=3$ 及后续所有时刻，重复执行步骤④和步骤⑤来获得 $\{\mathcal{PP}_3,\mathcal{PP}_4,\cdots\}$ 和 $\{\mathcal{SC}_3,\mathcal{SC}_4,\cdots\}$。

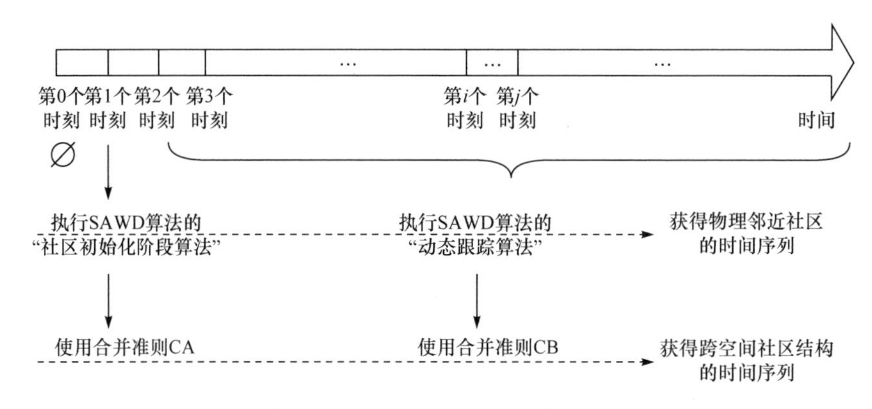

图 4.7　跨空间社区检测在不同时间段的不同子算法和合并准则的调用时序

本小节所述的合并准则 CA 和 CB 是较为简单易行的社区结构合并准则,其中的成对合并的思想主要是为了避免在骨干网上形成过大的跨空间社区结构。4.4.3 节将从实际应用出发，基于接入点的通信负载，介绍更为复杂的合并准则。

4.4.3　关于合并准则的讨论

在实际应用中，每个接入点均记录了通过该接入点进行会话的数量和发起会话的源-目的节点对。在本小节介绍一种可替代的合并准则，称为负载团拓展(load clique expanding)准则。

(1) 负载团拓展准则遵循的规则

① 让参与物理邻近社区合并的接入点的利益最大化(即团最大化)，同时平衡它们的网络负载。

② 让那些其成员频繁通过所包含的接入点进行通信的物理邻近社区合并成为跨空间社区。

(2) 负载团拓展准则的步骤

① 对每个接入点连通分支，将其内现有的接入点放入临时集合 TS 。

② 从集合 TS 中随机选择一个接入点，将其放入团集合 KS 。

③ 从集合 TS 中选择另一个接入点 r_{new} ，选择标准是该接入点与团集合 KS 中的所有现存接入点均存在有线或无线链路。

④ 计算接入点负载和链路负载。假设在时刻 t ，当前团集合 KS 中有 r 个接入点，它们分属在 r 个成员数量分别为 $m_1,m_2,\cdots,m_r$ 的不同的物理邻近社区内。对团集合 KS ，接入点 r_i 的负载定义为 $c(i,t)\cdot\binom{m_i}{2}$ 。接入点 r_i 和 r_j 间的链路负载定义为 $d(i,j,t)\cdot m_i\cdot m_j$ 。系数 $c(i,t)$ 表示时刻 t 之前，在接入点 r_i 隶属的物理邻近社区内，经过 r_i 的平均会话发生比。系数 $d(i,j,t)$ 表示时刻 t 之前，接入点 r_i 和 r_j 之间的平均会话发生比，且会话的源-目的节点对位于接入点 r_i 和 r_j 的隶属物理邻近社区内。

⑤ 对团集合 KS 中的每个接入点 r_i ，如果 $d(i,\text{new},t)\cdot m_i\cdot m_{\text{new}}$ 超过 $\max\left\{c(i,t)\cdot\binom{m_i}{2},c(\text{new},t)\cdot\binom{m_{\text{new}}}{2}\right\}$ ，则将新的接入点 r_{new} 放入团集合 KS 。

⑥ 重复步骤③～⑤，直到团集合 KS 不再改变为止。此时，一个接入点团集合就形成了。

在每个时刻，使用负载团拓展准则后，可以获得网络中所有的接入点团集合。根据这些团，可将包含同一团的接入点所隶属的物理邻近社区合并为新的跨空间社区。

4.5　本 章 小 结

本章介绍了网络移动信息服务应用层的重要技术之一——社区结构发掘技术。针对由人类活动所带来的移动信息服务的社交属性，从底层通信网络架构角度，给出了适用于不同场景下的社区发掘方法。重点在于打通底层通信架构和顶层社区发掘的关系，能根据实际通信情况，直观地建立起社区结构。这对发掘潜在关联关系、探索未知网络结构有极大益处。

参 考 文 献

[1] Girvan M, Newman M E J. Community structure in social and biological networks. Proceedings of the National Academy of Sciences, 2002, 99(12): 7821-7826.

[2] Porter M A, Onnela J, Mucha P J. Communities in networks. Notices of the AMS, 2009, 56(9): 1082-1097.

[3] Kayastha N, Niyato D, Wang P, et al. Applications, architectures, and protocol design issues for mobile social networks: A survey. Proceedings of the IEEE, 2011, 99(12): 2130-2158.

[4] 蒋昌俊, 陈闽中, 闫春钢, 等. 一种基于集聚系数的自适应聚类方法及系统: 201410512802.0, 2014-09-29.

[5] 李重. 移动社交网络数据传输协议设计与性能分析研究. 同济大学博士学位论文, 2015.

[6] Li Z, Wang C, Yang S, et al. LASS: Local-activity and social-similarity based data forwarding in mobile social networks. IEEE Transactions on Parallel and Distributed Systems, 2015, 26(1): 174-184.

[7] Li Z, Wang C, Yang S, et al. Space-crossing: Community-based data forwarding in mobile social networks under the hybrid communication architecture. IEEE Transactions on Wireless Communications, 2015, 14(9): 4720-4727.

[8] Fortunato S. Community detection in graphs. Physics Reports, 2010, 486(3): 75-174.

[9] Lancichinetti A, Fortunato S. Community detection algorithms: A comparative analysis. Physical Review E, 2009, 80(5): 056117.

[10] Newman M E J, Girvan M. Finding and evaluating community structure in networks. Physical Review E, 2004, 69(2): 026113.

[11] Newman M E J. Analysis of weighted networks. Physical Review E, 2004, 70(5): 056131.

[12] Leicht E, Newman M E J. Community structure in directed networks. Physical Review Letters, 2008, 100(11): 118703.

[13] Clauset A, Newman M E J, Moore C. Finding community structure in very large networks. Physical Review E, 2004, 70(6): 066111.

[14] Guimera R, Amaral L A N. Functional cartography of complex metabolic networks. Nature, 2005, 433(7028): 895-900.

[15] Blondel V D, Guillaume J, Lambiotte R, et al. Fast unfolding of communities in large networks. Journal of Statistical Mechanics: Theory and Experiment, 2008, (10): 10008.

[16] Rosvall M, Bergstrom C T. Maps of random walks on complex networks reveal community structure. Proceedings of the National Academy of Sciences, 2008, 105(4): 1118-1123.

[17] Palla G, Derenyi I, Farkas I J, et al. Uncovering the overlapping community structure of complex networks in nature and society. Nature, 2005, 435(7043): 814-818.

[18] Hui P, Yoneki E, Chan S Y, et al. Distributed community detection in delay tolerant networks. Proc. ACM MobiArch, Kyoto, Japan, 2007: 7.

[19] Nguyen N P, Dinh T N, Tokala S, et al. Overlapping communities in dynamic networks: Their detection and mobile applications. Proc. ACM MobiCom, Las Vegas, Nevada, USA, 2011: 85-96.

[20] Lin Y, Chi Y, Zhu S, et al. Analyzing communities and their evolutions in dynamic social networks. ACM Transactions on Knowledge Discovery from Data, 2009, 3(2): 8.

[21] Cazabet R, Amblard F, Hanachi C. Detection of overlapping communities in dynamical social networks. Proc. IEEE SocialCom, Minneapolis, MN, USA, 2010: 309-314.

[22] Khadivi A, Rad A A, Hasler M. Network community-detection enhancement by proper weighting. Physical Review E, 2011, 83(4): 046104.

[23] Hui P, Crowcroft J, Yoneki E. BUBBLE RAP: Social-based forwarding in delay-tolerant networks. IEEE Transactions on Mobile Computing, 2011, 10(11): 1576-1589.

[24] Gao W, Li Q, Zhao B, et al. Multicasting in delay tolerant networks: A social network perspective. Proc. ACM MobiHoc, New Orleans, LA, USA, 2009: 299-308.

[25] Fan J, Chen J, Du Y, et al. Geocommunity-based broadcasting for data dissemination in mobile social networks. IEEE Transactions on Parallel and Distributed Systems, 2013, 24(4): 734-743.

[26] Wu J, Xiao M, Huang L. Homing spread: Community home-based multi-copy routing in mobile social networks. Proc. IEEE INFOCOM, Turin, Italy, 2013: 2319-2327.

[27] Cheng N, Lu N, Zhang N, et al. Vehicular WiFi offloading. Vehicular Communications, 2014, 1(1): 13-21.

[28] Zhu H, Dong M, Chang S, et al. Zoom: Scaling the mobility for fast opportunistic forwarding in vehicular networks. Proc. IEEE INFOCOM, Turin, Italy, 2013: 2832-2840.

[29] Thai M T, Pardalos P M. Handbook of Optimization in Complex Networks. Berlin: Springer, 2012.

[30] Lancichinetti A, Fortunato S. Benchmarks for testing community detection algorithms on directed and weighted graphs with overlapping communities. Physical Review E, 2009, 80(1): 016118.

[31] Lancichinetti A, Fortunato S, Kertesz J. Detecting the overlapping and hierarchical community structure in complex networks. New Journal of Physics, 2009, 11(3): 033015.

第五章　网络移动信息服务平台

5.1　系统总体设计

根据服务需求，考虑网络整体的层次结构，整个网络移动信息服务平台划分为数据资源层、基础平台层、关键技术支撑层、业务管理与应用技术层、服务接口与信息发布层五个层次，如图 5.1 所示。

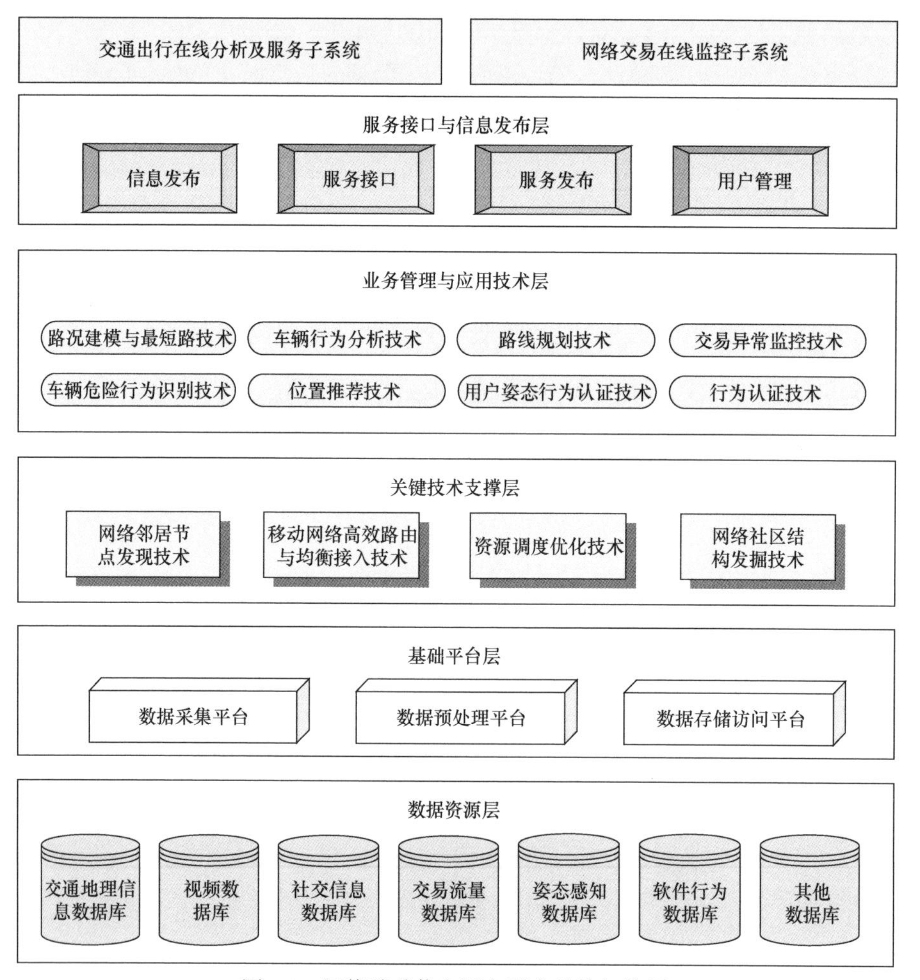

图 5.1　网络移动信息服务平台总体架构图

数据资源层主要存储系统相应数据资源，包括交通地理信息数据库、视频数据库、社交信息数据库、交易流量数据库、姿态感知数据库、软件行为数据库等。若是系统的数据来源于异构分布式数据库系统，在本层应当考虑远程数据库的本地缓存库[1]。

基础平台层主要包括数据采集平台、数据预处理平台、数据存储访问平台。数据采集和预处理平台主要实现各种类型的多源数据采集，并对采集来的数据进行初步质、量、类型、语义的分析，剥离噪声错误数据，分类提取效用数据，形成虚拟数据平面。数据存储访问平台实现相关的数据存储、数据访问(包括异构数据库的访问)、数据传输等接口功能。

关键技术支撑层主要包括网络邻居节点发现技术、移动网络高效路由与均衡接入技术、资源调度优化技术、网络社区结构发掘技术。这些技术从链路层、网络层直到应用层来层层支撑上面的具体应用服务。

业务管理与应用技术层主要包括实现智能交通、智慧旅游、交易支付等应用方面的关键技术，其中有路况建模与最短路技术、车辆行为分析技术、车辆危险行为识别技术、位置推荐技术、路线规划技术、用户姿态行为认证技术、交易异常监控技术、行为认证技术。

服务接口与信息发布层主要包括各种网络服务的服务调用接口、网络服务发布、用户认证与管理以及相应 Web 页面相关的信息发布服务。该层主要实现按需的服务整合功能，向外提供统一的服务调用接口。图 5.2 和图 5.3 分别给出了网络移动信息服务平台的系统业务流程示意图和支撑该平台的曙光云平台情况。

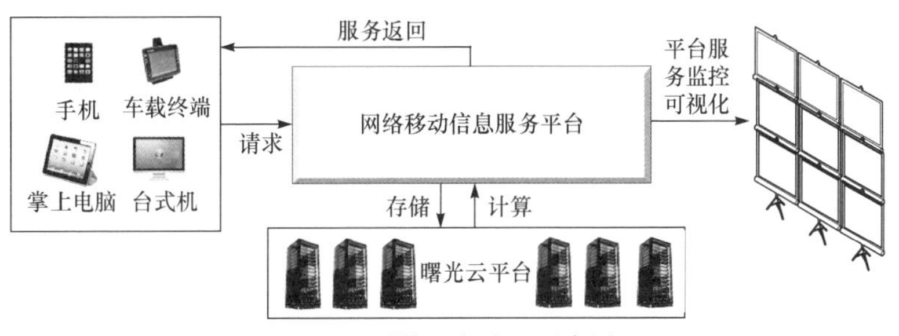

图 5.2　系统业务流程示意图

图 5.3　作为后台服务器的曙光云平台

5.2　资源调度优化子系统

随着互联网的迅猛发展，网络上汇集的各种计算资源、数据资源、存储资源、软件资源等，共同构成了生产、传播和使用知识的重要载体。这些资源载体往往由于地理分布、管理或安全访问等需求而分属于多个域。如今的互联网越来越提倡用户的个性化，然而，传统的任务调度结构中，用户的自主性是极少的，统一地使用服务质量尺度来衡量，缺少用户的个性化。因此，为了充分利用这些分属于不同域的资源，建立面向服务业的资源共享，平台提出了基于“虚拟超市”的资源共享模型[2, 3]，通过虚拟化技术建立起统一、标准和共享的资源管理模式，以达到有效管理庞大、繁多、复杂的数据及相关设备，提高资源利用率，建立全面数据安全保障体系的目的。该模型是一个四层结构模型，包括本地资源管理层、全局资源服务层、本地资源服务层和用户管理层。本地资源通过资源注册形成局部资源目录，由局部资源目录通过资源汇聚形成全局资源目录服务，根据资源请求经过资源协同工作映射成本地逻辑资源服务，通过自主任务调度完成任务对本地逻辑资源的请求。虚拟超市模型的体系结构如图 5.4 所示。

虚拟超市着重于跨域资源的组织和管理，跨域资源具有异构性、分布性、自治性、数量庞大性的特点。所以在虚拟超市中，跨域资源对于用户选择性透明，即不是完全透明的。由于考虑了用户需求偏好的个性化，所以用户拥有极大的自主性。

基于虚拟超市的资源分配系统包括：

(1) 用户请求代理模块，它用来接受用户的自主资源请求，根据自主资源请求的资源类型，生成一个请求唯一标识码和任务请求，并将任务请求写入自己相应类型的任务池中。

(2) 任务池，它用来存放用户的任务请求。

(3) 任务池监听器，它用来监听任务池，读取任务池中的任务请求，并执行相应类型的资源分配动作，将结果发送给用户请求代理模块，通过用户请求代理将资源的使用结果返回给用户。

(4) 资源处于资源层，资源类型包括计算资源、数据资源、应用资源和存储资源。自主资源请求来自用户层，用户层由用户的自主资源请求构成。自主资源请求为并发请求，并通过用户请求代理模块对任务池互斥写的方式被并发处理。

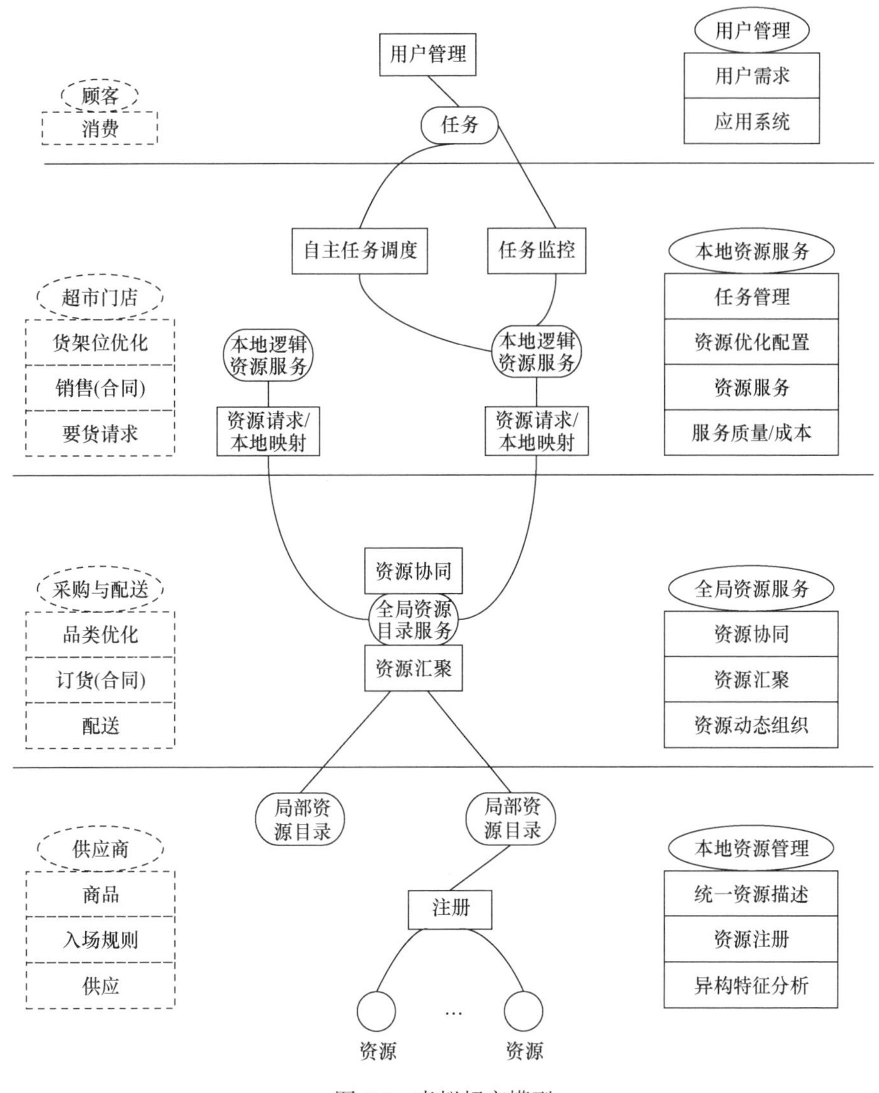

图 5.4　虚拟超市模型

任务池将任务请求以队列的方式进行存放，并生成队列文件。当用户的任务请求量大于服务的处理能力时，用户请求代理模块将任务请求写入队列文件中，任务请求依次在队列中被挂起，直到被唤醒并调用。任务池监听器负责监听任务池中的队列变化情况，当队列中存在挂起状态的任务请求并且相应类型的资源处于空闲状态时，将队列中的任务请求依次唤醒并调用资源服务，把相应结果输出给用户请求代理模块，具体流程如图 5.5 所示。

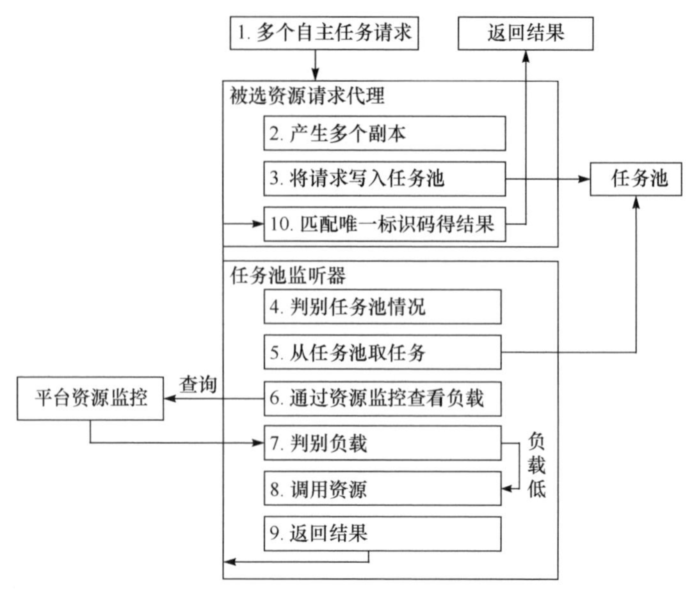

图 5.5　资源分配调度流程图

5.3　网络交易在线监控子系统

基于 5.1 及 5.2 节的基础技术架构,本节给出网络移动信息服务平台中关于网络交易在线监控子系统的设计，其主要针对来自有线或无线网络中固定或移动设备的终端用户行为习惯数据、平台交易数据、交易环节中关键的软件行为数据等,在线进行交易安全的实时监控[4]。该子系统由数据获取、数据处理以及数据展现等几部分组成，网络交易在线监控可视化系统架构如图 5.6 所示[5, 6]。

整个在线监控可视化系统部署的目标环境没有限制，可以部署在 Windows 服务器系统上，也可以部署在 Linux 服务器系统上。底层的支撑技术采用了业界成熟的一些技术框架，比如比较成熟的模型-视图-控制器(model view controller，MVC)软件开发模式，它以网络服务的方式向外提供服务，从而支持多终端访问监控界面。系统总体是基于跨平台的 Java 实现的，其中的模型-视图-控制器框架采用了对 Restful 良好支持的 SpringMVC，数据持久层采用了 iBatis，视图层采用了 Velocity，可视化采用了基于 Javascript 的图表展现工具 HighCharts。所以具备互联网接入功能且浏览器支持 Javascript 的终端设备都可以访问此监控可视化系统。整个系统部署到 Apache 服务器上运行，此服务器软件在每个操作系统上都提供[7]。

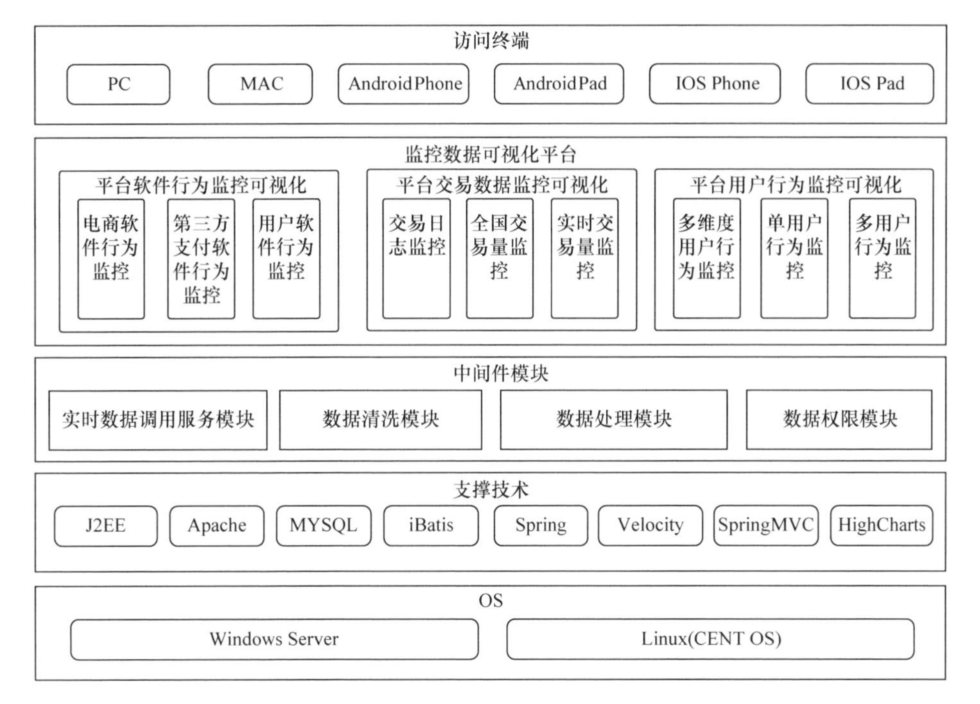

图 5.6 网络交易在线监控可视化系统架构图

在支撑技术之上是四个比较底层的中间件模块，分别是实时数据调用服务模块、数据清洗模块、数据处理模块、数据权限模块。监控系统强调数据的实时性，由底层向上提供实时数据调用服务的目的就在于由中间层向上层实时提供数据。由于数据的来源不一定是本地数据库，也可能来自于第三方系统，因此这部分服务将会同时具有访问外部数据源和内部数据源的能力。数据清洗模块是针对形式不规则的一些数据，如部分字段为空、离散数据与连续数据转换等，进行必要的预处理。数据处理模块的主要功能是对数据进行进一步的加工，用以在上层作呈现，比如数据的分类汇总、数据格式的填充。数据权限模块的主要功能是对监控平台的数据进行保护，通过控制数据粒度权限，保证交易数据监控呈现的安全性。

中间件模块之上是监控系统平台的可视化呈现，它由三大部分组成，每个部分由三个子部分组成。第一大部分为平台软件行为监控可视化，其主要包含电商、第三方支付以及用户的软件行为监控。它们分别以三个子部分呈现，呈现的方式是通过滚动列表来展示软件行为的日志，并且可以以多平台角度高亮显示同一个异常交易，以此帮助业务人员分析异常交易。第二大部分为平台交易数据监控可视化，这部分用于展示流经平台的交易数据，其数据是通过实时数据服务向受监控的外部电商平台获取的，其子部分分别为交易日志监控(以滚动的方式展示各个关键业务过程的交易日志，与软件行为日志挂钩)、全国交易量监控(以基于全国地图的热度图以及按省份分布的柱状图来展示全国交易量情况)、实时交易量监控(外部服务调用的实时交易数据，包含实时交易笔数以及实时成交额，通过折线图展示，在折线图中也可以同时选择呈现两小时、前一天等同期的交易数据)。第三大部分是平台用户行为监控可视化，这部分是对平台用户行为习惯监控数据的可视化，其子部分包含多维度用户行为监控(以用户移动设备手势行为和姿态、用户的上网时间段的分布，以及用户访问的网站类的成分，构成多维度的单用户行为习惯，其中上网时间段分布采用面积图，用户访问的网站类采用柱状图和饼状图同时展现)、单用户行为监控(以滚屏的方式展现用户浏览网页的访问日志、用户姿态分类，并同时展现基于用户行为认证技术得到的用户身份鉴别实时分值，以折线图展示)、多用户行为监控(以滚屏的方式展现多用户浏览网页的访问日志，并同时展现多用户访问网站时，基于用户行为认证技术得到的用户身份鉴别实时分值，以柱状图实时更新展现)。以上分层立体化地展示了网络交易在线监控子系统，监控界面如图 5.7 所示。

图 5.7　监控界面

5.4　交通出行在线分析及服务子系统

本节给出网络移动信息服务平台中交通出行在线分析及服务子系统的设计。与交通出行相关的基础数据具有异构性、动态性、多样性、分布性的特征，该子系统收集多源数据，进行综合分析处理，为普通民众用户、市政管理用户提供信息服务[8,9]。用户可通过移动终端应用程序或者互联网网页等形式进行访问和使用[10]。在该子系统中，业务功能主要包括数据采集与预处理、数据传输与存储、各类交通出行信息服务提供等。

具体来说，业务系统处理流程如图 5.8 所示。系统的数据来源包括三类，第一类是感知设备直接采集的数据，如 GPS 数据、车检器(感应线圈)采集的数据、

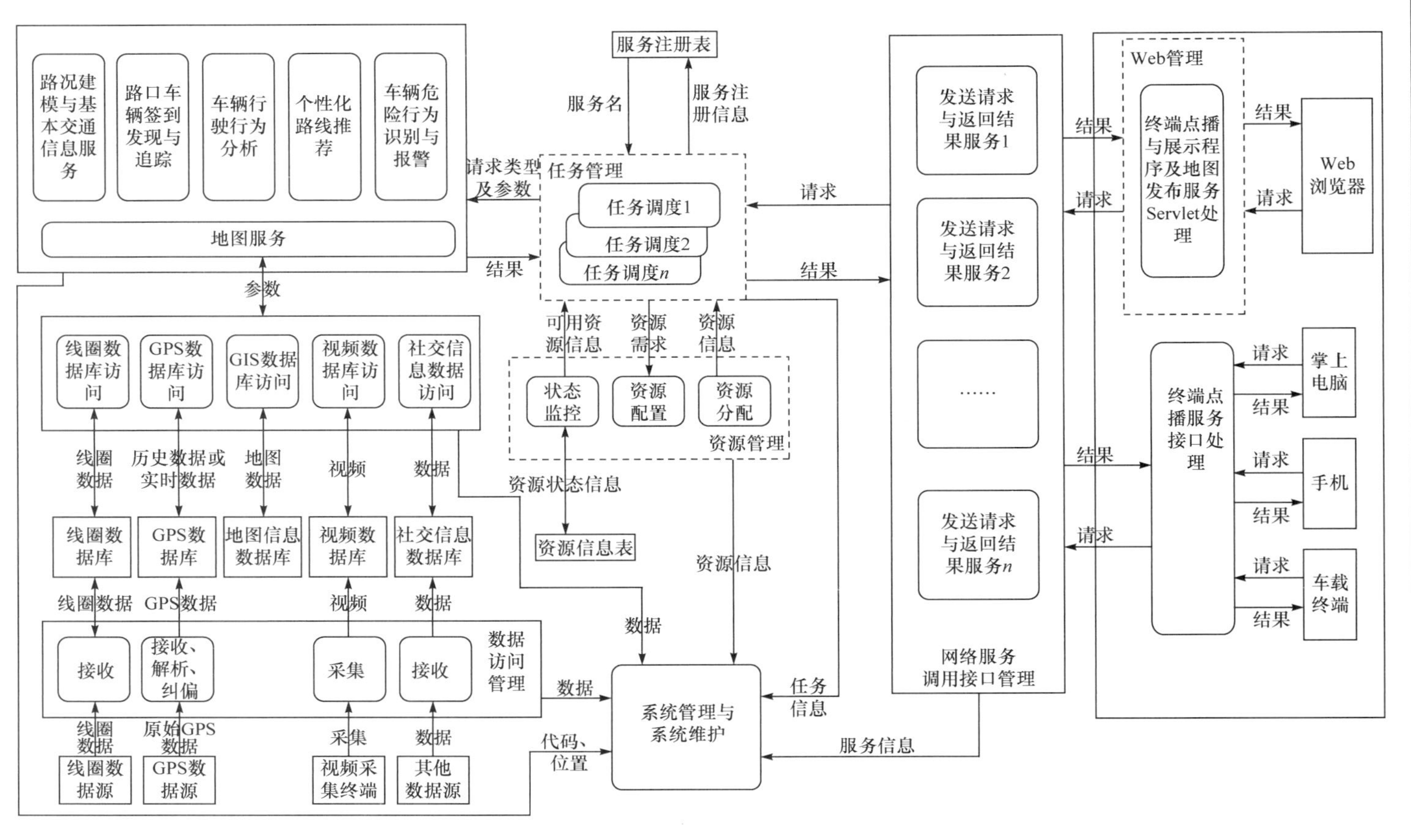

图5.8　业务系统处理流程图

摄像头采集的数据，以及其他各类感知设备所能获得的相关数据；第二类是市政或企业经过隐私处理过的城市交通出行数据；第三类是通过互联网爬取的交通出行相关数据，如微博发布的位置信息。业务系统的基本流程如下：

① Web 浏览器客户端为本地瘦客户端，除了在浏览器安装应用插件外，不另外在本地安装应用程序，浏览器端从 Web 服务器端下载相应的 Web 页面来表现各种应用功能；从 Web 浏览器发来的请求由 Web 服务器接收，并转向服务处理单元接收处理。另外，掌上电脑、手机、车载终端等客户端使用本地专门开发的客户端应用程序，为胖客户端。从掌上电脑、手机或车载显示终端发来的请求信息由服务处理单元接收处理[11]。

② 这些请求转发到任务管理器，由任务管理服务负责任务调度。通过查询服务注册表，查找相应服务(或计算程序)的位置等有关信息。获取相应可用资源信息后，启动相应处理程序进行计算。

③ 被调度的任务所需的资源信息来自于资源管理器。资源管理器通过查询资源信息表获取相应的可用资源信息。

④ 相应的计算程序通过数据访问管理单元访问数据库或数据文件。

⑤ 计算结果由任务管理负责把结果通过服务处理单元或 Web 服务器转发到终端，并在终端上展示相应的服务结果。

⑥ 系统管理与系统维护可获得系统软硬件信息(包括程序代码、数据、存储位置、权限等相关信息)，可实现用户管理、代码管理、数据维护管理、资源管理等一系列系统管理和维护。

图 5.9 和图 5.10 给出了该交通出行在线分析及服务子系统能提供给市政管理用户和普通民众用户的服务种类示意图。

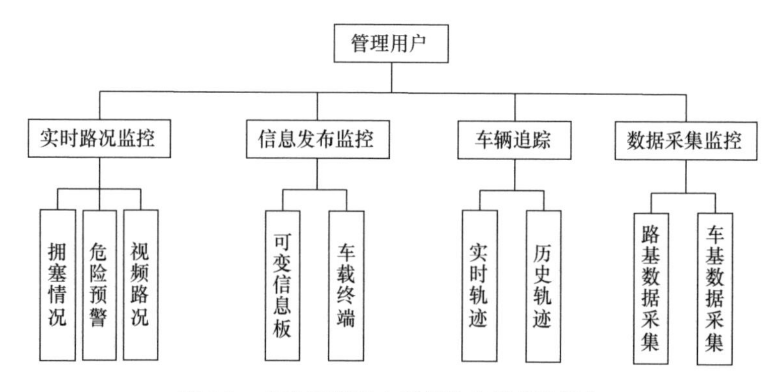

图 5.9 市政管理用户所获的交通信息服务

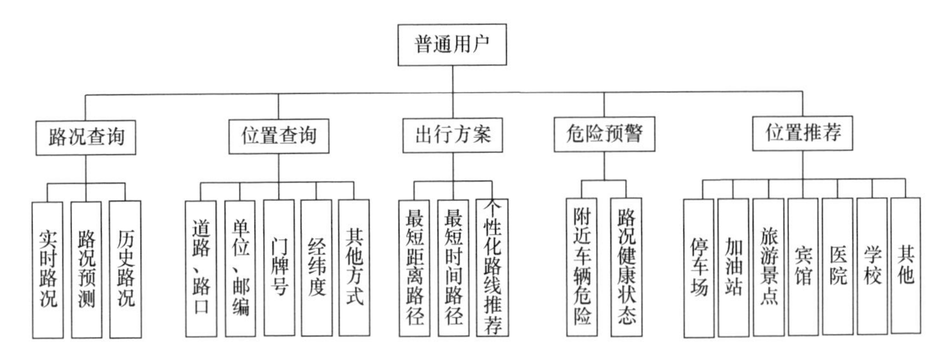

图 5.10　普通民众用户所获的交通信息服务

5.5　本章小结

本章主要介绍了网络移动信息服务平台的整体架构设计，针对重要的资源调度优化子系统、网络交易在线监控子系统、交通出行在线分析及服务子系统给出了详细的业务流程介绍。在下面第六、七、八章中，基于该平台，将会分别在智能交通、智慧旅游、移动支付认证三方面介绍最新的网络移动信息服务研究成果。

参考文献

[1] 蒋昌俊, 陈闵中, 闫春钢, 等. 网络信息服务平台及其基于该平台的搜索服务方法: 201210445457.4, 2015-07-29.

[2] 蒋昌俊, 陈闵中, 闫春钢, 等. 一种基于互联网的资源分配系统及方法: 201110270819.6, 2016-08-10.

[3] 周洋, 蒋昌俊, 方钰. 异构环境下独立任务调度算法的研究. 计算机科学, 2008, 35(8): 90-92.

[4] 蒋昌俊, 丁志军, 王俊丽, 等. 面向互联网金融行业的大数据资源服务平台. 科学通报, 2014, 59(36): 3547-3554.

[5] 蒋昌俊, 陈闵中, 闫春钢, 等. 网络交易的可信认证系统与方法: 201410499859.1, 2018-04-17.

[6] 蒋昌俊, 陈闵中, 闫春钢, 等. 网络交易中用户与软件行为监控数据可视化系统: 201410513131.X, 2017-08-25.

[7] 蒋昌俊, 于汪洋. 网络交易风险控制理论. 北京: 科学出版社, 2018.

[8] 蒋昌俊, 丁志军, 方钰, 等. 城市交通智能路网的关键技术及应用. 自动化博览, 2015, (5): 76-78.

[9] 蒋昌俊, 张亚英, 陈闵中, 等. 一种基于动态路网的交通诱导方法: 201310128165.2, 2015-06-03.

[10] 蒋昌俊, 章昭辉, 陈闵中, 等. 实现为用户自助显示路况信息的方法及其系统: 201310173301.X, 2015-07-22.

[11] 蒋昌俊, 章昭辉. 城市交通先进计算技术. 北京: 科学出版社, 2014.

第六章　智 能 交 通

6.1　现有相关国内外应用及技术介绍

作为智慧城市的一个重要组成部分，智能交通系统[1]是在较完善的道路设施基础上，通过先进的信息技术、数据通信技术、电子传感技术、计算机处理技术等及其相互集成，应用于地面交通的实际需求，建立的全方位、实时、准确、高效的地面交通系统。其实质上是利用高新技术对传统的交通系统进行改造和提升而形成的一种信息化、智能化、社会化的新型交通系统，是城市交通进入信息时代的重要标志。而近几年智能网联汽车(车联网)和自动驾驶技术的发展，又进一步推动了智能交通技术在深度和广度方面的新拓展。

之前智能交通的应用需求一直主要来自政府各管理机构，如交通局、市政部门、公安系统等，其功能大多围绕交通红绿灯控制、道路事故处理、交通流预测、人流预警等。早期国际上比较著名的智能交通系统有澳大利亚的 SCATS，日本的 VICS，英国的 SCOOT，美国的 TRAVTEK、ADVANCE、FASTTRAC 等。近些年，一些国际科技企业巨头都逐渐在智能交通方面发力，如 2016 年美国交通部与 Alphabet(Alphabet 是谷歌重组后的“伞形公司”)子公司 Sidewalk Labs 共同宣布了一项名为 Flow 的交通信息平台开发计划。该平台将通过部署于街道上的传感器收集交通信息，并利用具有 WiFi 功能的电话亭，以及地图服务公司的地理信息数据，来实现对未来智能城市的交通实时监控。IBM 公司通过 Watson IoT 平台，利用车联网技术自动设定事故高发区域，车辆进入时可接收到速度限制提示及报警提醒。该平台利用大数据与分析优化来管理套牌车辆监察、疏通拥堵，提升车辆通行效率。微软则提出了城市计算的概念，关注城市中多种异构大数据来解决城市所面临的环境恶化、交通拥堵、能耗增加、规划落后等综合性问题。在国内，阿里提出了城市大脑的概念，针对交通方面，涵盖了整个城市的交通数据，完成城市事故、事件认知，获知堵车及车祸位置，预估事故、事件对交通产生的影响等。此外，腾讯、百度等也纷纷向智慧公交、自动驾驶等与交通相关的领域进军。

随着移动端的普及应用，以及大数据、人工智能技术的飞速发展，对智能交通信息服务的需求来源不再局限于政府，普通大众更迫切希望该类信息服务能够走进自己的生活。针对这样的需求，移动即服务(mobility as a service，MAAS)的概念应运而生。这个术语是芬兰智能交通协会主席桑波 · 希塔宁在 2014 年参照云计算的服务模式首次提出并定义的,并在2015年的世界智能交通大会上成为交通领域流行的主题。时至今日，移动即服务已经成为下一代交通系统转型的主要方向。它更进一步强调了信息整合、出行整合、支付整合及管理整合，将交通系统从分散化管理向协同化控制转化，不仅把移动工具作为出行链的一部分，也将私有路权分配转化为一种服务。这种服务更多体现在客户端应用上，如滴滴、Uber已经推出了类似服务。在移动即服务中，利用人工智能技术，可以实现乘客出发前的目的地预测、上车点推荐、智能派单、路径规划、安全驾驶等。除了交通出行方面的手机应用程序，当前还有一些关于车辆安全的手机应用程序也与智能交通大数据息息相关，如安吉星、极目启行、BlueDrive、Dash Car、CACAGOO、Automatic等。这些应用可以在手机端实现车碰撞预警、车道偏离预警、前车启动提醒等功能。

前些年，我们就智能交通方面的研究已经出版了著作《城市交通先进计算技术》，重点阐述了在多源交通数据集成与融合处理技术[2]、路网实时路况分析技术[3]、全区域动态路网的最优出行方案决策[4, 5]、大规模交通流仿真的快速负载平衡等方面的创新，并成功应用于“上海交通信息服务应用网格系统”，服务上海世博会、深圳大运会。在以往成果基础上，近几年我们又在该方向上取得了一些新的关于智能交通信息服务的成果。本章以第二章的邻居节点发现技术为基础，重点解析智能交通中的车辆行驶轨迹大数据[6-8]，解决稀疏数据下的路径推测准确性难题[9-18]和基于粗粒度GPS数据推测车辆在道路上行为的难题[19-25]。摆脱对硬件设备如摄像头、传感器、雷达等的过度依赖[26-33]，并通过历史数据分析，考虑驾驶员的个人习惯，提取驾驶员驾驶状态，同时借助邻居发现思想和无线通信架构实现对驾驶行为的实时预警。

本章结合最优出行路径选择场景、驾驶行车事件记录场景、安全驾驶场景展开论述。首先给出动态网络路况预测方法及最短路的近似算法，这些算法能够支撑并提供交通信息网络中最基本的出行规划服务。随后，分析高速移动网络(如车联网)节点的特点以及节点对服务应用的需求，探索车联网中的车辆行为，给出基于车联网的文本可搜索轨迹日志服务，便于驾驶员记录和回忆自己的行车事件。最后，结合安全驾驶的应用场景，提出危险驾驶行为实时识别的服务应用框架。

6.2 路况预测与最优出行路径选择

路况预测的效果决定了动态出行方案决策结果的准确度。路况预测是指对道路拥堵情况的预测。表征交通路况特征的参数很多，包括交通流量、交通密度、路段平均车速等。常见的预测方法有基于线性理论的方法、基于非线性理论的方法、基于混合理论的方法和交通流仿真方法等。然而在城市交通中，引起路况变化的因素较多，仅依赖预测模型或历史路况不能准确预测动态路况，必须将准确的路况模型和合适的预测模型相结合[34]。所以本节介绍一种基于非线性时间序列路况预测方法。另外对于路况预测，出行者更关注出行时间的长短，因此考虑交通路网的拥塞性，研究动态路网下的最短时间出行路径，本节给出动态网络下的最短路问题近似算法。

6.2.1　基于非线性时间序列路况预测

(1) 邻域差值法路况预测模型

仅利用大规模历史数据构造出来的路况模型并不能准确反映出实时的交通路况。交通信息服务中的交通路况预测方法之一是邻域差值法，即首先根据实时采集的 GPS 数据构造出当前时刻的前 d 个时段状态，并与所预测路段的路况模型的 d 个时段状态进行差值比较和路况模型调整，然后计算出下一个时段的路况。

设某路段当前路况是关于 t 的当前车辆速度状态，可用 d 维向量 $X(t)$ 表示，记为 $X(t)=\left(x(t),x(t-\tau),\cdots,x\left(t-(d-1)\tau\right)\right)$。

设已知该路段路况模型为 $Y(t)$，则 $Y(t)=\left(y(t),y(t-\tau),\cdots,y\left(t-(d-1)\tau\right)\right)$ 是一个关于 t 的历史车辆速度状态。则下一个时段路况预测值为 $y'(t+\tau)=y(t+\tau)+\Delta(t)$，$\Delta(t)$ 为 $X(t)$ 与 $Y(t)$ 的差值。

(2) 当前状态模型构造

邻域差值法的基础是混沌时间序列重构，其关键数据有采样间隔 $\Delta\tau$、延迟时间 τ、嵌入维 d 等，也就是说需要确定“当前状态”的时间跨度。这里采样间隔 $\Delta\tau$ 为采集 GPS 数据的时间间隔。下面介绍构造 d 维的当前状态。

假设已观测到一维时间序列 $\left\{x(i\Delta\tau)\right\}=\left\{x_i\right\}$，$1\leqslant i\leqslant N$。利用时延技术生成 d 维向量簇

$$X_1=\left(x_1,x_{1+p},\cdots,x_{1+(d-1)p}\right)$$

$$X_2=\left(x_{1+j},x_{1+j+p},\cdots,x_{1+j+(d-1)p}\right)$$

$$\cdots$$

$$X_k=\left(x_{1+(k-1)j},x_{1+(k-1)j+p},\cdots,x_{1+(k-1)j+(d-1)p}\right)$$

取延迟时间 $\tau=p\Delta\tau$，嵌入维 d，数据长度 $N=(k-1)j+(d-1)p$，通常可取 $j=1$。延时法重构技术的关键在于选择合适的延迟时间。可以利用以下三个原则确定延迟时间：

① 根据自相关函数的第一零点或极小点确定。

估值 $R_x(\tau)=\dfrac{1}{N-p}\sum_{i=1}^{N-p}x_i x_{i+p}$ 第一零点或极小点，使 $x(t)$ 和 $x(t+\tau)$ 的相关性最小。

② 根据互信息的第一极小点确定。

若时间序列幅度 $a_0 \leqslant x(t)$，$x(t+\tau) \leqslant a_n$，将 $[a_0,a_n]$ 分为 n 个子区间 $[a_0,a_1]$, $[a_1,a_2],\cdots,[a_{n-1},a_n]$。定义 $\{x(t)\}$ 的概率分布为

$$P_i(x(t))=\frac{S(a_{i-1}<x(t)\leqslant a_i)}{k}, \quad i=1,2,\cdots,n$$

其中，$S(\bullet)$ 为满足不等式的所有样点个数，定义条件概率分布为

$$P_j(x(t+\tau)\,|\,x(t))=\frac{S(a_{j-1}<x(t+\tau)\leqslant a_j\,|\,a_{i-1}<x(t)\leqslant a_i)}{\sum_{i=1}^{n}S(a_{i-1}<x(t)\leqslant a_i)}, \quad j=1,2,\cdots,n$$

用 Shannon 熵 $H(x(t))=-\sum_{i=1}^{n}P_i(x(t))\ln P_i(x(t))$ 描述 $\{x(t)\}$ 的整体不确定性，在 $\{x(t)\}$ 条件下，$\{x(t+\tau)\}$ 的整体不确定性为

$$H(x(t+\tau)\,|\,x(t))=-\sum_{j=1}^{n}P_j(x(t+\tau)\,|\,x(t))\ln P_j(x(t+\tau)\,|\,x(t))$$

则定义互信息为

$$\begin{aligned}I(x(t),x(t+\tau))&=H(x(t+\tau))-H(x(t+\tau)\,|\,x(t))\\&=H(x(t))-H(x(t)\,|\,x(t+\tau))\end{aligned}$$

该式说明 I 越小，$x(t)$ 和 $x(t+\tau)$ 的相关程度越小，因此可用 I 的第一极小点来确定 τ[35]。

③ 根据联合熵的第一极大点确定。

设联合概率分布为

$$P_{ij}(x(t),x(t+\tau))=\frac{R(a_{i-1}<x(t)\leqslant a_i,a_{j-1}<x(t+\tau)\leqslant a_j)}{k}, \quad i,j=1,2,\cdots,n$$

其中，$R(\bullet)$ 为满足不等式的所有数据对个数。那么在 $(x(t),x(t+\tau))$ 平面上使该联合概率尽量均匀，使得 Shannon 联合熵

$$H(x(t),x(t+\tau))=-\sum_{i=1}^{n}\sum_{j=1}^{n}P_{ij}(x(t),x(t+\tau))\ln P_{ij}(x(t),x(t+\tau))$$

最大，即 $x(t)$ 和 $x(t+\tau)$ 的总体不确定性最大。

维数的确定可采用文献[36]的方法，即给定较低维的嵌入空间(如 $n=2$)，由 $\{x_i\}$ 构造 n 维嵌入向量 $X_1=\left(x_i,x_{i+p},\cdots,x_{i+(d-1)p}\right)$，计算嵌入向量的关联积分 $C(\varepsilon,n)=\dfrac{1}{N^2}\sum\limits_{i,j}\theta\left(\varepsilon-\left\|X_i-X_j\right\|\right)$，其中 $\theta(\bullet)$ 为 Heaviside 函数 $\theta(y)=\begin{cases}0, & y<0\\ 1, & y\geqslant 0\end{cases}$。关联积分表示两个点位于 ε 邻域内的概率。

定义序列的相关维为 $D_c(n)=\lim\limits_{\varepsilon\to 0}\lim\limits_{N\to\infty}\dfrac{\lg C(\varepsilon,n)}{\lg\varepsilon}$。在 ε 较小的区域内，对于确定的 n，$\lg C(\varepsilon,n)$ 与 $\lg\varepsilon$ 近似呈线性关系，直线的斜率就是 $D_c(n)$。若 n 增加，则 $D_c(n)$ 随之增加，且增加率下降。n 增加到一定时，$D_c(n)$ 收敛于饱和值 D，获得 D 的最小的 n 就是嵌入维 d。

(3) 路况预测算法

设已知该路段路况模型为 $Y(t)$，则预测方法描述如下：

① 根据以上方法构造出路段当前的状态可用 d 维向量

$$X(t)=\left(x(t),x(t-\tau),\cdots,x\left(t-(d-1)\tau\right)\right)$$

② 根据 Y 及当前状态的取样时段，可得

$$Y(t)=\left(y(t),y(t-\tau),\cdots,y\left(t-(d-1)\tau\right)\right)$$

③ 计算

$$Z(t)=X(t)-Y(t)=\left(z(t),z(t-\tau),\cdots,z\left(t-(d-1)\tau\right)\right)$$

④ 计算

$$E(t)=\frac{\sum\limits_{i=0}^{d-1}z(t-i\tau)}{d}$$

⑤ 计算 $t+\tau$ 时的预测值

$$y'(t+\tau)=y(t+\tau)+E(t)$$

6.2.2 动态网络最短路问题近似算法

(1) 单源动态最短路

动态网络一般是指网络中的弧是动态变化的，具有四种可能形式：弧的添加与删除、弧的权重(弧权)的增大与减小。若这四种形式都被允许，则称此网络为全动态网络；若只允许弧权的增大与弧的删除(或只允许弧权的减小与弧的添加)，

则称此网络为半动态网络。事实上，弧的添加是弧权减小的一种特例(弧权由∞减小为有限值)，弧的删除是弧权增大的一种特例(弧权增大至∞)。因此只需研究弧权变化的情形[37, 38]。

假定弧权函数非线性变化的全动态网络是基于网络状态已知(或可预测)的。在动态网络情形，权函数$c_{ij}(t)$可定义为从节点i到j的运行时间，其中t为进入弧(i,j)的时刻。这里路径(时间)长度是依赖于时间过程的。若有一条路$P=\{(i_1,i_2),(i_2,i_3),\cdots,(i_k,i_{k+1})\}$，开始时刻为$t_1$，则其长度为

$$l(P)=c_{i_1i_2}(t_1)+c_{i_2i_3}(t_2)+\cdots+c_{i_ki_{k+1}}(t_k)$$

其中

$$t_2=t_1+c_{i_1i_2}(t_1)$$

$$t_3=t_2+c_{i_2i_3}(t_2)$$

$$\cdots$$

$$t_k=t_{k-1}+c_{i_{k-1}i_k}(t_{k-1})$$

而单源动态最短路(dynamic single source shortest path，DSSSP)问题仍然是求一条$o-d$路P，使这种新定义的长度$l(P)$为最小。

这种动态问题不能沿用已有的动态规划类型的最短路算法。首先来看如图 6.1 所示的例子，其中除$c_{34}(t)$之外，各弧的长度均为常数。其中

$$c_{34}(t)=\begin{cases}1, & 0\leqslant t<1\\4, & 1\leqslant t<2.5\\2, & 2.5\leqslant t<5\end{cases}$$

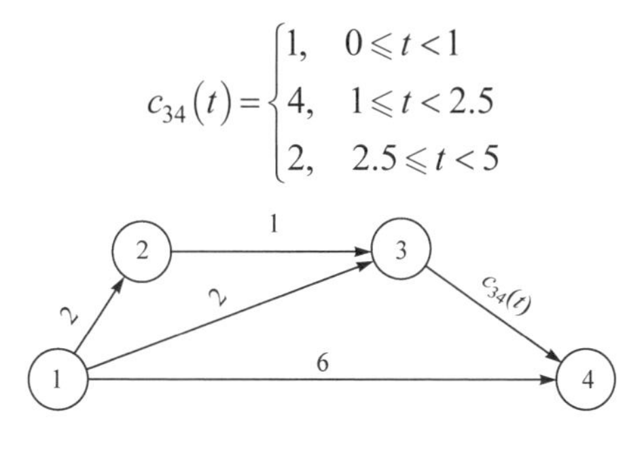

图 6.1 动态网络实例

从节点 1 到 4 的最短路为$(1,2,3,4)$，长度为 5。其他两条路(1,3,4)及(1,4)的长度均为 6。但在最短路(1,2,3,4)中，子路(1,2,3)不是最短的。这说明最优化原理不成立，即不能用动态规划来求解。一般来说，此类问题具有十分复杂的组合结构，求解比较困难。

因为传统的静态最短路算法(如 Dijkstra 算法)不能直接移植到动态网络中，众多研究者致力于寻找有效的近似算法。

(2) 基于稳定区间的单源动态最短路近似算法

单源动态最短路问题的判定形式是非确定性多项式-完全的，那么单源动态最短路问题本身就是非确定性多项式-困难的，也就没有希望找到多项式时间算法了。因此，从实用的观点出发，应寻求切实可行的近似算法或启发式算法。

一般的非线性函数在相对短暂的时间区间内是可以用线性函数来逼近的。所以不妨从简单情形入手，先讨论$c_{ij}(t)$是线性函数的情形。现设弧$(i,j)\in R$的弧长是线性函数

$$c_{ij}(t)=c_{ij}^{0}+a_{ij}t$$

当$t=0$时，$c_{ij}(t)=c_{ij}^{0}$，这作为初始状态的弧长。此时由Dijkstra算法解出一个最短路树T^{0}。当t逐步增大时，最优解(最短路树)也随之变化，但它是分段稳定的，即t的变化范围可以划分为若干个区间，在每一个区间中最短路树是稳定的。设在时刻$t=0$最短路树T^{0}确定的位势为$\left\{\pi_{i}^{0}\right\}$。并设在树$T^{0}$中从$o$到节点$x$的路为$P_{x}^{0}$。则根据前面确定位势的递推算法，可得到在时刻$t$相对于树$T^{0}$的位势为$\pi_{x}^{0}(t)=\pi_{x}^{0}+\left(\sum_{(i,j)\in P_{x}^{0}}a_{ij}\right)t$，这也是关于$t$的线性函数。

T^{0}是最优解的充分条件为

$$\pi_{j}^{0}(t)-\pi_{i}^{0}(t)\leqslant c_{ij}^{0}+a_{ij}t\ ,\quad \forall(i,j)\in R \tag{6-1}$$

这是一组关于变量t的线性不等式，可以求出其解为$0\leqslant t\leqslant t_{1}$。这样一来,当$t\in[0,t_{1}]$时，$T^{0}$为最优解。故称$[0,t_{1}]$为$T^{0}$的稳定区间。此时，若节点$i$的位势满足$\pi_{i}^{0}(t_{1})<t_{1}$，则说明从$o$出发沿$T^{0}$运行到节点$i$的过程始终使$T^{0}$保持在稳定区间$[0,t_{1}]$之内，即始终保持$T^{0}$为最优解。因此，可以把$T^{0}$中从$o$到$i$的最短路径固定下来，其中的弧长不再变化。所有这些节点所构成的子树称为不变子树。对树T^{0}的其他部分再考虑时刻t增大时的变化。

当$t>t_{1}$时，式(6-1)中必有一个不等式首先不被满足，比如$\pi_{j}^{0}(t)-\pi_{i}^{0}(t)\geqslant C_{ij}(t)$。则在$T^{0}$中从$o$到$j$的路$P_{j}^{0}$不再是最短的，可以置换为$P_{i}^{0}\cup\{(i,j)\}$。这样便得到新的最短路树，记为$T^{1}$。同样可以求出相对于$T^{1}$的位势函数$\left\{\pi_{i}^{1}\right\}$。注意在上述最短路树的变换中，只有节点$j$及其后继者的位势发生变化，而对其余节点而言，$\pi_{i}^{1}=\pi_{i}^{0}$。因此不必全部重新计算。进而，运用类似于式(6-1)的线性不等式组求出T^{1}的稳定区间$[t_{1},t_{2}]$。同时将满足$\pi_{i}^{1}(t_{2})\leqslant t_{2}$的节点加入到不变子树中去，将相应的最短路径固定下来。如此类推，可以求出一个接一个的稳定区间

及相应的最优解，直到终点的位势(最短路的长度) $\pi_u^m \leqslant t_{m+1}$ 就结束程序。从最后的不变子树中找出从 o 到 u 的路径。

当弧长为线性函数时，上述算法相当于参数线性规划方法(类似于灵敏度分析)，每一个最短路树 $T^0, T^1, \cdots$ 相当于基可行解。其计算复杂度分析如下：在求解 T^0 时需调用一次 Dijkstra 算法，时间复杂度为 $O\left(n^2\right)$。而后每一次迭代求稳定区间时，解式(6-1)，至多进行 m 次除法及 m 次比较，其中 m 为弧的数目，故运算次数为 $O(m)$。整个算法的运算量依赖于参数 t 的搜索步长。在算法实施时，可调整 t 的步长，使得每一次迭代至少有一个节点进入不变子树。这样一来，迭代次数为 n。因此算法的运算时间为 $O(mn)$。

对弧长为一般非线性函数情形，可以近似地以分段线性函数代替，即将时间划分为若干线性子区间 $\left[t^0, t^1\right], \left[t^1, t^2\right], \cdots, \left[t^{k-1}, t^k\right]$，在每一个线性子区间中弧长为线性函数。于是，可以对每一个线性子区间调用上述线性化算法，将各线性子区间又划分为稳定区间。依次将每一个稳定区间的解连接起来得到整体的解。在线性子区间进行切换时，往往需要重新计算稳定区间，解式(6-1)的迭代次数为 $n+k$，其中 k 为线性子区间数。那么算法的时间复杂度为 $O(mK)$，其中 $K = \max\{n, k\}$。由于线性子区间的个数取决于非线性权函数的具体形式及要求精度，有时也可主观选定，因此基于稳定区间的单源动态最短路近似算法是拟多项式的。

6.2.3 仿真实验

下面通过模拟实验来验证该近似算法的性能。首先给出实验中所用到的相关公式与定义。

为了简化实验，使用余弦函数来模拟网络中弧权的非线性变化。设 t 时刻弧 (i, j) 的权 $c_{ij}(t)$ 按照如下公式进行变化，即

$$c_{ij}(t) = c_{ij}^0 + \frac{5}{c_{ij}^0} - \frac{5}{c_{ij}^0}\cos\left(\frac{\pi t}{20}\right)$$

其中，c_{ij}^0 为初始时刻弧 (i, j) 的权。

本小节近似算法按照如下公式进行线性化模拟计算，即

$$c_{ij}(t) = \begin{cases} c_{ij}^0 + \dfrac{t-40m}{2c_{ij}^0}, & t \in \left[2m\cdot 20, (2m+1)\cdot 20\right] \\ c_{ij}^0 + \dfrac{20}{c_{ij}^0} + \dfrac{t-40m}{2c_{ij}^0}, & t \in \left[(2m+1)\cdot 20, (2m+2)\cdot 20\right] \end{cases}, m = 0, 1, 2, \cdots$$

为了度量该近似算法的性能，采用如下公式计算近似算法所求的“最短路”与事实上的最短路的误差比，即

$$E_V=\frac{\sum\limits_{j\in V}\left(L_{oj}-O_{oj}\right)}{\sum\limits_{j\in V}O_{oj}}$$

其中，L_{oj} 为近似算法所求的从 o 到 j 的“最短路”的长度；O_{oj} 为从 o 到 j 的实际最短路的长度。

对随机生成的单向网络分别采用枚举法与近似算法进行最优路径计算，考察近似算法计算开销以及所求“最短路”的误差比。按节点的最大度为 3, 4, 5, 6 将单向网络分为 4 组，每组包含 12 个网络，其节点数分别为 11, 12, …, 22。对这样的 4 组共 48 个网络进行实验称为 1 轮。整个实验共进行了 30 轮，因此一共对 48×30 个随机生成的单向网络进行实验。其平均最短路误差比和最短路计算开销对比分别如图 6.2、图 6.3 所示。

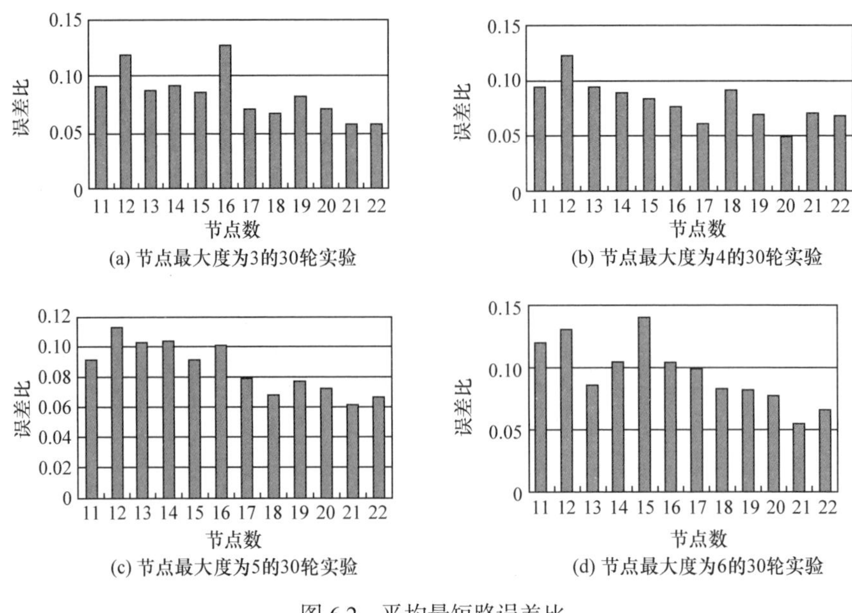

(a) 节点最大度为3的30轮实验　(b) 节点最大度为4的30轮实验

(c) 节点最大度为5的30轮实验　(d) 节点最大度为6的30轮实验

图 6.2　平均最短路误差比

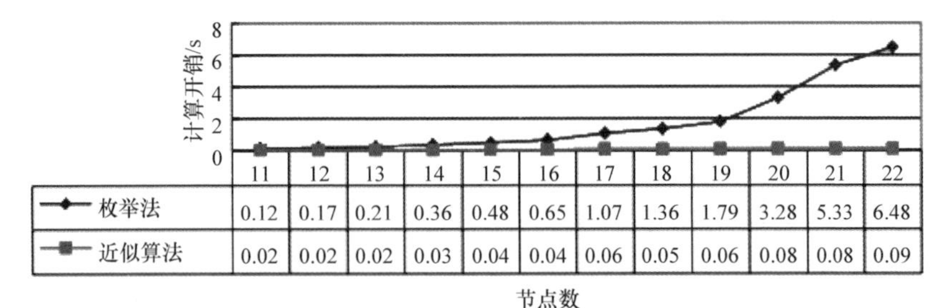

	11	12	13	14	15	16	17	18	19	20	21	22
枚举法	0.12	0.17	0.21	0.36	0.48	0.65	1.07	1.36	1.79	3.28	5.33	6.48
近似算法	0.02	0.02	0.02	0.03	0.04	0.04	0.06	0.05	0.06	0.08	0.08	0.09

(a) 节点最大度为3的网络最短路计算开销对比

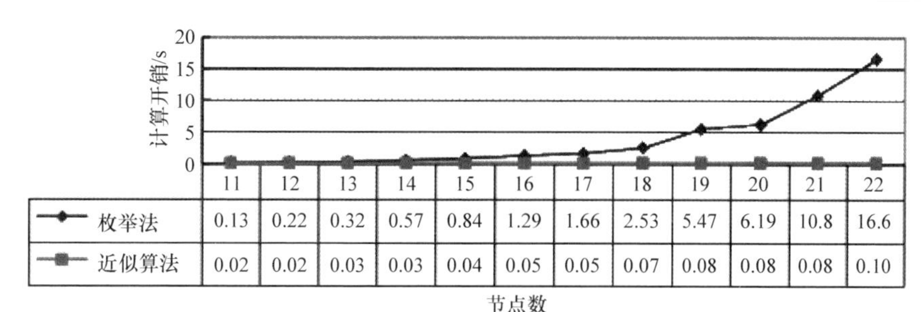

	11	12	13	14	15	16	17	18	19	20	21	22
枚举法	0.13	0.22	0.32	0.57	0.84	1.29	1.66	2.53	5.47	6.19	10.8	16.6
近似算法	0.02	0.02	0.03	0.03	0.04	0.05	0.05	0.07	0.08	0.08	0.08	0.10

(b) 节点最大度为4的网络最优路径计算开销对比

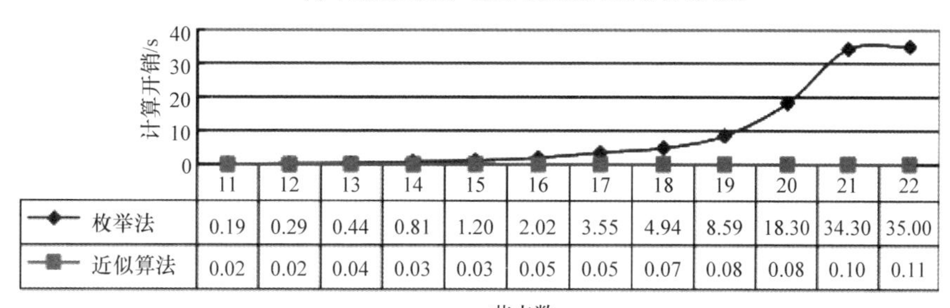

	11	12	13	14	15	16	17	18	19	20	21	22
枚举法	0.19	0.29	0.44	0.81	1.20	2.02	3.55	4.94	8.59	18.30	34.30	35.00
近似算法	0.02	0.02	0.04	0.03	0.03	0.05	0.05	0.07	0.08	0.08	0.10	0.11

(c) 节点最大度为5的网络最优路径计算开销对比

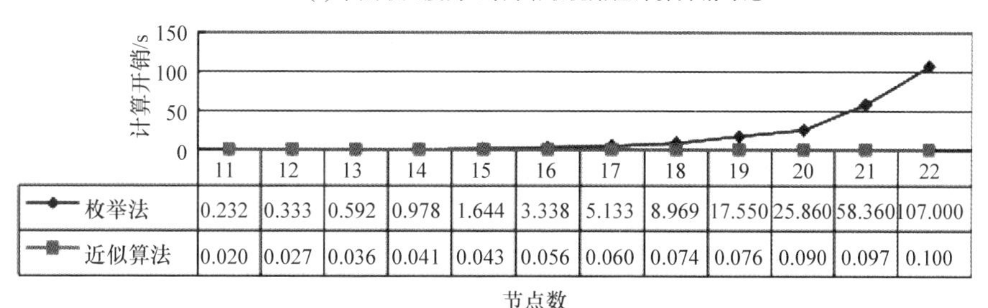

	11	12	13	14	15	16	17	18	19	20	21	22
枚举法	0.232	0.333	0.592	0.978	1.644	3.338	5.133	8.969	17.550	25.860	58.360	107.000
近似算法	0.020	0.027	0.036	0.041	0.043	0.056	0.060	0.074	0.076	0.090	0.097	0.100

(d) 节点最大度为6的网络最优路径计算开销对比

图 6.3 最短路计算开销对比

实验结果显示：

① 本节的近似算法所求的最短路的平均误差比在 0.1 左右。

② 本节近似算法的计算开销远小于可以得到最短路的枚举法，随着网络节点的增加，近似算法的计算开销缓慢增加，随着节点度的增大，近似算法的计算开销变化并不明显，但最优算法的计算开销迅猛增加。

③ 随着网络节点的增加，本节近似算法所求最短路的平均误差比呈下降趋势。

当然，模拟试验只是初步验证了本节算法的有效性。由于实际问题中弧权的变化比较复杂，因此需要针对具体情况选择合适的分段线性函数。

6.3 基于稀疏 GPS 数据的车辆行为分析

随着城市的扩增和车辆的增多，城市驾驶员的驾驶时间在不断增长。长时间的驾驶会降低驾驶员的注意力，导致驾驶员很难正确完整记住自己行驶的路线，以及周围的见闻。另外，在数据收集方面，现有车载设备还不够完善，只能收集到非常稀疏的 GPS 数据。因此，本节将着重介绍通过稀疏 GPS 数据来推断车辆的运行轨迹，同时提供一个名为 iLogBook 的文本可搜索功能(英文系统)，来帮助驾驶员回忆行驶过程中的见闻。例如，图 6.4 给出了一辆车下午(12 点到 18 点)的轨迹图，红点为 GPS 点，黄色的为真实行驶的轨迹。可以看到 GPS 点在某些路段上比较稀疏，对轨迹的推断会有很大影响。另外，整个下午驾驶员经过很多地点，所以很难完整记住自己路过的地方。驾驶员会产生一系列对于自己见闻的疑问，例如“我昨天下午一点路过的公园是哪？”。

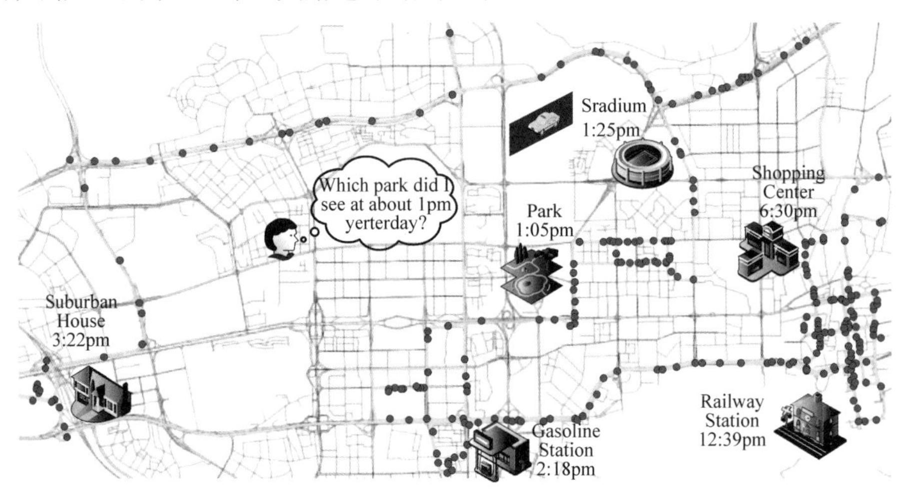

图 6.4 驾驶员的询问(见彩图)

6.3.1 iLogBook 概述

本小节给出 iLogBook 架构概述。设计 iLogBook 的目的是通过稀疏 GPS 数据实现对车辆轨迹路径的准确推算，同时辅助驾驶员回忆整个行车过程中的见闻。

iLogBook 主要包括两个模型：数据处理模型和语义分析模型，如图 6.5 所示。在数据处理模型中，系统首先将 GPS 点匹配到道路上。然后，建立两个不同的张量分别来存储历史数据中的耗时以及转向信息。初始情况下，由于数据的稀疏性，张量的非零值的比例不到1% 。因此，需要一个张量填充的方法，包含相似性比较和张量分解，来解决稀疏性问题。根据张量填充的结果，通过建立一个基于隐马尔可夫模型的轨迹推断方法去选择最符合的路线。之后，在选择的路线上添加额外的估计 GPS 点来提升 GPS 点的精确程度。通过数据处理模型，每辆车可以获得与其轨迹对应的密集的 GPS 点。

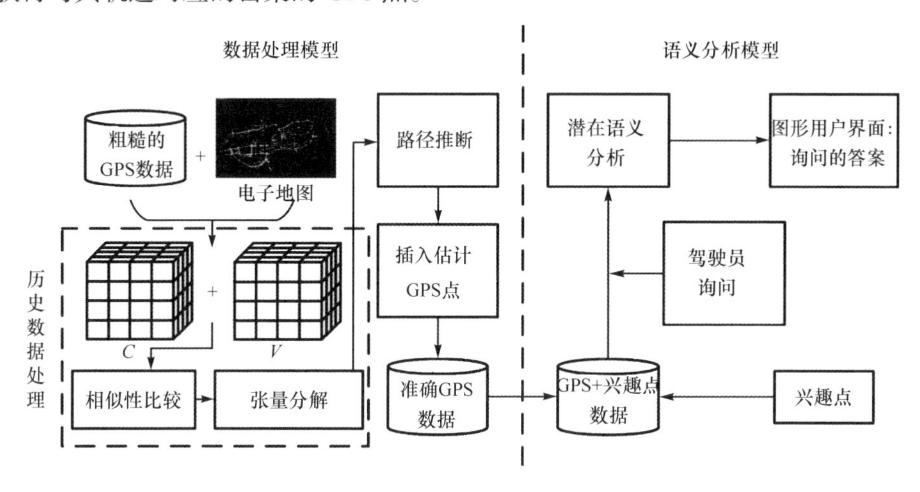

图 6.5 iLogBook 系统框架

接下来，利用语义分析模型将填充好的 GPS 点转化为语义信息。在模型中，将轨迹上的 GPS 点与路边的兴趣点(points of interests，POI)建立联系。通过潜在语义分析的方法实现文本可搜索的功能，来回答驾驶员对于驾驶过程中的见闻的疑问。最后，通过一个基于网页的可视化界面显示出来。

6.3.2 原始数据处理

本小节主要描述原始数据处理过程中的困难和挑战，以及对应的解决方法。

1. 问题描述

在原始的轨迹数据中，每个驾驶员的数据由离散的 GPS 点以及瞬时速度组成。最基本的步骤是将离散的 GPS 点匹配到地图中对应的道路上。本小节将路网看作是一个由若干个路段组成的集合。每个路段只包含两个路口，且为单向的。对于一个双向的道路而言，如图 6.6 所示，将路段 r_i 分为两个方向相反的路段。在日常生活中，一个双向的路段不是东西向就是南北向。如果一个路段 r 是东西向的，那么用 r^+ 表示车流由西向东，而 r^- 表示反向。另外，如果路段 r 是南北向，那么用 r^+ 表示车流由南向北，r^- 表示反向。

应用文献[39]中的地图匹配算法将 GPS 点匹配到路段上，因为该算法考虑到了所有情况。特别地，匹配到路段的方向取决于 GPS 点记录的时间前后。然而，

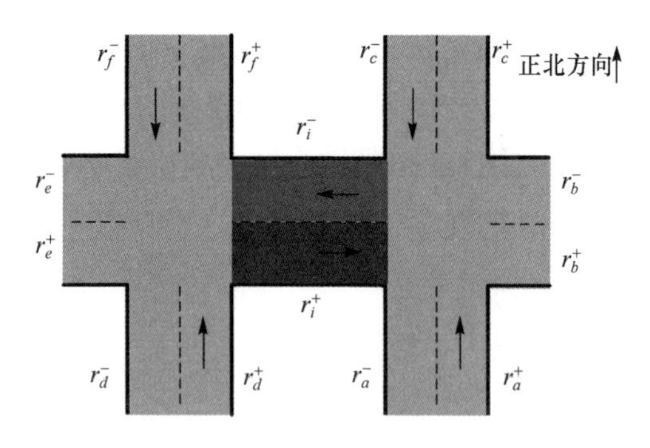

图 6.6　一个双向路段的例子

问题并没有完全解决。不准确以及稀疏的原始数据点会导致匹配结果的错误。在图 6.7 中，从3:13 pm 到3:20 pm 之间的 GPS 点与其附近的路段都相距很远。而且，两个连续的 GPS 点之间的时间间隔也不相同，间隔由几秒到几分钟，甚至几个小时。另外，由于车辆的快速移动，从3:10 pm 到3:11 pm 两个 GPS 点之间的距离会很长，因此会很难判断出准确的轨迹。

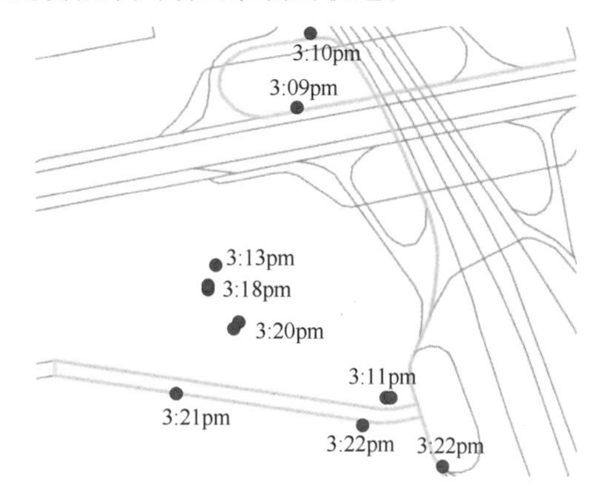

图 6.7　局部区域的例子

因此，本小节介绍了一个混合推断的方法，其中包含相似性比较、张量分解和隐马尔可夫模型来解决原始数据中的不准确性和不确定性的问题。在数据处理之后，通过获得一系列 GPS 点，能将一辆车的轨迹更好地描述出来。

2. 历史数据处理

在数据处理这部分最基础的步骤是从不甚精确的 GPS 点匹配数据中提取出每个驾驶员的行为。为了实现这个目标，这里通过引入历史数据来获得驾驶员的潜在行驶习惯，如行驶耗时、车辆转向概率。行驶耗时是描述驾驶员在特定时间段内行驶过一个路段的平均时间。转向概率是描述驾驶员在路口的行为

(左转、右转、直行、掉头)的概率。

(1) 行驶耗时

定义一个时间槽的长度为一小时。这样，一天就可以分为 24 个时间槽。在一个时间槽内，对于每个驾驶员，在一个路段上匹配到的 GPS 点有三种情况：几个点、一个点和没有点。对于大多数路段而言，一辆车会匹配到几个 GPS 点。可以通过计算两个连续的 GPS 点之间的平均速度，来获得这个时间槽内，该车在这个路段上的行驶耗时。特别地，如果这个路段上只有一个 GPS 点或者没有匹配到 GPS 点，那么可以设这个值为 0 。

(2) 转向概率

为了估计驾驶员在每个路口的转向行为,通过对每个路段建立一个行为列表，来绑定车辆的行为以及与连接路段之间的关系。表 6.1 给出了图 6.6 中路段 r_i^+ 的行为-邻居列表。根据一个驾驶员的匹配数据，可以获得粗略的线路轨迹。轨迹又可以表示为一个路段序列。从这个序列，可以统计出这辆车从一个路段到其各个连接路段的次数。这样可得出这辆车在这个路口的行为概率。如果总次数小于10次，则将概率值设为 0 。

表 6.1　路段 r_i^+ 的行为-邻居列表

行为	邻居	概率
左转	r_c^+	$\Pr\left(r_i^+ \to r_c^+\right)$
右转	r_a^-	$\Pr\left(r_i^+ \to r_a^-\right)$
直行	r_b^+	$\Pr\left(r_i^+ \to r_b^+\right)$
掉头	r_i^-	$\Pr\left(r_i^+ \to r_i^-\right)$

(3) 张量搭建

在模型中，行驶耗时和转向概率是由两个坐标决定的：(d,r,t) 和 (d,r,a) 。其中 d,r,t 和 a 分别表示驾驶员、路段、时间槽和转向行为。这样就建立了驾驶员潜在行为信息(行驶耗时和转向概率)与基本元素(路段、驾驶员、时间槽和转向行为)之间的联系。因为张量是在向量空间中定义了几何向量和标量之间的线性联系，所以用两个三阶张量来存储潜在行为信息。利用 $\mathcal{C} \in \mathbb{R}^{M\times N\times 24}$ 表示行驶耗时张量，用 $\mathcal{V} \in \mathbb{R}^{M\times N\times 4}$ 表示转向概率张量。其中， M 和 N 由数据集中的车辆个数以及路段个数决定。

(4) 相似性比较

然而，由于历史数据的稀疏性，仍有部分路段完全没有匹配到 GPS 点，这导致张量中存在某一个路段对应的所有数值为0。在实验中，超过3000个路段没有车辆数据匹配。为了解决这个问题，利用余弦相似度的方法比较该路段与路网中其他路段的相似度，然后通过其他路段的值来估计该路段对应的值。对于一个路段r，定义一个由四个特征值组成的特征向量f_r。四个特征分别为方向、长度、路口形状和平均车流量。然后，使用以下公式来填充两个张量($\mathcal{C}$和$\mathcal{V}$)，即

$$\mathcal{T}(:,i,:)=\frac{\sum_{j=1\&j\neq i}^{N} s_{ij}\cdot\mathcal{T}(:,j,:)}{\sum_{j=1\&j\neq i}^{N} s_{ij}}$$

其中，$s_{ij}=\frac{f_i\cdot f_j}{\|f_i\|\cdot\|f_j\|}$，$i$和$j$分别表示不同的两个路段。

(5) 张量分解

然而，对于每一个驾驶员而言，在行驶耗时张量和转向概率张量中的路段及时间维度上仍然存在大量零值的现象，即路段及时间维度上没有数据。在实验中，张量$\mathcal{C}$的初始非零比为0.307%，而张量$\mathcal{V}$的初始非零比为0.995%。经过相似性比较步骤之后，两个张量的非零比分别提高到0.502%和1.21%。为了填充张量中的0值，即空值，应用基于Tucker分解的张量分解算法。该算法的基本思想是将原始张量替换为一个核张量以及三个因子矩阵的乘积[40]。核张量以及因子矩阵初始化为较小的正数。然后，通过比较原始张量中非零值与核张量和三个因子矩阵相乘所得的张量对应位置的值，来调整核张量与因子矩阵中的值，直到收敛。最后，原始张量中的零值将被乘积所得的张量对应的值替代。在模型中，张量分解的物理意义是通过其他驾驶员在该路段上的行为，来拟合指定驾驶员的行为。基于这一原理，可以将张量$\mathcal{C}$分解成四个部分：核张量$\mathcal{X}$，因子矩阵$D_{\mathcal{C}}$、$R_{\mathcal{C}}$、T。具体的步骤在图6.8中给出，其中$\mathcal{L}_{\mathcal{C}}$表示目标函数。通过这个函数，填充后的张量$\mathcal{C}'$将在迭代中与原始张量$\mathcal{C}$中每个非零元素$(d',r',t')$进行比较，直到它们的差小于一个阈值为止。相似地，张量$\mathcal{V}$可以分解为核张量$\mathcal{Y}$，以及因子矩阵$D_{\mathcal{V}}$、$R_{\mathcal{V}}$、A。最终，通过张量分解，可以得到两个填充后的张量$\mathcal{C}_{\text{res}}$和$\mathcal{V}_{\text{res}}$。

(6) 检验矩阵

虽然根据Tucker分解两个张量中的空值都填充了，但是在填充的值中仍有异常值。因为分解过程中没有考虑到日常环境的限制，所以填充的值存在不合理的情况。例如在张量$\mathcal{C}_{\text{res}}$中，一个不合理的场景发生在当路段遭遇严重堵车时，估计通过的时间却非常的短。

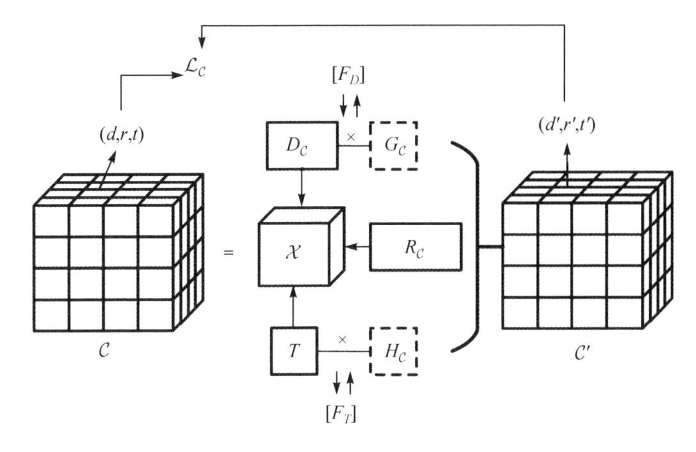

图 6.8 张量分解的基本原理

另外，驾驶员对周围环境的熟悉程度也影响了行驶耗时和转向行为。为了防止预测错误，将在分解的过程中引入三个校验矩阵。首先，将地图分为八个区域来保证每个区域内都有 GPS 点被匹配到。第一个矩阵是车流矩阵 F_T，用来反映这个区域内各个时间槽的车流。第二个矩阵是行为频率矩阵 F_A，用来记录区域内各个行为的次数。第三个矩阵是熟悉度矩阵 F_D，用来存储每个驾驶员在一个区域内的出现次数。三个矩阵都是根据真实数据建成的。在图 6.8 中，$G_{\mathcal{C}}$ 和 $H_{\mathcal{C}}$ 表示辅助矩阵。在迭代中，$\|F_{\mathcal{D}}-D_{\mathcal{C}}\times G_{\mathcal{C}}\|^2$ 和 $\|F_T-T\times H_{\mathcal{C}}\|^2$ 将被加入目标函数，其中 $\|\cdot\|^2$ 表示 L_2 范数。

在张量 $\mathcal{V}$ 分解中加入行为频率矩阵和熟悉度矩阵。将 $\mathcal{V}$ 分解为核张量 $\mathcal{Y}$ 和因子矩阵 $D_{\mathcal{V}}$、$R_{\mathcal{V}}$、A，其中 A 表示行为因素。另外，相比于张量 $\mathcal{C}$ 的分解，行为频率矩阵 F_A 替代了其中的车流矩阵 F_T。$\|F_D-D_{\mathcal{V}}\times G_{\mathcal{V}}\|^2$ 和 $\|F_A-A\times H_{\mathcal{V}}\|^2$ 被添加到目标函数中，其中 $G_{\mathcal{V}}$ 和 $H_{\mathcal{V}}$ 表示辅助矩阵。

3. 路径推断

随着对历史数据的挖掘，将会得到两个填充好的张量 $\mathcal{C}_{\text{res}}$ 和 $\mathcal{V}_{\text{res}}$。然后通过隐马尔可夫模型为每个驾驶员推测出其准确的路径。在文献[41]和[42]中，隐马尔可夫模型在地图匹配中表现出很高的准确率。这些研究都是通过 GPS 样本点映射来生成转移概率。这里，利用两个张量来设计一个路径推测的模型。首先，在一个固定的时间段粗略地将路径数据分为若干段。然后，在每个子轨迹中，建立一个集合用来存储所有可能的路径的路段。利用张量 $\mathcal{C}_{\text{res}}$ 筛选出符合行驶时长的轨迹路段。表 6.2 给出了在张量 $\mathcal{C}_{\text{res}}$ 中，一个驾驶员在区域内部分路段的耗时。结合图 6.9，可以得到 $\left\{r_1^-,r_2^-,\cdots,r_7^-\right\}$ 被选入集合中。

表 6.2　时间消耗张量的片段

路段	r_1^-	r_2^-	r_3^-	r_4^-	r_5^-	r_6^-	r_7^-
时长/s	3.3	3.9	3.5	3.2	4.3	3.7	2.1

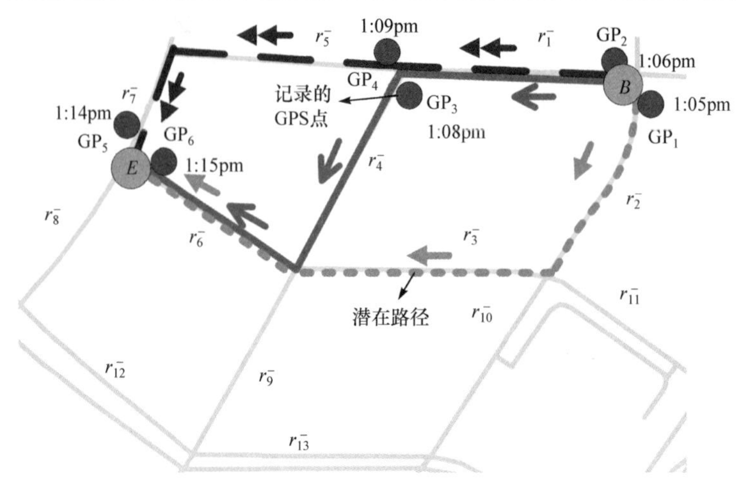

图 6.9　模糊路径的例子

另外，张量 $\mathcal{V}_{\text{res}}$ 用来构建转移矩阵和生成矩阵。在模型中，相关的路段可作为隐状态，记录的 GPS 点作为观测状态。转移概率由张量 $\mathcal{V}_{\text{res}}$ 以及路段与邻居路段的行为列表生成。例如，在图 6.6 中，从 r_i^+ 到 r_c^+ 的生成概率表示为 $\Pr\left(r_i^+ \to r_c^+\right) = \mathcal{V}_{\text{res}}\left[:, r_i^+, 0\right]$，其中 0 表示左转。否则，转移概率为 0。生成概率的值是根据匹配的 GPS 点的坐标得到。如果坐标在路段的中间区域，那么在这个路段上的生成概率为 1。如果坐标在路段的起始点或终点附近，那么生成概率值有以下四种情况：

① 对于 GPS 点指定的匹配路段而言，概率值为 1 减去怀疑参数。这里的怀疑参数是一个训练参数，是指地图匹配过程中的错误概率。

② 对于区域中的邻居路段，概率值为怀疑参数乘以匹配路段到其邻居路段的转向行为概率。

③ 对于连接但并不是邻居的路段，如图 6.9 中对于匹配路段 r_6^- 而言的路段 r_3^- 和 r_4^-，它们平分前两种情况剩下的概率。

④ 其他的路段概率为 0。

表 6.3 给出了张量 $\mathcal{V}_{\text{res}}$ 在图 6.9 部分相关路段上的值。根据选中路段的顺序，对于点 GP_3 生成概率为 $(0.09,0,0,0.7,0.21,0,0)$。点 GP_3 匹配到的路段是 r_4^-，怀疑参数为 0.3。路段 r_1^- 的生成概率属于第二种情况，路段 r_5^- 的生成概率属于第三种情况。

表 6.3　转向概率张量的片段

a \ r	r_1^-	r_2^-	r_3^-	r_4^-	r_5^-	r_6^-	r_7^-
0	0.3	0.3	0.2	0.4	0.9	0.5	0
1	0	0.3	0.6	0.3	0	0.4	0.4
2	0.6	0.3	0.2	0.2	0	0	0.4
3	0.1	0.1	0	0.1	0.1	0.1	0.2

这个模型的主要作用是解决由 GPS 偏差和系数引起的路径推断不精确的问题，尤其是在路段连接的地方。如图 6.9 所示，根据行驶耗时张量的筛选仍旧无法判断哪一条路是准确路径。但是根据转移矩阵和生成矩阵，通过 Viterbi 算法[43]可以推断出最合适的路径。

4. GPS 点填充

数据处理模型的最后一步是插入额外的 GPS 点来构成准确的轨迹数据，这里会插入两种类型的 GPS 点：路口点和路中段点。路口点是指驾驶员线路中两个连接路段的连接处的点，路中段点是指只属于一个路段的点。为了确认路中段点插入的具体位置，一个路段将以固定长度被分为若干段。如果一个子路段没有 GPS 点被匹配到，那么将在路段的几何中点处插入路中段点。插入点的时间通过张量 $\mathcal{C}_{\text{res}}$ 和附近的 GPS 点以及与插入点的距离估计得到。如图 6.10 所示，绿色点为插入的预测 GPS 点。

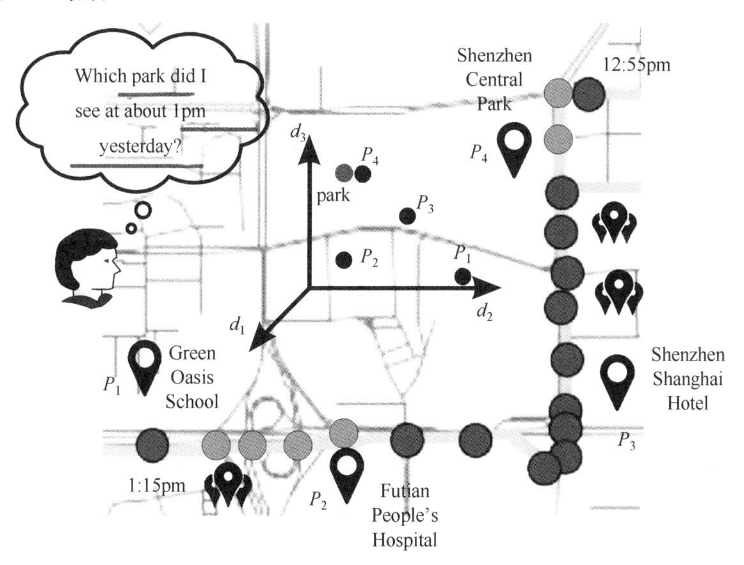

图 6.10　语义分析(见彩图)

6.3.3 对 GPS 数据的语义分析

根据之前的源数据处理，可以获得每个驾驶员精确的 GPS 轨迹数据集，包括测量的 GPS 点和预测的 GPS 点。因为 GPS 记录不包含语义信息，所以可以通过一个语义分析模型来转义 GPS 轨迹信息，实现对驾驶员提供文本可搜索的功能。下面分别叙述兴趣点的利用和询问的释义。

(1) 兴趣点的利用

一个兴趣点信息包括地点、名字、GPS 位置。例如图 6.10 中的 Shenzhen Central Park，GPS 位置为$(22.5374,114.0709)$，地址为 No.1 @ Huaxi Road，Shenzhen。为了把路径上的 GPS 点和兴趣点绑定，对轨迹中的每一个 GPS 点画一个圈，然后将圈内所有相关兴趣点组成一个相关性向量与 GPS 点对应。在实验中，圈的直径为与轨迹集合最近的 GPS 点的距离。另外，兴趣点与 GPS 点绑定的数据库是基于 MongoDB 建立的，它用来存储轨迹中的 GPS 点和它对应的相关性向量。

(2) 询问的释义

通过前面的步骤，可以获得一个绑定兴趣点信息的准确的轨迹数据集，但是仍旧不能够提供文本可搜索的功能，即无法回答驾驶员提出的文本形式的问题。因此，将应用一个基于潜在语义分析的方法来实现询问的释义。当驾驶员在系统中输入一个问题时，系统首先将这些问题划分为单词组。然后，系统通过一个停止词表和语料库筛选出包含模糊位置和时间的关键词。其中，语料库是由模糊地点和位置的词组成的。地点的词包含路名和兴趣点的名字。特别地，地点的词是在电子地图和百度兴趣点中收集得到的。如果驾驶员的问题中包含指向时间和地点的词，系统会从之前建立的数据库中选择并返回匹配的兴趣点条目。如果没有找到匹配的，系统会返回该驾驶员所有相关的兴趣点条目。然后将所有返回的兴趣点条目组成一个兴趣向量 I 。

基于兴趣向量 I ，可以根据潜在语义分析的思想建立一个语义空间来找到最符合询问要求的兴趣点。将兴趣向量 I 分成一个个词，组成一个单词列表 W 。如名为“Shenzhen Central Park”的兴趣点被分为三个单词：Shenzhen、Central 和 Park，并收录到单词列表中。根据向量 I 和单词列表 W ，构成一个兴趣单词矩阵，用 $\mathcal{Z}$ 表示。$\mathcal{Z}$ 是一个布尔矩阵，且 $\mathcal{Z} \in \mathbb{R}^{|W| \times |I|}$ ，其中 $|W|$ 表示单词列表的长度，$|I|$ 表示向量的长度。如果一个单词在一个兴趣向量中出现，则矩阵中对应的值设为 1，否则为 0。单词“Park”和兴趣点“Shenzhen Central Park”在矩阵中对应的值为 1。然后，将矩阵 $\mathcal{Z}$ 分解为三部分的乘积：左正交矩阵 $U \in \mathbb{R}^{|W| \times l_W}$ 、对角矩阵 $\Sigma \in \mathbb{R}^{l_W \times l_I}$ 和右正交矩阵 $V \in \mathbb{R}^{|I| \times l_I}$ ，其中 l_I 和 l_W 是较小的正整数。选择矩阵 U 横

行的前三个值作为每个单词的语义坐标。类似地，在这里取 V^{T} 中纵列的前三个值作为兴趣点的语义坐标。

通过计算单词和兴趣点在语义空间中的欧几里得距离来获得其关联度。如图 6.10 所示，红色的和绿色的为 GPS 点，黑色的是兴趣点。系统通过在数据库中搜索问题中的关键词“1pm”和“yesterday”返回相关的 GPS 点和其绑定的兴趣点。然后，系统找到在语义空间中与询问单词“Park”最近的兴趣点“Shenzhen Central Park”。系统会根据关联度选择最接近的兴趣点，然后加上地点单词和时间单词(如果存在于询问中)组成合适的答案。否则会返回“找不到合适结果”。特别地，如果两个兴趣点非常接近，而且在语义空间中与关键词有相同的距离，那么系统会将这两个兴趣点一起选入回答中。

6.3.4 数据集

本小节简要介绍实验评估中使用的原始数据集。

(1) 源数据集

数据集收集了13,798辆深圳出租车的 GPS 数据，时间跨度为 2011 年 4 月 18 号到 4 月 26 号。总共有171,332,738 个 GPS 点。由于环境多变的影响，GPS 点的采样间距并不均匀。对于每辆出租车而言，数据集中每一个条目存储了车辆的牌照、经纬度、瞬时速度以及是否载客。

(2) 电子地图

实验中选择的电子地图的纬度范围为(22.4416615,2.6642819)，经度范围为(113.8327646,114.4025082)。图 6.11 为真实的路网地图，路网中总共有16,087 个路段。

图 6.11　三辆出租车在路网上的匹配结果(见彩图)

(3) 兴趣点

实验中，用百度的兴趣点来绑定 GPS 点和兴趣点信息。总共有165,872 个兴趣点。因为系统是面对英语文本搜索的，所有兴趣点被翻译为英文。

(4) 真实性对照

为了验证数据处理过程的准确性，实验选择 10 辆 GPS 点最密集的车辆，手动标注车辆的轨迹。因为这些车辆记录的 GPS 点比较密集，所以它们的准确路线可以被标注出来。

6.3.5 实验评估

1. 系统雏形

iLogBook 系统设计了一个基于网页版的图形用户界面。图形用户界面总共包含两个页面：询问界面和回答界面，分别如图 6.12(a)和(b)所示。驾驶员在询问界面中输入问题，系统在回答界面给出回答。

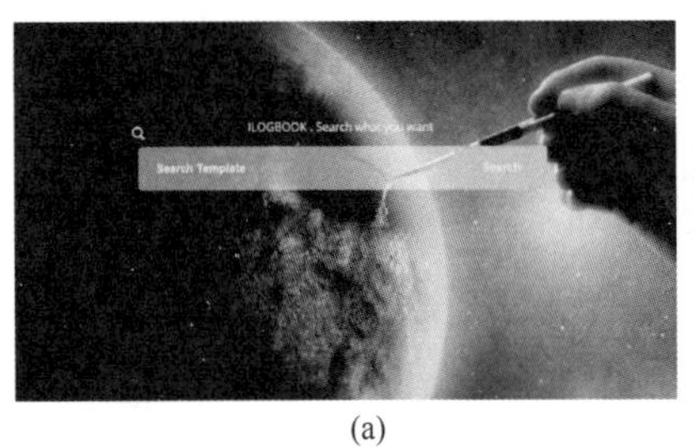

(a)

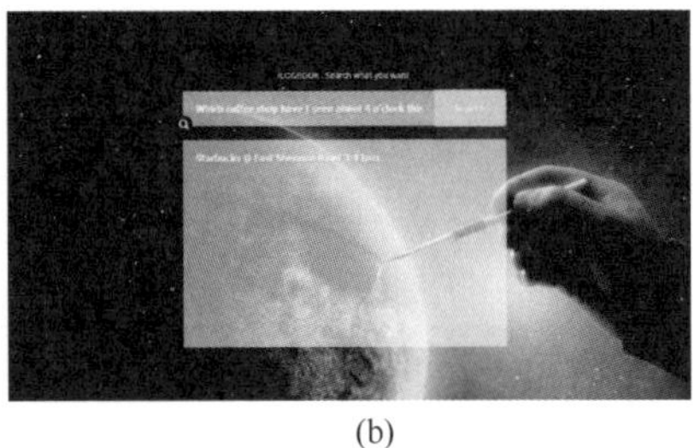

(b)

图 6.12 iLogBook 系统的图形用户界面雏形

2. 源数据处理的效果展示

根据 6.3.4 节的描述，GPS 原始数据处理有五步。

(1) GPS 点匹配

图 6.11 给出了三辆出租车在路网上的匹配结果。其中，绿色点的出租车拥有最多的 GPS 采样点，而红色和蓝色的出租车反映了数据集的平均匹配结果。总共匹配到的 GPS 点有 77,607,953 个，匹配的概率为 45.3%。平均每个路段上匹配到的 GPS 点个数为 4,824。这也体现了原始数据的稀疏性。根据真实值，可以训练得到怀疑参数。怀疑参数由匹配结果的准确性决定。通过实验，当在路径推测中设置怀疑参数为 0.3时，可得到平均准确率为 69.7%。

(2) 张量构建

表 6.4 给出了 6.3.4 节中的张量和矩阵的统计信息。转向行为张量的大小为 $13,798\times16,087\times4$，而行驶耗时张量的大小为 $13,798\times16,087\times24$。其中张量 $\mathcal{C}$ 的

初始非零比为0.307%，张量$\mathcal{V}$的初始非零比为0.995%。此外，还检测到在这两个张量中有3,025个路段没有被出租车的数据匹配到。通过相似性比较的方法对这些路段对应的张量中的值进行填充之后，张量$\mathcal{C}$的非零比提升到0.944%，张量$\mathcal{V}$的非零比提升到1.42%。

表 6.4　张量和矩阵的统计信息

张量或矩阵	大小	非零比
$\mathcal{V}$	13,798×16,087×4	0.995%
$\mathcal{C}$	13,798×16,087×24	0.307%
F_D	13,798×8	100%
F_T	8×24	100%
F_A	8×4	100%

(3) 张量分解

为了验证三个校验矩阵的作用，将利用张量$\mathcal{C}$和$\mathcal{V}$中标注车辆的数据作为真实值。然后，在张量分解之前，将这些出租车对应的值设为 0。通过计算分解后得到的值与真实比较结果之间的标准误差来评估张量分解以及校验矩阵的作用。表 6.4 中给出了三个校验矩阵的大小。其中F_D的大小为$13{,}798\times 8$，F_T的大小为8×24，F_A的大小为8×4。

通过原始方法得到的标准误差值用 OTD 表示。通过加入校验矩阵得到的标准误差值用UTD表示。两种方法对于张量$\mathcal{C}$和$\mathcal{V}$的分解结果分别展示在图 6.13(a)和(b)中。当验证行驶耗时张量分解的表现时，选择早上 6 点到下午 8 点的数据。在图 6.13(b)中，L、R、S 和 U 分别表示左转、右转、直行和掉头。

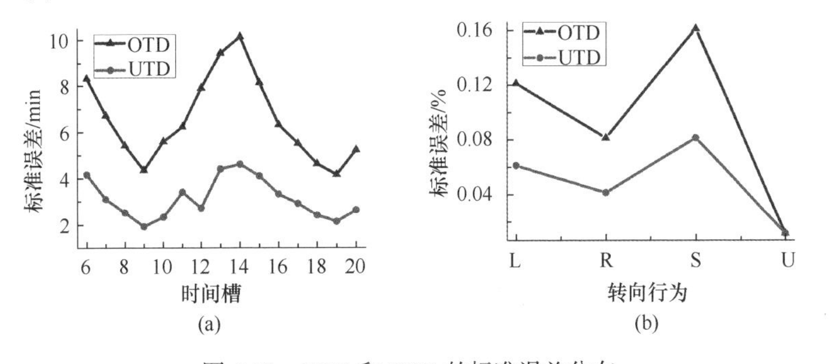

图 6.13　OTD 和 UTD 的标准误差分布

(4) 路径推测

在路径推测步骤中，总共有13,798条模糊轨迹，总长度为5,340,457 km。

图 6.14(a)展示了每个出租车轨迹中路径连接的比率(其中坐标轴上的 k 表示 1×10^3)，这也反映了数据的稀疏程度。在图 6.14(a)中，在所有出租车的轨迹中，连接的比率大致在区间$[0.1,0.5]$。这就意味着需要为每个模糊轨迹推断出近 60%的最优子轨迹。在 6.3.2 节中，每个轨迹根据固定时长分为若干个子轨迹。图 6.14(b)给出了子轨迹中的平均路段个数。其中，固定时长分别为 30 min、15 min 和 10 min。考虑到需要推测出准确的轨迹，本实验选择 10 min 的固定时长。如图 6.14(b)所示，当时长为 10 min 时，每个子轨迹中平均有 7.6 个路段和 21.4 个 GPS 点。进一步将每个子轨迹中可能的路段都选入一个区域。图 6.14(c)展示了每个子轨迹以及区域中的平均路段个数。可以看出在每个区域中的路段个数为 13 。因此，在每个隐马尔可夫模型中，平均有 13 个隐状态，以及 21 个观测状态。

为了评估隐马尔可夫模型的表现，通过在标注车辆的轨迹中选取部分 GPS 点输入到隐马尔可夫模型中，来比较系统推测出来的路径与真实路径之间的异同。标注车辆的准确率在图 6.14(d)中给出，其中采样时间间隔是原始数据的两倍。最终得到平均准确率可以高达 97% 。

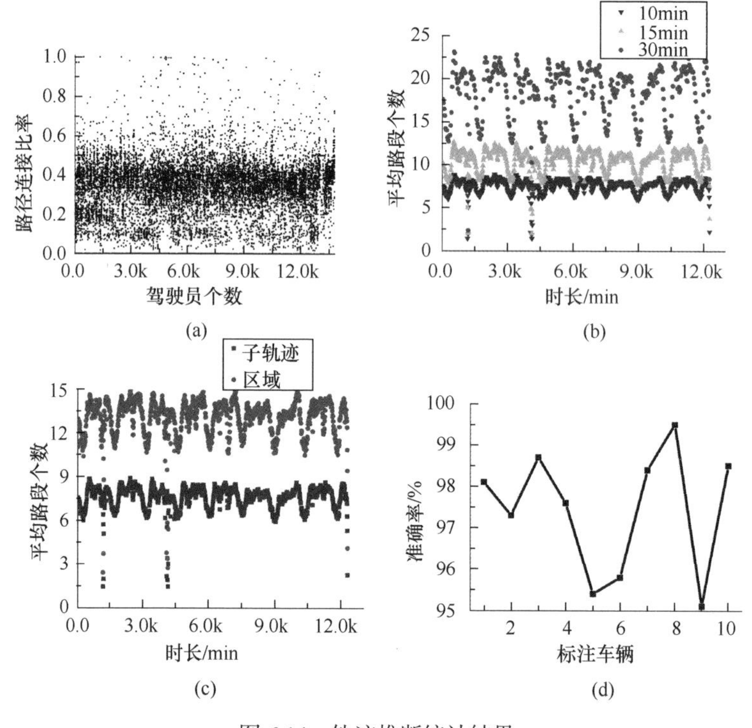

图 6.14　轨迹推断统计结果

(5) GPS 点的插入

图 6.15(a)展示了插入 GPS 点的比率，即插入预测的 GPS 点的个数占最终结果

的比例值。在实验中，插入的 GPS 点的长度间隔为 50 m、100 m 和 200 m 三种。图 6.15(b) 展示了三个不同长度下，对于用户询问回答的准确率。可以得到，当长度为 50 m 时，超过 50% 的预测点会被插入。尽管插入越多的 GPS 点，轨迹路线会越精确，但是也可能会导致错误的语义分析。所以，在语义分析中，插入预测的 GPS 点的长度间隔为 100 m。

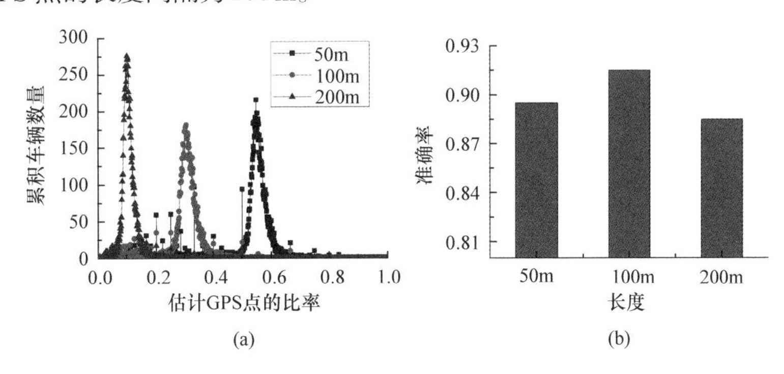

图 6.15 插入预测的 GPS 点的统计结果

3. 语义分析的效果展现

图 6.16(a)给出了路段兴趣点个数的分布(其中坐标轴上的 k 表示1×10^3)。除去过短或者没有兴趣点信息的路段之外，每个路段平均包含 2～15 个兴趣点。另一方面，图 6.16(b)给出了在数据集中车辆轨迹与兴趣点之间绑定的统计结果。因为有一部分轨迹超出了选择的电子地图的范围，这些车辆绑定的兴趣点个数也受到了限制。平均来看，每辆车的轨迹中的绑定兴趣点个数的范围为2×10^4到5×10^4。

6.3.3 节根据用户询问设计了一个基于相关兴趣点信息的语义空间。在实验中，相关语义分析的单词总共有 580,552 个。这里设计了一个询问列表，包括标注的 10 辆车提出的 200 个日常问题，例如“Which hotel did I see at 4 pm, April 19 th?”。因为标注车辆的准确轨迹可以获得，所以可以得到询问的标准回答。具体结果在图 6.17(a)中显示，可以发现平均准确率高于 90%。另外，图 6.17(b)也给出了平均回答每个询问的时间消耗。这一步是在 PC 端上进行的，具体配置为 6GB 内存，以及 Intel i5 1.70 GHz 四核处理器。

此外，从询问列表中随机选择 20 个问题，并把它们应用到没有标注的车辆上。然后计算系统能返回准确兴趣点的比率，结果在图 6.17(c)中显示。结果表明在有部分车辆的轨迹受到地图选择区域限制的情况下，iLogBook 系统还可以回答数据集中 60% 车辆的问题。

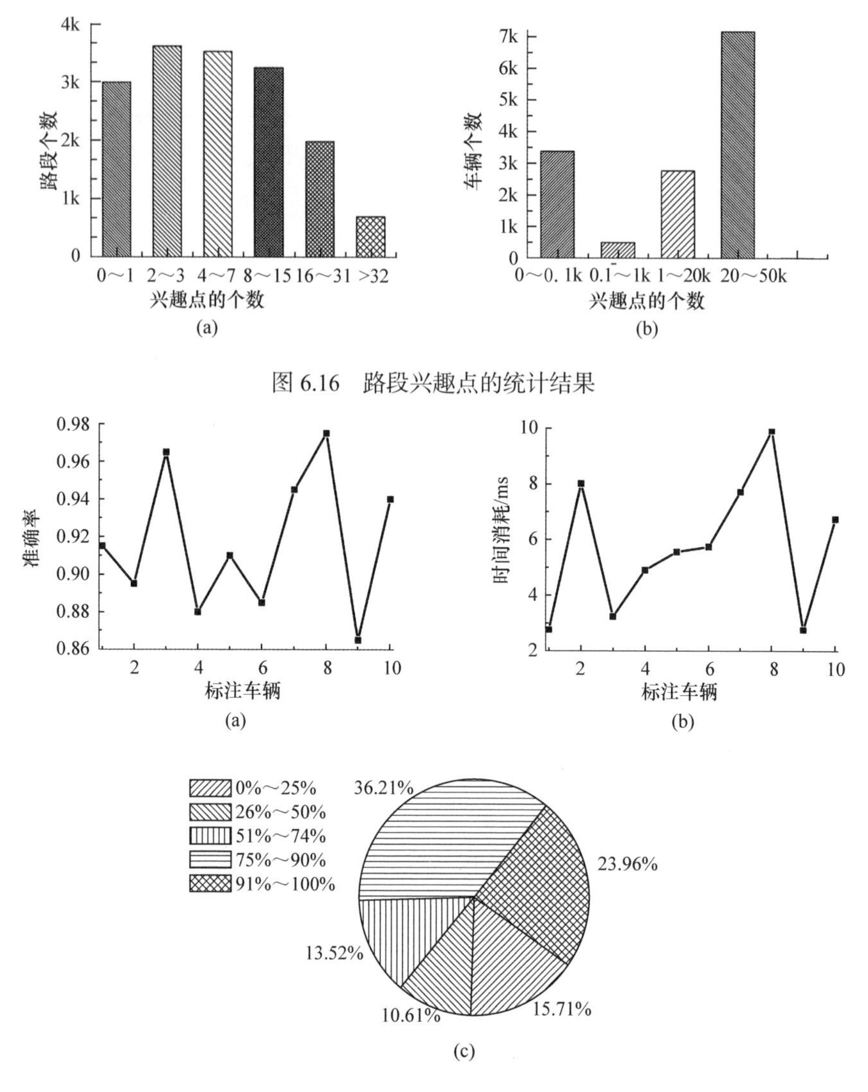

图 6.16　路段兴趣点的统计结果

图 6.17　日常询问的统计结果

4. 系统扩展性

根据之前的介绍，iLogBook 系统基于两个数据集：轨迹数据和地图数据(例如路段和兴趣点)。其中，轨迹数据和路网直接决定了两个张量$\mathcal{C}$和$\mathcal{V}$的建立，而兴趣点数据决定了语义空间的构造。显然，快速的数据增长会直接影响到模型的结果。因此，关于模型的可扩展性讨论是不可避免的。

为了解决数据快速增长的问题，将在系统中添加一个数据更新机制。在该机制中，时间被分为若干个离散的时间段，在每个时间段内，数据会进行一次更新操作。具体分为三个步骤：

(1) 地图数据更新

在每个时间段中，系统会对地图数据进行更新，包括路段和兴趣点信息。

(2) 张量重构

在每个时间段中，会有新的轨迹流输入。首先，基于新轨迹流数据和更新的地图数据，通过点与地图的匹配以及历史数据处理来生成两个张量。然后，将从两方面来检验这两个张量中的数值：如果一个路段属于旧的路网，可用加权平均的方法来更新张量的值；反之，张量中的值保持不变。张量更新公式为

$$\mathcal{T}_i(:,j,:)=\begin{cases}\gamma\mathcal{T}_{i-1}(:,j,:)+(1-\gamma)\mathcal{T}_{t_i}(:,j,:), & j\in\mathcal{R}\\ \mathcal{T}_{t_i}(:,j,:), & j\notin\mathcal{R}\end{cases}$$

其中，$\mathcal{T}_i$ 和 $\mathcal{T}_{t_i}$ 分别表示在第 i 次更新后的值，以及在 t_i 时段中的值；j 表示一个路段，$\mathcal{R}$ 表示路网；γ 表示调和参数。

(3) GPS 点重构

根据之前的两个更新步骤，路径推测以及 GPS 点填充的结果也会改变。因此在语义分析模型中，更新的精确轨迹中的 GPS 点以及其绑定的兴趣点信息也会进行重构。

6.4　基于邻近车辆危险行为的识别与预警

在车联网中，安全驾驶一直是值得关注的问题。世界健康组织在 2015 年的全球道路安全报告显示，全球每年死于交通事故的人数超过 120 万。传统的安全驾驶警告方法依赖于车载设备(前置后置摄像头)，通过图像处理的方法来对周围车辆的行为进行识别。然而这种方法受限于摄像头的视角以及拍摄的画质，还会受到恶劣天气的干扰。通过在之前章节中对邻居发现算法以及对车联网架构和 GPS 数据的研究，本节基于稀疏 GPS 数据以及集中式通信架构系统，介绍一个名为 APP 的系统，用来对车辆危险行为进行实时识别以及给驾驶员发送预警。

6.4.1　系统模型和设计目标

如图 6.18 所示，系统主要分为训练和匹配两个模块。训练模块用来将稀疏历史数据精确化，并且识别出危险行为和正常行为。例如图 6.19 中标记为 A 的子图中，两个出租车的记录数据都非常稀疏，很难得到这两辆车在路段上的行为。此

外，如图 6.19 中标记为 B 的子图所示，弯曲的路段也是判断驾驶员行为的阻碍。匹配模块是通过集中式网络架构，实时对目标车辆周围车辆的行为进行识别，并且给目标车辆返回危险车辆信息以便用来预警。进一步地，可以让车辆自身感知周围车辆的动态，来降低集中式网络的负载，提高实时性。在本小节中，将会简单介绍系统模型的组成以及系统设计目标。

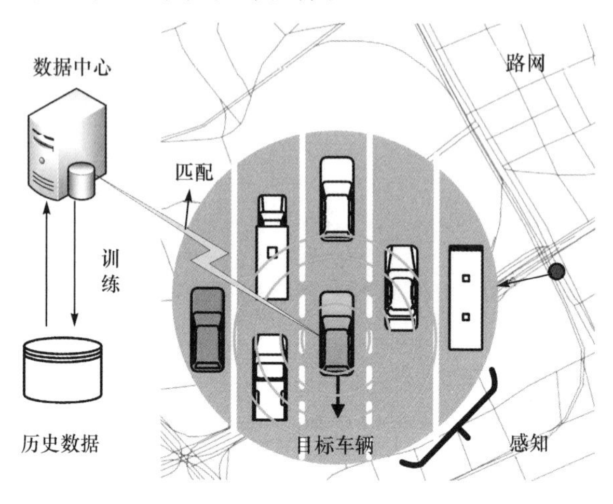

图 6.18　系统场景

1. 系统模型

系统主要由两个实体构成。

(1) 服务器

服务器端除了要对历史数据进行处理，识别危险行为之外，还通过无线通信技术向车辆收集实时数据，并且提供相关服务给车辆。在车联网中，服务器与车辆之间经常需要进行通信来保证一些服务的提供，例如实时导航。

(2) 车辆

每辆车装备有多种传感器，例如 GPS 接收器、运动传感器等，用来监控自身的行为，并且向服务器端定时汇报感知数据。

在这里给出危险行为的描述。在本小节中，所讨论的危险行为不完全等价于违法驾驶行为。这里定义的危险行为是会对周围车辆造成威胁的行为，例如频繁变道，以不合适的速度行驶(过快或者过慢)。如图 6.19 中的子图 C 所示，高架路的限速是 80 km/h，很显然这辆车超速了。在子图 D 中，样本车辆的记录点的方向浮动非常大，因为该路段的角度为 179°，这样可以推断出这辆车在不停地变道。这些虽然不是违法行为，但是会对别的车辆造成威胁。

2. 设计目标

这个辅助系统的目的主要有以下三方面：
① 通过历史数据和实时收集的数据预先提醒驾驶员周围的威胁。
② 利用车辆之间稍纵即逝的联系准确及时识别危险行为。
③ 保证在低通信代价情况下能提供正常服务。

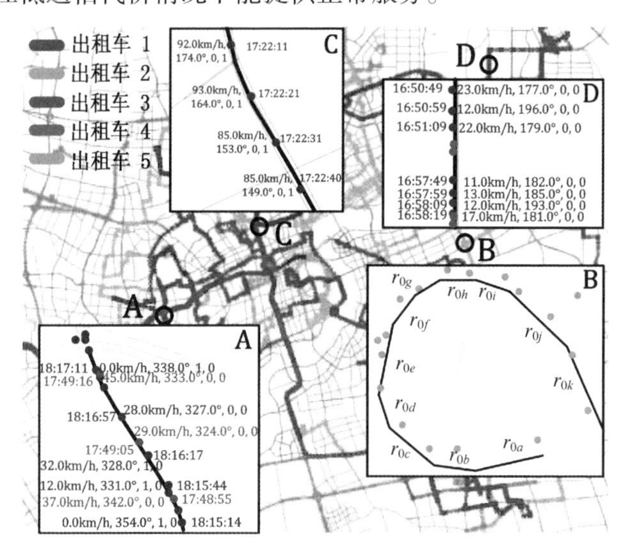

图 6.19　数据稀疏性挑战的例子(见彩图)

6.4.2　系统概述

本小节将会给出 APP 系统的简要概述。如图 6.20 所示，系统主要由两个模型组成：训练模型和匹配模型。训练模型用来从历史数据中挖掘出车辆的行为，这一步将在数据服务器端进行。在模型中，先将车辆记录数据匹配到路段上，然后通过一个一维向量来存储处理过的车辆在路段上的行为数据，称为行为向量。一个行为向量主要由四个特征组成：加速度、刹车频率、方向和速度。加速度描述车辆在路段上的加速度；刹车频率表示车辆在路段上处于刹车状态的频率；方向表示车辆在路段上记录点的方向与路段夹角之间的方差；速度表示车辆在路段上的平均速度。

可以看出，每个行为向量都由三个固定的属性构成的：驾驶员、路段和时间点。所以利用四个三维张量来存储行为向量中的四个特征。然而，初始的张量非常稀疏，非零值所占的比重小于12%，而且部分值也不够精确。为了解决数据稀疏和不准确的问题，将会利用和 6.3 节一样的张量分解的方法来对张量进行填充以及校正。与 6.3 节不同的是，除了张量分解和校验矩阵，还需要对路段进行精确处理，以便解决许多路段不是一条线路的问题。在数据填充之后，在每个路段上都可以获得各个驾驶员的行为向量，这样便于后面识别危险行为。

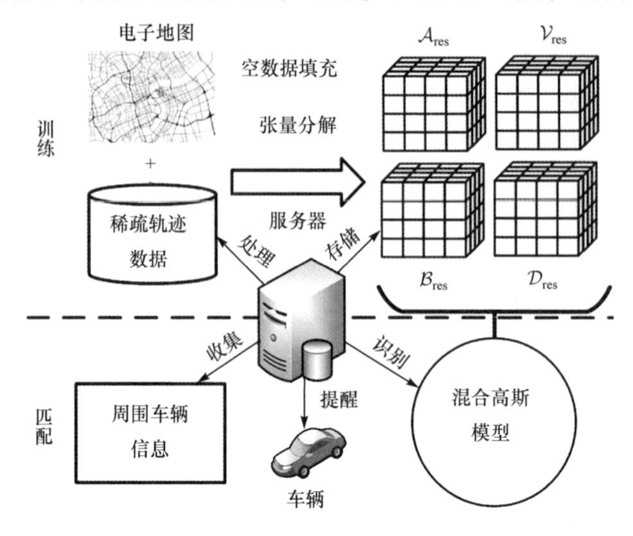

图 6.20　系统框架

另外，匹配模型主要分为两步：第一步是对各个路段上的行为向量进行识别，将危险行为和正常行为区分开；第二步是对车辆实时上传的行为进行匹配，并且对目标车辆进行预警，告知其周围具有危险行为的车辆。利用混合高斯模型对车辆行为向量进行聚类，划分出危险行为和正常行为。通过历史数据对混合高斯分布的模型中的参数进行训练。关于两个模型之间的联系以及各自内部的关系架构如图 6.20 所示。

6.4.3　原始数据训练

本小节主要叙述在数据处理过程中的挑战，以及详细描述整个处理的步骤。

1. 问题描述

在原始数据中，每一条记录主要包含一辆车六个方面的信息：GPS 点、记录时间、瞬时速度、车辆方向、刹车状态以及是否在高速或者高架上。其中刹车状态和是否在高速或者高架上这两个信息值是布尔值，主要是记录车辆是否在刹车以及是否在高速或者高架上。图 6.19 中的子图 A 给出了部分记录的样例。首先是将每条记录信息根据 GPS 点匹配到电子地图的路网上。如 6.3 节中所述，这里的路网，也是一系列路段的集合。每一个路段是单向的并且包含两个路口。如图 6.21(a)所示，道路被空心点分成若干个路段。

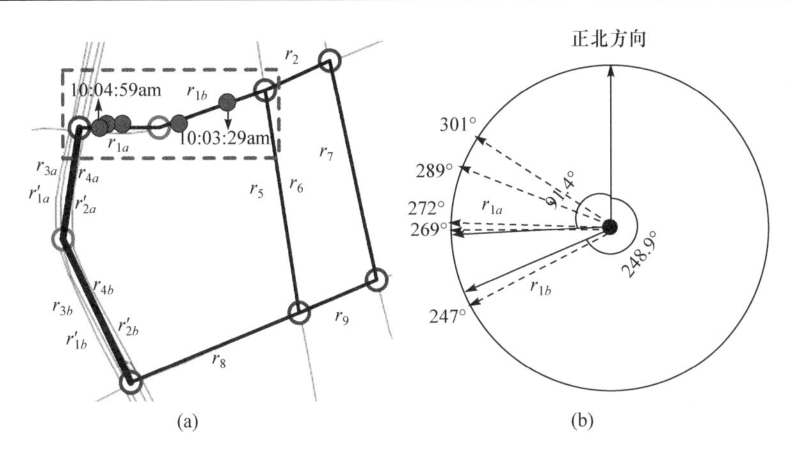

图 6.21　路段分段和角度数据优化

这里最大的挑战是数据覆盖的问题。历史行为数据远远不能够提供足够的在固定时段内每个车辆的行为信息。这样就更难从少量的数据中识别出危险行为。例如，图 6.19 中给出了五辆出租车一天行驶的轨迹，其中不同的颜色表示不同的车。在历史数据中，每条记录的间隔大约为 10s。明显地，可以看出具体的路径很清晰，不过一辆车的数据想要在不同的时间段中覆盖整个地图的区域是不现实的。虽然这里的原始数据比 6.3 节要密集不少，但是仍旧在有些路段上完全没有数据被匹配到。此外，不是每个路段都是笔直的线段，路段中方向的偏差也会影响对车辆方向的计算，例如，图 6.19 中的子图 B 中的 r_0，以及图 6.21(a)中的 r_1。因此，考虑方向数据的校正、空数据的填充，利用张量分解来精确估计每辆车在每个时间段以及路段中的行为。

2. 行为定义

引入一个包含四个特征的向量来描述驾驶行为：速度、加速度、方向和刹车。

(1) 速度

瞬时速度可以从车辆记录的数据中获得。速度是直接反映驾驶安全的因素之一。车速过快或者过慢都会对正常行驶的车辆造成威胁。这里，通过路段上的平均速度来描述速度特征。

(2) 加速度

由于速度是通过路段上的平均速度来描述的，对于路段上加速度的变化并不敏感。通过计算路段上每两个点之间的加速度并求平均，来得到路段上的平均加速度。

(3) 方向

方向是车辆或者路段的方向与地图正北方向的顺时针夹角。如图 6.21 所示，

r_{1a} 的方向为 268.6°。在图 6.21(a)中，虚线框内的实心点是一个出租车在 4 月 1 日早上 10 点至 11 点这个时间槽内的地图匹配结果，这几个点的对应方向在图 6.21(b)中给出。可以看出 269°和247° 比较接近于路段的角度，这比较符合常理。车辆频繁变道威胁其他车辆时，车辆的方向值会在路段方向值的左右频繁变动。因此可以通过计算记录点与路段方向之间夹角的方差来描述方向特征。具体细节将在后文给出。

(4) 刹车

在每条记录中都记录车辆是否处于刹车状态。在一个路段上，通过计算车辆刹车的频率来定义刹车的特征。一辆车在指定路段上的刹车频率通过计算处于刹车状态的记录点的个数除以总个数得到。

3. 角度数据精炼

之前提到，方向特征会受到路段方向改变的影响。因此，这里将会给出一个精炼方法来获得更准确的值。具体分为三步：

① 将每个路段分为若干个笔直的子路段；

② 在每个子路段中校正方向值；

③ 将每个子路段的值组合起来。

在电子地图中，一条路是由若干个点组成的。其中交叉节点表示路口，它们将路分成若干个路段。转折节点表示根据不同方向将一个路段分成若干个子路段的点。在电子地图数据中，交叉节点比较容易获得。而转折点通过以下公式来计算获得，即

$$\left|\Theta\left(p_i, p_b\right)-\Theta\left(p_i, p_e\right)\right|>\varepsilon \tag{6-2}$$

其中，$\Theta\left(p_i, p_j\right)$ 表示一个以 p_i 和 p_j 组成的笔直线段的斜角；ε 表示偏斜角阈值。

例如在图 6.21(a)中，空心圆表示交叉节点或转折节点，图中的道路被这两种节点分成 9 个路段和 16 个子路段。其中 r_i 表示第 i 个城市地面道路，r_i' 表示第 i 个高架路段。

在每个子路段中，计算匹配的点与子路段之间的角度差值。图 6.21(b)中给出了例子中的数据。在子路段 r_{1a} 中，有三个匹配的节点，它们的角度为 272°、289° 和 301°。因此，角度差的绝对值为 3.4、20.4 和 32.4。同理，在路段 r_{1b} 上匹配的点的角度差的绝对值为 20.1 和 1.9。将结果综合起来，计算得到角度特征的值为 277。式(6-2)也可以处理图 6.19 中的 B 子图所示的弧线的情况。

4. 数据填充

在方向数据精炼之后，可以获得在指定时间槽内驾驶员更精确的行为。但是，

在很多路段上，行为数据并不足以分辨/判定危险行为。为了解决这一问题，应用一个基于张量分解的方法来对每个路段上的行为数据进行填充。

(1) 张量构成

如同6.3节，这里也需要构建三阶张量来存储车辆的行为信息。张量的坐标为(u,r,t)，其中u、r和t分别表示驾驶员、路段和时间槽。因为张量可映射标量空间和向量空间之间的线性关系，所以这里使用张量来反映行为标量与固定属性之间的关系。因为驾驶员的行为表现具有四个特征，所以用四个张量$(\mathcal{A},\mathcal{B},\mathcal{D},\mathcal{V})$来存储不同行为特征的值。每个张量的大小为$M\times N\times L$，其中$M$、$N$和$L$分别表示数据库中驾驶员、路段和时间槽各自的总个数。

(2) 空白数据填充

和6.3节提到的一样，通过对匹配数据的处理，会发现仍旧有部分路段上没有匹配数据。在实验中，478个路段中有185个路段没有匹配到。首先，利用余弦相似度来对空白数据进行填充。使用一个固有特征向量f来描述每个路段，这个特征向量包含三部分：平均角度、长度和路口类型。然后，用下面公式进行填充，即

$$\mathcal{T}(:,i,:)=\frac{\sum\limits_{j=1\&j\neq i}^{N}\theta_{ij}\cdot\mathcal{T}(:,j,:)}{\sum\limits_{j=1\&j\neq i}^{N}\theta_{ij}} \tag{6-3}$$

其中，i和j表示不同的路段；θ_{ij}表示向量f_i和f_j之间的余弦相似度，有$\theta_{ij}=\dfrac{f_i\cdot f_j}{\|f_i\|\cdot\|f_j\|}$。

(3) 张量分解

为了获得更多的行为数据，通过张量分解来填充四个张量中的空白值。基于Tucker分解[44]的方法是将一个张量$\mathcal{T}$分解为四个部分：核心张量$\mathcal{C}$和三个矩阵U、R和T。如式

$$\mathcal{T}_{\text{rev}}=\mathcal{C}\times U_1\times R_2\times T_3$$

其中，1、2、3表示相乘的顺序；$\mathcal{T}_{\text{rev}}$表示填充后的张量。

(4) 初始状态

每个部分的值都是随机的。在每一次迭代中，张量$\mathcal{T}_{\text{rev}}$为四个部分的乘积。通过比较原始张量与填充张量之间非零值的差异，对每个部分的值进行调整。这一步骤主要通过一个目标函数来实现。当迭代收敛时，就得到了最终的填充张量$\mathcal{T}_{\text{rev}}$。图6.22给出了整个过程的图示，其中$\mathcal{L}$表示目标函数。每个原始张量中的

非零值(u,r,t)与填充张量$\mathcal{T}_{\text{rev}}$中对应的(u',r',t')进行比较，直到收敛。最终，将会得到四个填充好的张量$\mathcal{A}_{\text{rev}}$、$\mathcal{B}_{\text{rev}}$、$\mathcal{D}_{\text{rev}}$和$\mathcal{V}_{\text{rev}}$。

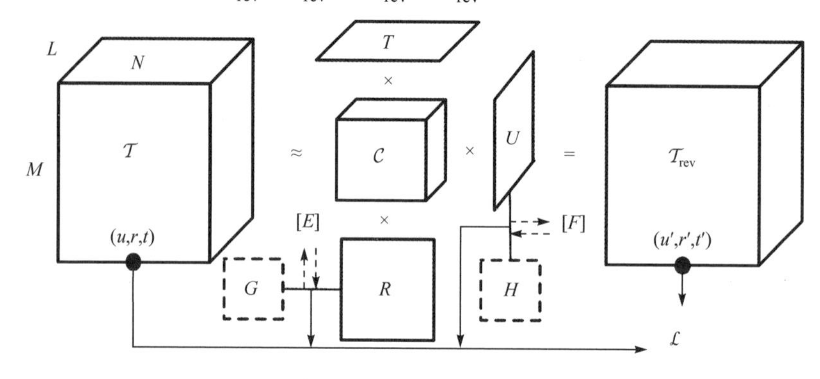

图 6.22　张量分解的描述

(5) 校验矩阵

如同 6.3 节，在填充的数据中仍旧可能存有不正确的数据的情况。所以，需要加入两个校验矩阵来规避奇异值，即环境矩阵E和熟悉度矩阵F。在系统中，电子地图被分为四部分来填充校验矩阵。所以，矩阵E的大小为$L\times4$，矩阵F的大小为$M\times4$。同时，在目标函数中需要添加$\|F-U\times G\|^2$和$\|E-T\times H\|^2$，其中$\|.\|^2$表示L_2范式，G和H为辅助矩阵。

6.4.4　行为匹配

根据之前对危险行为的定义和对行为数据的处理，可以得到在每个路段上特定时间槽内每个车辆的行为数据。接下来，需要将危险行为和正常行为区分开，然后再对未知的行为进行识别。

(1) 危险行为划分

首先需要从处理好的行为数据中将危险行为提取出来。因为在日常生活中，危险行为与正常行为都基本符合高斯分布，而且混合高斯分布模型具有很好的划分分界线的能力，所以在本小节中，利用混合高斯分布模型来区分驾驶员的行为是否是危险行为。

混合高斯分布模型的基本思想是将原始数据集聚成多个服从高斯分布的类。通过 EM 算法[45]来训练模型参数，从而实现界限划分。图 6.23 给出了在本小节系统中对于混合高斯分布模型的应用过程。从填充后的行为数据中，可以抽出一个拥有M个元素的向量，该向量用来表示在特定路段和时间槽上的一个驾驶员的行为。然后对于特定时间槽和路段，可以构建一个行为矩阵S，大小为$4\times M$。矩阵的每一行表示一个驾驶员的行为，称为行为向量。因为本小节主要是将危险行

为与正常行为区分开，所以在构建混合高斯分布模型时只将两个高斯分布进行混合，在图中标识为“组成块”。每个组成块包含三个参数 α,μ,Σ，以及一个概率 $p(z|s)$。其中，α,μ,Σ 分别表示混合系数、中心向量以及协方差矩阵。特别地，$\sum_{i=0}^{1}\alpha=1$ 为 4×4。z 是一个随机变量，表示向量 s 的标签，$z\in\{0,1\}$。$p(z|s)$ 的计算是根据贝叶斯定理，并且结合之前的三个参数来实现。在第一次迭代中，$\alpha_0=\alpha_1=0.5$，两个中心向量是从行为矩阵中随机抽取的。似然函数 $\mathrm{LL}(S)$ 与 $p(z|s)$ 结合，用来对参数进行训练。整个训练过程是基于 EM 算法进行的，目标是使得每次迭代中的似然函数值最大，直到收敛。这样，就能将正常行为与危险行为区分开。

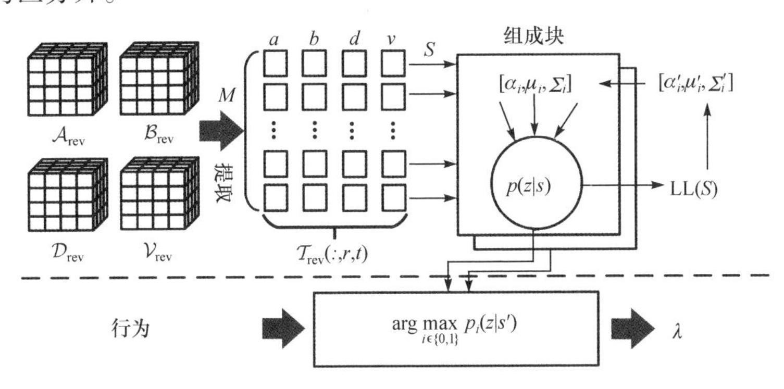

图 6.23　混合高斯分布模型

(2) 危险行为识别

如图 6.23 下半部分所示，当一个新的行为向量 s' 到达的时候，系统利用 $\arg\min_{i\in\{0,1\}} p_i(z|s')$ 的结果来对其标记，记为 λ，其物理意义是将行为向量归入概率较大的一类。

6.4.5　实验评估

首先介绍实验验证的基本设置，包括数据集、评价指标以及参数设置。然后展示系统每个步骤在实验中的结果。最后，通过数据稀疏性和不同道路类型评估在不同环境下系统的效果。

1. 实验介绍

简单叙述实验用到的数据集、电子地图以及真实验证值。

(1) 原始数据集

原始数据集收集了13,676 个出租车的运行记录，时间跨度为 2015 年的 4 月 1

号到 4 月 30 号，总大小大概 300G。每个记录条目包括高架、GPS 点、记录时间、车辆方向、瞬时速度、刹车状态等。此外，每个记录条目之间的时间间隔大约为 10s。

(2) 验证数据集

该数据集用来验证混合高斯分布模型的效果。数据集是由一家保险公司采集的100辆车的样本集合，总大小约为 4M。在数据集中，每个记录条目除了原始数据集所包含的元素之外，还包含了一个元素赔付率。赔付率反映了这辆车是否经历过事故，也在一定程度上反映了这辆车的驾驶行为是否危险。

(3) 电子地图

实验中使用的电子地图是从 OpenStreetMap 开源地图上得到，截取的区域如图 6.24(a)中虚线框所示，总共包括了 478 个路段。

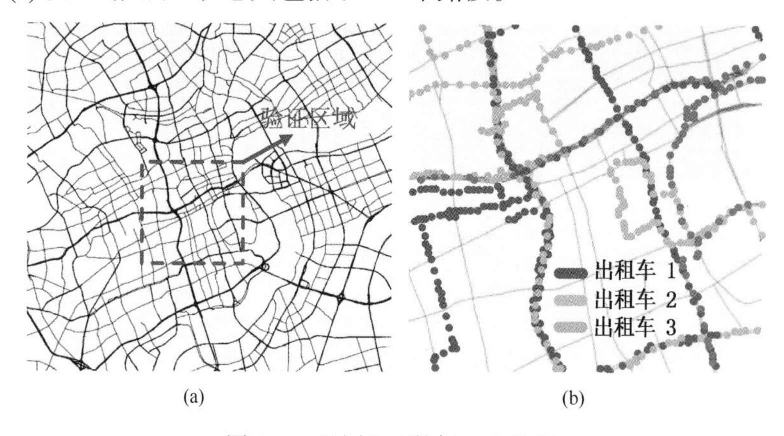

图 6.24　地图匹配的例子(见彩图)

(4) 真实验证值

在实验中,对 10 辆车的行为进行标记。其中三辆在交管部门给出的黑名单中，另外七辆在给定区域内拥有最多的纪录点。标记的危险行为包括非法行为(例如超速)，以及非正常行为(例如频繁刹车以及变道)。对于非正常行为给出一个阈值 ω 来标记，满足下式的行为将被标记为危险行为，即

$$1-\omega \leqslant \frac{\chi}{\chi_{\text{avg}}} \leqslant 1+\omega$$

其中，$\omega \in (0,1)$，χ 表示在行为向量中的四个元素。在实验中，当 $\omega = 0.1$ 时，可以很好地标记危险行为。另外，在验证集中，将赔付率不为 0 的车辆视作拥有危险行为的车辆。

(5) 评价指标

通过准确率和召回率来评估危险行为识别的效果。准确率的计算定义为

$\frac{tp}{tp+fp}$，召回率的计算定义为$\frac{tp}{tp+fn}$，其中 tp、fp 和 fn 分别表示预测为正的正样本、预测为负的正样本、预测为正的负样本。

2. 数据预处理结果和参数选择

首先给出数据预处理的结果，然后给出系统的参数选择。

(1) 路段匹配

系统先将点匹配到路段上。图 6.24(b)中给出了三个出租车的大致匹配情况，可以看到记录的点比较密集，这有利于对车辆的行为进行分析。经统计，总共匹配到路段上的节点数量为120,172,806。

(2) 数据填充

表 6.5 给出了行为张量和校验矩阵的大小及非零比，因为四个行为张量的大小和非零比相同，所以用$\mathcal{T}$表示行为张量($\mathcal{A},\mathcal{B},\mathcal{D},\mathcal{V}$)，$E$ 和 F 表示校验矩阵。可以看到其非零比为11.57%。另外，有 185 条路段没有数据匹配。所以通过式(6-3)给出的填充方法，将每个行为张量的非零比提升到18.88%。

表 6.5 行为张量和校验矩阵的统计性结果

行为张量和校验矩阵	大小	非零比
$\mathcal{T}$	$13,676\times478\times24$	11.57%
E	$13,676\times4$	100%
F	4×24	100%

行为张量分解之后得到的行为张量的非零比为 100%，通过比较标注的车辆填充前后的行为张量中非零值之间的平均绝对误差，来评估两个校验矩阵对行为张量填充的作用。与 6.3 节类似，先将行为张量中的关于标注的车辆的行为值设为 0，然后通过校验矩阵进行填充，最后比较填充之后的值与原始值之间的平均绝对误差。其中校验矩阵 E 的大小为$13,676\times4$，校验矩阵 F 的大小为4×24。令带有校验矩阵的分解方法为 DTD，原始的分解方法为 PTD，图 6.25 给出了四个行为张量分解过程中的对比结果。明显，校验矩阵对于行为值的准确预估有着重要的作用。

(3) 参数设置

将式(6-2)中的参数ε设置为 1°。因此，478个路段被分为1870个子路段。将匹配到路段上的车辆的平均角度作为评价角度优化方法的标准。图 6.26(a)展示了一个拥有 21 个子路段的路段方向以及匹配结果。其中 RD、AD、SD 和 SAD

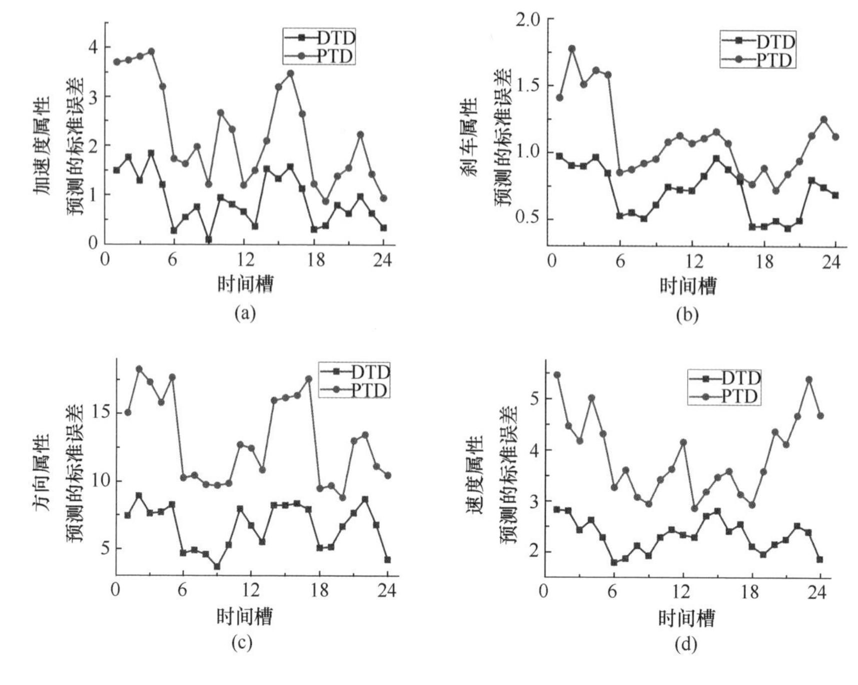

图 6.25　PTD 与 DTD 之间的标准误差

分别表示路段方向、平均方向、子路段的方向和子路段的平均方向。RD 和 SD 的值来自于电子地图，而 AD 和 SAD 是由出租车经过匹配数据得到的。显然，只计算路段的平均方向会导致方向计算的偏差。图 6.26(b)显示了在五个路段上的原始方向差 OD 和更新方向差 UD。其中原始方向差表示 RD 与 AD 之间绝对差的平均值，更新方向差表示 SD 与 SAD 之间绝对差的平均值。

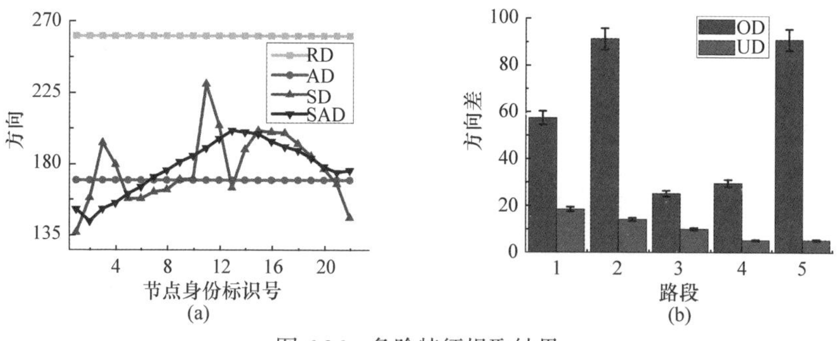

图 6.26　危险特征提取结果

在混合高斯分布模型中设置 $\alpha_0 = \alpha_1 = 0.5$ 。同时，两个中心向量从每个路段以及时间槽上的行为向量中随机选择。协方差矩阵 Σ_0 和 Σ_1 初始化为单位矩阵，它们的大小相同，均为 2×2 。图 6.27(a)展示了每个时间槽内通过混合高斯分布模型聚类后，危险行为所占比例，可以看到在上下班高峰期危险行为会比较少。另外，为了验证基于混合高斯分布模型的方法的可信度，首先将 10 个标注车辆的行为数据输入到混合高斯分布模型中，然后在获得了一个训练好的混合高斯分布模型后，分析该方法在标注车辆的所有行为中的表现，如图 6.27(b)所示。可以看出一辆车的危险行为的平均识别准确率可以达到 81%。

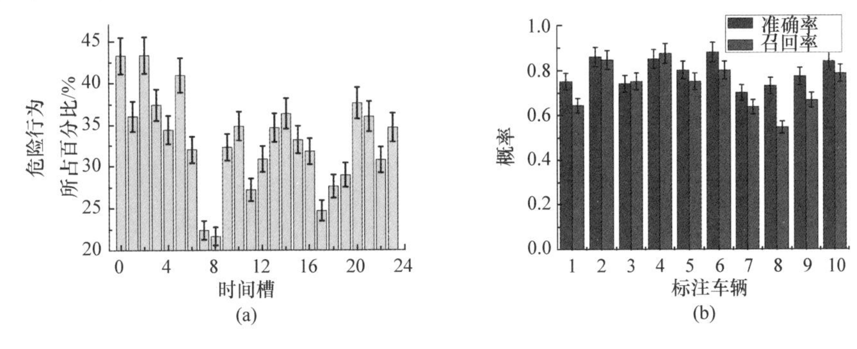

图 6.27 方向优化结果

(4) 危险车辆识别

前文已介绍过，我们会通过一个验证集来评估识别的准确率。验证集中总共包含100 辆车的6370 个行为，图 6.28(a)展示了一个车辆行为个数的分布。最小个数为1，最大个数为 223。

对于每个车辆，它的行为可以被分为两类：危险和安全。通过比较两类的个数来决定一辆车是具有危险行为的车还是具有正常行为的车。

根据先前定义的真实值，13 辆车的赔付率不是 0，它们被认定为是具有危险行为的车辆。图 6.28(b)给出了在验证集上危险车辆的识别结果。结果表明超过 80% 的危险车辆会被识别出来。同时，识别出正常行为的车辆高达 97%，可以看出本小节提出的系统能很好地识别正常行为的车辆。

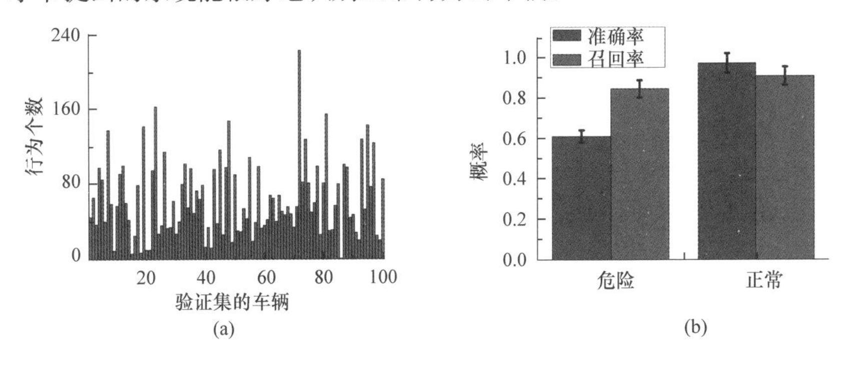

图 6.28 危险行为识别结果

3. 不同场景验证

在本实验中，通过设计两个不同场景的实验来验证数据稀疏性以及道路类型对系统的影响。

(1) 数据稀疏性的影响

在该系统中，数据稀疏性定义为非零值在原始张量中的比例，实验设置原始行为张量中的非零值的比率为五个等级：20%、40%、60%、80%和100%。例如，当选择20%等级时，行为张量的非零比被调整为11.57%×20%=2.314%。然后，通过对比标注车辆的数据，分别计算准确率和召回率，如图 6.29(a)所示。很明显，当数据过于稀疏时，危险行为识别的结果趋向于随机化。

(2) 道路类型的影响

在这个实验中，保持原始行为张量不变，比较识别系统在不同城市道路和高速道路之间的差别。选择两个不同类型的路段，将一辆标注车辆的数据作为比较用的真实值。如图 6.29(b)所示，由于车辆高速移动，在高速道路上的行为识别没有在城市道路上的好。

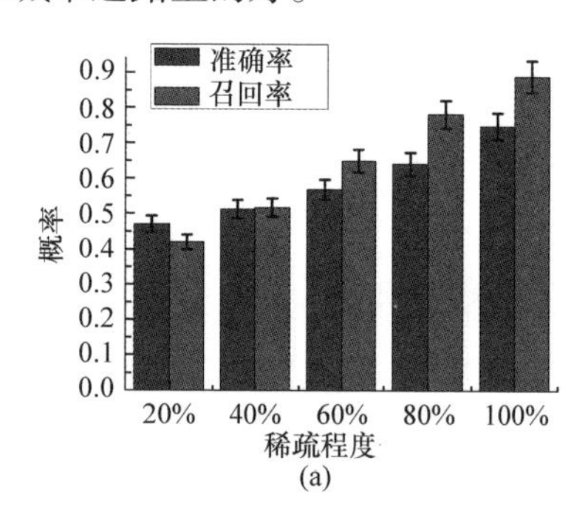

(a)

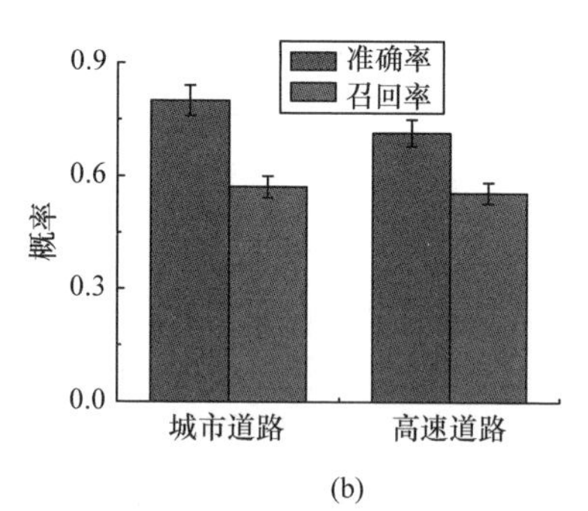

(b)

图 6.29　场景学习结果

6.5 本 章 小 结

本章紧跟大数据时代的步伐，借助邻域差值法、张量分解、相似性分析、隐马尔可夫模型、混合高斯分布模型等数据分析工具来对交通路况、车辆轨迹和行为进行分析，充分阐述车辆节点的行为特征和车流量特征。通过行为特征，考虑车辆与车辆之间的发现过程，对附近车辆危险行为进行识别。以上这些研究，进一步拓展了智能交通信息服务的应用范围，提升了人们的出行体验。

参 考 文 献

[1] 朱茵, 王军利, 周彤梅. 智能交通系统. 北京: 中国人民公安大学出版社, 2010.

[2] 蒋昌俊, 章昭辉. 城市交通先进计算技术. 北京: 科学出版社, 2014.
[3] Zhang Z, Shi Y, Jiang C J. Parallel implementing of road situation modeling with floating GPS data. Lecture Notes in Computer Science, 2006, 3842: 620-624.
[4] 蒋昌俊, 闫春钢, 陈闵中, 等. 一种基于分布式动态路网的路径规划方法及系统: 201610387934.4, 2019-01-25.
[5] 蒋昌俊, 张亚英, 陈闵中, 等. 一种基于道路属性和实时路况的行车轨迹还原算法: 201310156627.1, 2015-04-15.
[6] Yang S, Wang C, Yang L, et al. Ilogbook: Enabling text-searchable event query using sparse vehicle-mounted GPS data. IEEE Transactions on Intelligent Transportation Systems, 2018, 12(99): 1-11.
[7] Xiao Z, Wang C, Han W, et al. Unique on the road: Re-identification of vehicular location-based metadata. Proc. SecureComm, Guangzhou, China, 2016: 496-513.
[8] Yang S, Wang C, Zhu H, et al. App: Augmented proactive perception for driving hazards with sparse GPS trace. Proc. ACM Mobihoc, Catania, Italy, 2019: 21-30.
[9] Banerjee P, Ranu S, Raghavan S. Inferring uncertain trajectories from partial observations. Proc. International Conference on Data Mining, Shenzhen, China, 2014: 30-39.
[10] Hunter T, Abbeel P, Bayen A. The path inference filter: Model-based low-latency map matching of probe vehicle data. IEEE Transactions on Intelligent Transportation Systems, 2014, 15(2): 507-529.
[11] Jagadeesh G R, Srikanthan T. Robust real-time route inference from sparse vehicle position data. Proc. IEEE ITSC, Qingdao, China, 2014: 296-301.
[12] Lafferty J D, Mccallum A, Pereira F. Conditional random fields: Probabilistic models for segmenting and labeling sequence data. Proc. ICML, Williamstown, MA, USA, 2001: 282-289.
[13] Newson P E, Krumm J. Hidden Markov map matching through noise and sparseness. Proc. ACM SIGSPATIAL, Seattle, WA, USA, 2009: 336-343.
[14] Rahmani M, Koutsopoulos H N. Path inference from sparse floating car data for urban networks. Transportation Research Part C-Emerging Technologies, 2013, 30: 41-54.
[15] Wang Y, Zheng Y, Xue Y. Travel time estimation of a path using sparse trajectories. Proc. ACM SIGKDD, New York, NY, USA, 2014: 25-34.
[16] Wei H, Wang Y, Forman G, et al. Fast Viterbi map matching with tunable weight functions. Proc. ACM SIGSPATIAL, Redondo Beach, California, 2012: 613-616.
[17] Wu H, Mao J, Sun W, et al. Probabilistic robust route recovery with spatio-temporal dynamics. Proc. ACM SIGKDD, San Francisco, California, USA, 2016: 1915-1924.
[18] Zheng K, Zheng Y, Xie X, et al. Reducing uncertainty of low-sampling-rate trajectories. Proc. IEEE ICDE, Washington, DC, USA, 2012: 1144-1155.
[19] Feldman D, Sugaya A, Sung C, et al. IDiary: From GPS signals to a text-searchable diary. Proc. ACM SenSys, Rome, Italy, 2013: 60.
[20] Krumm J, Rouhana D. Placer: Semantic place labels from diary data. Proc. ACM UbiComp, Zurich, Switzerland, 2013: 163-172.
[21] Parent C, Spaccapietra S, Renso C, et al. Semantic trajectories modeling and analysis. ACM

Computing Surveys, 2013, 45(4): 42.
[22] Vu A, Farrell J A, Barth M J. Centimeter-accuracy smoothed vehicle trajectory estimation. IEEE Intelligent Transportation Systems Magazine, 2013, 5(4): 121-135.
[23] Yan Z, Chakraborty D, Parent C, et al. Semitri: A framework for semantic annotation of heterogeneous trajectories. Proc. EDBT/ICDT, Uppsala, Sweden, 2011: 259-270.
[24] Ye M, Shou D, Lee W, et al. On the semantic annotation of places in location-based social networks. Proc. ACM SIGKDD, Uppsala, Sweden, 2011: 520-528.
[25] Yen K S, Donecker S M, Yan K, et al. Development of vehicular and personal universal longitudinal travel diary systems using GPS and new technology. Report, California Dept. of Transportation, Division of Research and Innovation, 2006.
[26] Aoude G S, Desaraju V R, Stephens L H, et al. Behavior classification algorithms at intersections and validation using naturalistic data. Proc. IEEE IVS, Baden-Baden, Germany, 2011: 601-606.
[27] Coroama V. The smart tachograph-Individual accounting of traffic costs and its implications. Proc. IEEE PerCom, Pisa, Italy, 2006: 135-152.
[28] Eren H, Makinist S, Akin E, et al. Estimating driving behavior by a smartphone. Proc. IEEE IVS, Alcala de Henares, Spain, 2012: 234-239.
[29] Liu H, Taniguchi T, Tanaka Y, et al. Visualization of driving behavior based on hidden feature extraction by using deep learning. IEEE Transactions on Intelligent Transportation Systems, 2017, 18(9): 2477-2489.
[30] Smith J G, Ponnuru S K, Patil M. Detection of aggressive driving behavior and fault behavior using pattern matching. Proc. IEEE ICACCI, Jaipur, India, 2016: 207-211.
[31] Umedu T, Isu K, Higashino T, et al. An intervehicular-communication protocol for distributed detection of dangerous vehicles. IEEE Transactions on Vehicular Technology, 2010, 59(2): 627-637.
[32] You C, Lane N D, Chen F, et al. Carsafe App: Alerting drowsy and distracted drivers using dual cameras on smartphones. Proc. ACM Mobisys, Taipei, Taiwan, 2013: 461-462.
[33] Yu J, Zhu H, Han H, et al. Senspeed: Sensing driving conditions to estimate vehicle speed in urban environments. IEEE Transactions on Mobile Computing, 2016, 15(1): 202-216.
[34] Jiang C J, Zhang Z H, Zeng G S, et al. Urban traffic information service application grid. Journal of Computer Science and Technology, 2005, 20(1): 134-140.
[35] Zhang Z H, Jiang C, Yu F. Road situation modeling and parallel algorithm implementation with FCD based on principle curves. Proc. Eighth International Conference on High-performance Computing in Asia-pacific Region, Beijing, China, 2005: 181-186.
[36] Grassberger P, Procaccia I. Measuring the strangeness of strange attractors. Physica D, 1983, 9(1/2): 189-208.
[37] 章昭辉. 一种基于离散变权网络的动态最短路径快速算法. 计算机科学, 2010, 37(4): 238-240.
[38] 林澜, 闫春钢, 蒋昌俊. 动态网络最短路问题的复杂性与近似算法. 计算机学报, 2007, 30(4): 608-614.
[39] Quddus M A, Ochieng W Y, Noland R B. Current map-matching algorithms for transport

applications: State-of-the art and future research directions. Transportation Research Part C-Emerging Technologies, 2007, 15(5): 312-328.

[40] Tan H, Feng G, Feng J, et al. A tensor based method for missing traffic data completion. Transportation Research Part C-Emerging Technologies, 2013, 28: 15-27.

[41] Lou Y, Zhang C, Zheng Y, et al. Map-matching for low-sampling-rate GPS trajectories. Proc. ACM SIGSPATIAL, Seattle, WA, USA, 2009: 352-361.

[42] Goh C Y, Dauwels J, Mitrovic N, et al. Online map-matching based on hidden Markov model for real-time traffic sensing applications. Proc. ITSC, Anchorage, AK, USA, 2012: 776-781.

[43] Forney G D. The Viterbi algorithm. Proceedings of the IEEE, 1973, 61(3): 268-278.

[44] Cichocki A. Era of big data processing: A new approach via tensor networks and tensor decompositions. Proc. SISA, Nagoya, Japan, 2013: 1-30.

[45] Dempster A P, Laird N M, Rubin D B. Maximum likelihood from incomplete data via the EM algorithm. Journal of the Royal Statistical Society Series B-Methodological, 1977, 39(1): 1-22.

第七章　智慧旅游

7.1　现有相关国内外应用及技术介绍

智慧旅游作为智慧城市的重要分支，利用云计算、物联网等新技术，借助终端上网设备接入互联网，主动感知旅游资源、旅游活动、游客需求等方面的信息，并及时发布，让人们能够实时了解这些信息，及时安排和调整工作与旅游计划，从而达到对各类旅游信息的智能感知、方便利用的效果。智慧旅游在旅游产业链上的应用包括：旅游信息平台、智慧景区、在线旅游企业、智慧旅行社、智慧酒店、智慧旅游交通[1]。

随着智慧城市概念的兴起，智慧旅游在国外快速发展起来。最早在 2005 年，美国科罗拉多州 Steamboat 滑雪场首次推出特意为游客配备的装有 RFID 定位装置的反馈系统 Mountain Watch，该系统就是智慧旅游的发端。反馈系统不仅可以实时监测游客的位置、为游客推荐滑雪路线、反馈消费情况，还会为游客提供安全便捷的科技化服务。2009 年，在欧盟的资助下，英国和德国的两家公司合作研发了一款智能导游软件 iTacitus。这款软件以现实增强技术为基础，游客通过声光与影像能够“亲身”体验历史。当游客身处某地时，如果将手机摄像头对准眼前的古迹，手机的图像识别软件和全球定位系统就能立即判断该游客的精确位置，进而 iTacitus 从游客所在的视角展示此处古迹全盛时的景象，也能够通过虚拟重构技术展示出古址残缺部分。而且，该软件还具备路线规划的功能，为游客量身定制专属的旅行方案。同年韩国推出了“I Tour Seoul”智慧旅游服务系统，该系统为游客提供的掌上移动旅游信息服务平台可根据用户当前位置提供相关的景点、餐厅、旅游路线。2012 年比利时首都布鲁塞尔推出了基于智能手机的“标识都市”项目，通过采用近距高频无线通信芯片，制成带条码的不干胶，粘贴遍及布鲁塞尔大街小巷的博物馆、名胜古迹、商铺及餐馆。游客只需用智能手机在 i-nigma 网站下载条码扫描器，即可在布鲁塞尔随时随地扫描“标识都市”不干胶，方便地获取相关历史文化介绍、购物优惠以及线路导航。另外美国知名的在线旅游平台 Priceline、Expedia、Sabre 都可以提供旅游售票、路线规划、酒店预订等智慧旅行服务，是综合性的旅游出行平台。

在国内，2010 年江苏省镇江市最早提出了“智慧旅游”的概念，并且开展了“智慧旅游”项目建设。2011 年南京市启动 “智慧旅游”建设，“南京游客助手”等客户端已开发成功并投入使用。同年上海推出手机导游 iTravels，以多媒体方式展现旅游景点的相关信息，并拥有基于地理位置的配套综合服务。2015 年我国先后印发《关于促进智慧旅游发展的指导意见》和《关于进一步促进旅游投资和消费的若干意见》，这表明我国对智慧旅游建设的重视。从智慧旅游在国内萌芽开始，全国各省市都在持续打造自己特色品牌的智慧旅游产品。除了政府主导的旅游信息发布平台或 App 之外，当前国内也有各种各样的互联网旅游平台企业，例如携程、去哪儿、飞猪、途牛、驴妈妈、马蜂窝、艺龙、同城旅游等。通过移动客户端及在线平台为旅游服务供应商提供技术基础设施，并通过网站及移动客户端的全平台覆盖为游客随时随地提供国内外机票、酒店、度假、旅游团购及旅行信息的深度搜索和旅行线路智能推荐，帮助游客找到性价比较高的产品，提供较优质的旅行资讯和便捷的预订服务。

在以上的旅游平台系统及 App 产品中，关于智慧旅游，最重要的一个技术就是位置推荐。位置推荐是关乎旅游线路选择、旅游产品推荐、人流预测等一系列应用层面问题的基础。本章将着重叙述旅游服务中基于位置服务的个性化位置推荐和位置序列推荐[2-8]。

在基于位置的推荐中，一个重要的概念是兴趣点(point of interests，POI)，它是物理世界中一个有意义的位置，例如公园或者商场等，通常表示为一个带有坐标和类别标记的位置，因此在物理世界中存在大量兴趣点。在本章中，一个“位置”默认表示一个兴趣点。当用户访问一个位置时，可以做一个标记，产生一条记录并将其发布在虚拟空间中，称之为签到(check-in)。当前手机、GPS 导航系统等位置感知设备的普及促进了基于位置服务(如微博、Foursquare、Gowalla)的快速发展，如此庞大的来自移动设备的带有地理标签的数据，为我们理解和分析用户兴趣和行为，给用户提供更好的服务提供了支持。

在学术界，研究者已经提供了多种位置推荐方法。例如，文献[9]提出了两种典型的位置推荐方法：大众推荐和个性化推荐。其中，大众推荐忽略用户的个性化偏好，向用户推荐某地理空间内最有趣的位置。而个性化推荐则是利用一种树形层次图来构建用户的访问序列，并且利用基于超文本诱导的主题搜索(hyperlink-induced topic search，HITS)模型来推断用户对某区域中特定位置的偏好程度。另外，还有许多个性化位置推荐方法被陆续提出。例如，在文献[10]中，一种增强的协同过滤方法被用来实现餐馆推荐。在文献[11]中，一种基于位置的偏好相关的推荐系统被提出，用来推荐某地区范围内的一系列景点。在文献[12]和[13]中，用户偏好、社会影响和地理影响都被应用于位置推荐当中。然而，尽管一个用户在物理世界中访问过很多兴趣点，他在网络空间中留下的签到记录是极少的。基于这些稀疏的签到数据向用户提供准确的服务推荐是一个值得研究的问题。

另外，除了单个位置推荐之外，我们有时还希望推荐一条位置序列。为了向用户推荐位置序列，研究者主要基于两类数据展开研究：GPS 轨迹数据和带有地理标签的社交媒体数据。前者主要利用历史的 GPS 轨迹来推断流行的路径[14-18]，但它们不能够灵活地提供个性化的路径。随着移动设备和基于位置的社交网络的流行，利用带有地理标签的社交媒体数据的路径规划得到了工业界和学术界的密切关注。许多研究者利用移动社交应用数据展开路径规划的相关研究[19-25]，例如名为 BFA 和名为 Trip-Mine+的个性化位置序列推荐(personalized trip recommendation，PTR)方法[26,27]。另外还有一些文献提出了多种不同的路径规划模型和算法，例如在文献[28]中，同时采用了带有地理标签的社交媒体数据和 GPS 轨迹数据这两类数据。文献[29]利用用户通话记录数据，采用动态贝叶斯网络的方法，融合相似用户的移动模式，预测用户的下一个位置，但是只能预测历史出现过的位置，无法预测新位置。文献[30]设计了基于深度学习的位置预测方法。然而，上述方法均不能快速实现带有约束的位置序列的规划。在个性化位置序列推荐中，访问位置所花费的总金额和总时间可被视作代价，放置在约束条件中，而通过位置序列分数和多样性刻画的质量可被视作收益。因此，从这种意义上来说，个性化位置序列推荐问题可以归属于定向越野比赛问题[31]。然而，个性化位置序列推荐问题同时又具有独有的特征：

① 如果一个位置在不同的时间段被访问，那么它的收益是不同的。

② 在规划过程中，位置序列多样性被考虑，它需要通过计算未被访问过的位置与已经被选择的每一个位置之间的相似性来求得。

由于以上特征，所以不能够使用现有的运筹学方法直接求解个性化的位置序列推荐问题，因此需要设计新的求解该问题的规划算法。

所以本章在 7.2 节和 7.3 节分别介绍一种基于协同张量分解(collaborative tensor factorization，CTF)的个性化位置推荐方法和一种基于划分的协同张量分解(partition based collaborative tensor factorization，PCTF)方法，用以解决基于稀疏数据的精准推荐和张量分解耗时较长的难题。在 7.4 节给出一种基于最大边缘相关的位置序列推荐方法，在推荐过程中，不仅考虑位置序列的相关性，还同时考虑其多样性，快速完成位置序列的规划过程。

7.2 基于协同张量分解的位置推荐

个性化的位置推荐，目的在于按照用户的显式和隐式兴趣，向用户提供一个有序的位置列表[32]。实际上，尽管一个用户在物理世界中访问过很多兴趣点，他在网络空间中留下的签到记录是极少的。因此，基于这些稀疏的签到数据向用户提供准确的服务推荐是一个值得研究的问题。

目前，已经有很多研究工作试图解决上述问题。例如，许多基于协同过滤(collaborative filtering，CF)及矩阵分解(matrix factorization，MF)的方法已经得到了许多研究者的关注[33-37]。这些方法具有较高的预测准确性和可扩展性，但很少考虑诸如时间因素等其他上下文，而时间因素对于提高个性化位置推荐的准确性是非常必要的。

本节给出了一个协同张量分解的通用框架，可以用于多元关系预测以及基于上下文的推荐。基于该框架，一个 n 阶张量与多个上下文特征矩阵同时分解，条件是这个张量必须与每一个特征矩阵至少共享一个因子[38]。本节中，将个性化位置推荐建模为张量中缺失值的预测问题。另外，我们不仅仅考虑用户、位置和时间段之间的关联，还考虑类别分布、时间分布以及位置两两之间的关系。在此基础上，利用预测值作为某时间段内用户对某位置的评分，按照该评分向用户准确推荐位置。

具体来说，首先将用户签到行为建模为一个三阶的“用户-位置-时间段”张量，用来刻画不同的用户、时间段以及位置之间的关联关系。同时，从时间分布、类别分布和位置关联特征三个不同的角度，分别提取特征并构建相应的特征矩阵。然后，采用协同张量分解方法重构用户的位置偏好。最后，利用微博位置网站的用户签到数据集进行实验并对所提方法进行评估，结果表明：与基于时间切片的“用户-位置”矩阵分解方法相比，“用户-位置-时间段”张量与三个上下文特征矩阵协同分解的方法能够给出更加准确的评分预测结果，从而获得更加准确的位置推荐结果。

7.2.1 协同张量分解方法

张量分解方法已经被广泛应用于城市计算中[39]，例如，为了实现不同类别的推荐，结合额外信息(如活动之间的关联性、位置的地理特征等)的上下文相关的张量分解方法被采用[40-42]，结合兴趣点数据、交通特征以及加油站的上下文特征，来推断城市的燃油情况[43, 44]，通过上下文相关的张量分解方法来估计没有访问过的路段在当前时间段的旅行耗时。基于张量分解方法，利用 311 投诉数据以及社交媒体、路网数据和兴趣点数据等，来获得纽约每个区域一天不同时段上的细粒度噪声分布情况[45]。据我们所知，基于协同张量分解的位置推荐方法还未被提出。

为了提高个性化位置推荐效果，研究者考虑多种上下文因素，提出了许多上下文相关的推荐模型。Zheng 等[46]采用 GPS 数据以及不同位置的评论来发现有趣位置及用户感兴趣的活动，从而用于推荐。Cheng 等[47]把地理、社会的影响融合到位置推荐中。然而，现有的这些方法缺少一个能够综合建模这些上下文因素的统一框架。

首先，给出常用符号的定义：R 表示实数集合，R^+ 表示正实数集合，$N=\{0,1,2,\cdots\}$ 表示自然数集合，另外，$N^+=N\setminus\{0\}$，$N_k=\{0,1,2,\cdots,k\}$，$N_{k^+}=\{1,2,\cdots,k\}$，$k\in N^+$。

下面首先给出位置、签到的定义以及位置推荐的问题描述，然后给出位置推荐问题的模型。

定义 7.1　位置

$P=[P_{\mathrm{id}},L_1,L_2,C_1,C_2,\cdots,C_k]$表示一个位置，其中：

① P_{id} 是位置的唯一标识；

② L_1 和 L_2 分别表示位置的纬度和经度；

③ C_1～C_k 表示位置所属的 k 个类别。

一个位置是物理世界中的一个有意义的位置，例如商场或者电影院等。通常，一个位置会属于一个或者多个类别，例如娱乐、交通、教育、餐饮、政府、商场、运动以及旅游等。

定义 7.2　签到

$c_i=[\mathrm{UC}_{\mathrm{id}},U_{\mathrm{id}},P_{\mathrm{id}},T]$表示一个签到，其中：

① $\mathrm{UC}_{\mathrm{id}}$、$U_{\mathrm{id}}$ 和 P_{id} 分别表示一个签到、一个用户和一个位置的唯一标识；

② T 是一个时间戳。

在诸如 Foursquare 和微博等基于位置的社交网络中，当用户到达某个位置时，可以对相应位置进行标记，即生成一个签到。

定义 7.3　位置推荐

给定一个签到集合 $\mathrm{CI}=\{\mathrm{ci}_1,\mathrm{ci}_2,\cdots,\mathrm{ci}_n\}$，向用户提供前 k 个位置的有序列表 $\mathrm{LP}=(P_1',P_2',\cdots,P_k')$ 称为位置推荐。

位置推荐的目的是按照用户在不同时间段对不同位置的偏好，向用户提供位置列表。为了得到用户在不同时间段对不同位置的偏好，将此问题形式化为对缺失评分的预测问题。假设签到频率能够刻画用户的访问偏好，对某个位置的签到频率越高说明用户对该位置越喜欢[48]。基于该假设，对于某位置的签到频率可以用来估计用户对于位置的访问偏好程度。

在位置推荐中，最为核心的问题是用户对于位置的评分的预测，在本章中，位置的评分预测问题被刻画为张量中缺失值的填充问题，并利用基于张量分解的方法来实现。

下面给出一个张量模型的示例，如图 7.1 所示。其中，三阶张量 $X \in R^{5\times4\times3}$ 的三阶分别表示用户、位置和时间段。该“用户-位置-时间段”张量能够通过三种方式进行扁平化而得到三个矩阵,如图 7.1 中右边所示。X 中每个实体 $X(i,j,k)$ 的值表示用户 u_i 在时间段 t_k 内对位置 p_j 的签到频率。给定 X，用户 u_i 在时间段 t_k 内对于不同的位置的签到频率分布可以通过检索向量 $X(i,j,k)\left(j \in N_4^+\right)$ 得到。基于 $X(i,j,k),\left(i \in N_5^+\right)$，在时间段 t_k 内，也可以按照 p_j 对用户进行排序。同时，也可以按照所有签到 $\sum_{i=1}^{5}\sum_{k=1}^{3}X_{ijk}$ 对位置进行排序。

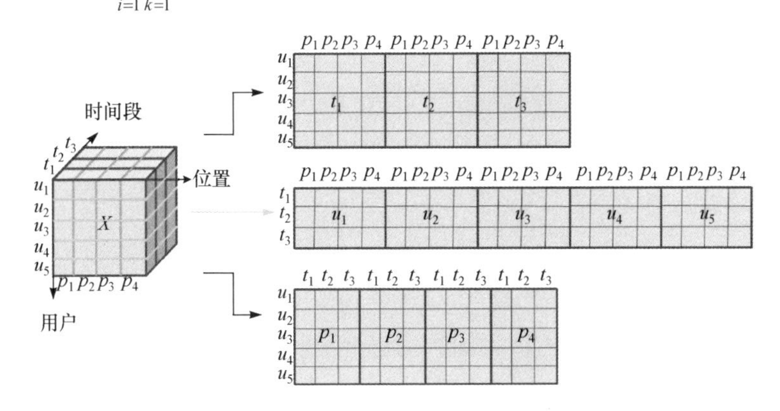

图 7.1　“用户-位置-时间段”张量实例

下面具体介绍协同张量分解方法。

1. n 阶张量分解

为了填充原始张量中的缺失值，n 阶张量分解是一种常用的方法，它通常可以定义为：给定一个 n 阶张量 $X \in \mathbb{R}^{D_1\times D_2\cdots\times D_n}$，基于 X 中的非零元素可以将其分解为一个核心张量 $G \in \mathbb{R}^{k_1\times k_2\cdots\times k_n}$ 和多个(低秩)矩阵 $M_1 \in \mathbb{R}^{D_1\times k_1}, M_2 \in \mathbb{R}^{D_2\times k_2},\cdots, M_n \in \mathbb{R}^{D_n\times k_n}$ 的乘积，用以重构原始张量，而其中的每个元素可以通过下面公式计算得到，即

$$\hat{x}_{d_1,d_2,\cdots,d_n} = G \times_1 \left(M_1\right)_{d_{1^*}} \times_2 \left(M_2\right)_{d_{2^*}} \times_3 \cdots \times_n \left(M_n\right)_{d_{n^*}} \tag{7-1}$$

下面，依次分析 n 阶张量分解的损失函数、正则项和优化的目标函数，进而给出它的分解算法。

(1) 损失函数

首先，类比于矩阵分解[49, 50]，定义 n 阶张量分解的损失函数为

$$\Phi(\hat{x},x)=\frac{1}{\|D\|_1}\sum_{d_1,d_2,\cdots,d_n}D_{d_1,d_2,\cdots,d_n}l\left(\hat{x}_{d_1,d_2,\cdots,d_n},x_{d_1,d_2,\cdots,d_n}\right) \tag{7-2}$$

其中

$$D_{d_1,d_2,\cdots,d_n}=\begin{cases}1, & x_{d_1,d_2,\cdots,d_n}\text{在}X\text{中可观测}\\ 0, & \text{其他}\end{cases} \tag{7-3}$$

式(7-2)中，$l:\mathbb{R}\times x\to\mathbb{R}$ 表示面向单个元素的损失项，用元素的观测值和预测值之间的距离来计算，$\hat{x}_{d_1,d_2,\cdots,d_n}$ 可以通过式(7-1)求得。整体的损失 Φ 仅定义在张量 X 中的可观测值上。损失函数 l 可以有如下几种选择：

① 平方误差

$$l(\hat{x},x)=\frac{1}{2}(\hat{x}-x)^2,\quad \partial_{\hat{x}}l(\hat{x},x)=\hat{x}-x$$

② 绝对误差

$$l(\hat{x},x)=|\hat{x}-x|,\quad \partial_{\hat{x}}l(\hat{x},x)=\operatorname{sgn}[\hat{x}-x]$$

③ ε-敏感的损失

$$l(\hat{x},x)=\max(0,|\hat{x}-x|-\varepsilon),\quad \partial_{\hat{x}}l(\hat{x},x)=\begin{cases}\operatorname{sgn}[\hat{x}-x], & |\hat{x}-x|>\varepsilon\\ 0, & \text{其他}\end{cases}$$

这里并没有列出所有的损失函数可选情况。例如，可能的损失函数还包括 Huber 损失函数和 Hinge 损失函数等[51]，它们在探索隐式信息的情况下非常有用[52]。

(2) 正则项

如果只是简单地最小化一个损失函数，常常会导致过拟合问题。因此，为了避免过拟合，通常会添加因子的 L_2 范数作为正则项。对于矩阵来说，该范数也通常被认为是 Frobenius 范数，一般用符号 $\|\cdot\|_F$ 表示，为了简化，用 $\|\cdot\|$ 来替代。则有

$$\Omega[M_1,M_2,\cdots,M_n]:=\frac{1}{2}\left[\lambda_1\|M_1\|^2+\lambda_2\|M_2\|^2+\cdots+\lambda_n\|M_n\|^2\right] \tag{7-4}$$

采用相似的方式，针对核心张量 G，也可以利用 L_2 范数作为正则项，即

$$\Omega[G]:=\frac{1}{2}\left[\lambda_0\|G\|^2\right] \tag{7-5}$$

这里，也可以采用 L_1 范数作为正则项，这样可以求得稀疏解[53, 54]，即

$$\Omega[M_1,M_2,\cdots,M_n]:=\sum_{d_1,k_1}\left|(M_1)_{d_1,k_1}\right|+\sum_{d_2,k_2}\left|(M_2)_{d_2,k_2}\right|+\cdots+\sum_{d_n,k_n}\left|(M_n)_{d_n,k_n}\right| \tag{7-6}$$

由于采用 L_1 范数作为正则项，即使能够求得稀疏模型，但其优化却是不平凡

的，而且在优化的过程中，需要大量的隐含参数。因此，常常采用L_2范数作为正则项。

(3) 优化的目标函数

综合损失函数和正则项，得到优化问题的目标函数为

$$
\begin{aligned}
&L(G, M_1, M_2, \cdots, M_n) \\
&= \Phi(\hat{X}, X) + \Omega[G] + \Omega[G, M_1, M_2, \cdots, M_n] \\
&= \frac{1}{\|D\|_1} \sum_{d_1, d_2, \cdots, d_n} D_{d_1, d_2, \cdots, d_n} l(\hat{x}_{d_1, d_2, \cdots, d_n}, x_{d_1, d_2, \cdots, d_n}) \\
&\quad + \frac{1}{2}\left[\lambda_0 \|G\|^2\right] + \frac{1}{2}\left[\lambda_1 \|M_1\|^2 + \lambda_2 \|M_2\|^2 + \cdots \lambda_n \|M_n\|^2\right]
\end{aligned}
\tag{7-7}
$$

目前，有许多方法可以用来最小化式(7-7)中的目标函数。在矩阵分解中，子空间下降法是一种非常流行的方法，它也可以被用于张量分解。在子空间下降法中，优化其中一个组件时，保持剩余组件固定不变，如此对模型的各个部分进行迭代优化。例如，保持除了M_1之外的矩阵和张量不变的同时，优化矩阵M_1，然后再保持除了M_2之外的矩阵和张量不变时，优化矩阵M_2，并以此类推。这种方法能够快速收敛，但是需要将优化过程设置为批量形式。

当数据集规模增长，利用批量优化解决分解问题变得不太可行。相反，采用简单的在线算法，给定一个$x_{d_1, d_2, \cdots, d_n}$，该算法在$(M_1)_{d_1*}, (M_2)_{d_2*}, \cdots, (M_n)_{d_n*}$这些因子中执行随机梯度下降(stochastic gradient descent，SGD)。为了计算随机梯度下降中的更新过程，需要计算目标函数关于各个组件的梯度。首先，给出损失函数对于各个组件的梯度

$$
\begin{aligned}
&\partial_{(M_1)_{d_1*}} l(\hat{x}_{d_1, d_2, \cdots, d_n}, x_{d_1, d_2, \cdots, d_n}) \\
&= \partial_{\hat{x}_{d_1, d_2, \cdots, d_n}} l(\hat{x}_{d_1, d_2, \cdots, d_n}, x_{d_1, d_2, \cdots, d_n}) \times \partial_{(M_1)_{d_1*}} \hat{x}_{d_1, d_2, \cdots, d_n} \\
&= (\hat{x}_{d_1, d_2, \cdots, d_n} - x_{d_1, d_2, \cdots, d_n}) \times \partial_{(M_1)_{d_1*}} \left[G \times_1 (M_1)_{d_1*} \times_2 (M_2)_{d_2*} \times_3 \cdots \times_n (M_n)_{d_n*}\right] \\
&= (\hat{x}_{d_1, d_2, \cdots, d_n} - x_{d_1, d_2, \cdots, d_n}) \times \left[G \times_2 (M_2)_{d_2*} \times_3 \cdots \times_n (M_n)_{d_n*}\right]
\end{aligned}
\tag{7-8}
$$

同理，可以计算求得

$$
\partial_{(M_1)_{d_1*}} l(\hat{x}_{d_1, d_2, \cdots, d_n}, x_{d_1, d_2, \cdots, d_n}) = (\hat{x}_{d_1, d_2, \cdots, d_n} - x_{d_1, d_2, \cdots, d_n}) \times \left[G \times_2 (M_2)_{d_2*} \times_3 \cdots \times_n (M_n)_{d_n*}\right]
$$

$$
\partial_{(M_2)_{d_2*}} l(\hat{x}_{d_1, d_2, \cdots, d_n}, x_{d_1, d_2, \cdots, d_n}) = (\hat{x}_{d_1, d_2, \cdots, d_n} - x_{d_1, d_2, \cdots, d_n}) \times \left[G \times_1 (M_1)_{d_1*} \times_3 \cdots \times_n (M_n)_{d_n*}\right]
$$

$$\cdots$$

$$\partial_{(M_n)_{d_n*}} l\left(\hat{x}_{d_1,d_2,\cdots,d_n}, x_{d_1,d_2,\cdots,d_n}\right) = \left(\hat{x}_{d_1,d_2,\cdots,d_n} - x_{d_1,d_2,\cdots,d_n}\right) \times \left[G \times_1 (M_1)_{d_1*} \times_2 \cdots \times_{n-1} (M_{n-1})_{d_{n-1}*}\right]$$

$$\partial_G l\left(\hat{x}_{d_1,d_2,\cdots,d_n}, x_{d_1,d_2,\cdots,d_n}\right) = \left(\hat{x}_{d_1,d_2,\cdots,d_n} - x_{d_1,d_2,\cdots,d_n}\right) \times \left[(M_1)_{d_1*} \otimes (M_2)_{d_2*} \otimes \cdots \otimes (M_n)_{d_n*}\right]$$

其中，$\otimes$ 表示矩阵的 Kronecker 积，也称为直积或者张量积，两个矩阵的 Kronecker 积仍然是一个矩阵。

所以，可以计算整个目标函数关于各个因子的梯度，下面举例给出。由于 $\partial_{(M_1)_{d_1*}} \Omega[G] = 0$，且

$$\begin{aligned}\partial_{(M_1)_{d_1*}} \Omega[M_1, M_2, \cdots, M_n] &= \partial_{(M_1)_{d_1*}} \left\{\frac{1}{2}\left[\lambda_1 \|M_1\|^2 + \lambda_2 \|M_2\|^2 + \cdots + \lambda_n \|M_n\|^2\right]\right\} \\ &= \lambda_1 (M_1)_{d_1*}\end{aligned}$$

因此

$$\begin{aligned}\partial_{(M_1)_{d_1*}} L(G, M_1, M_2, \cdots, M_n) &= \partial_{(M_1)_{d_1*}} \left\{\Phi\left(\hat{X}, X\right) + \Omega[G] + \Omega[G, M_1, M_2, \cdots, M_n]\right\} \\ &= \partial_{(M_1)_{d_1*}} \Phi\left(\hat{X}, X\right) + \lambda_1 (M_1)_{d_1*}\end{aligned}$$

另外，由于 $\partial_G \Omega[G] = \lambda_0 G$，且 $\partial_G \Omega[M_1, M_2, \cdots, M_n] = 0$，则

$$\partial_G L(G, M_1, M_2, \cdots, M_n) = \partial_G \Phi\left(\hat{X}, X\right) + \lambda_0 G$$

因此，基于上面的计算和推理，可以给出张量分解的优化过程，如算法 7.1 所示。算法每次只是访问矩阵 $M_i\left(i \in N^+\right)$ 的其中一行，因此算法易于实现。另外，给定不重叠的张量元素子集，通过独立执行更新，算法很容易实现并行化。算法规模与张量中的元素个数 K 和因子 M_i 的维度呈线性关系，因此算法的复杂度为 $O\left(KD_1D_1 \cdots D_n\right)$。

算法 7.1　n 阶张量的分解算法

输入：张量 X，维度 $D_1, D_2, \cdots, D_n$，阈值 ε

输出：核心张量 G，矩阵 $M_i\left(i \in N^+\right)$

1. 初始化 $X \in \mathbb{R}^{D_1 \times D_2 \times \cdots \times D_n}$，$G \in \mathbb{R}^{K_1 \times K_2 \times \cdots \times K_n}$，$M_i \in \mathbb{R}^{D_i \times K_i}$ $\left(i \in N^+\right)$
2. 设置 η 为步长，$t = t_0$
3. **if** $\text{Loss}_t - \text{Loss}_{t+1} > \varepsilon$ **then**
4. 　对张量 X 中的观测值 $x_{d_1,d_2,\cdots,d_n}$，执行下面步骤
5. 　$\eta \leftarrow \frac{1}{\sqrt{t}}$，$t \leftarrow t+1$
6. 　$\hat{x}_{d_1,d_2,\cdots,d_n} = G \times_1 (M_1)_{d_1*} \times_2 (M_2)_{d_2*} \times_3 \cdots \times_n (M_n)_{d_n*}$

7. $(M_1)_{d_1*} \leftarrow (M_1)_{d_1*} - \eta\lambda_1 (M_1)_{d_1*} - \eta\partial_{(M_1)_{d_1*}} l\left(\hat{x}_{d_1,d_2,\cdots,d_n}, x_{d_1,d_2,\cdots,d_n}\right)$

8. $(M_2)_{d_2*} \leftarrow (M_2)_{d_2*} - \eta\lambda_2 (M_2)_{d_2*} - \eta\partial_{(M_2)_{d_2*}} l\left(\hat{x}_{d_1,d_2,\cdots,d_n}, x_{d_1,d_2,\cdots,d_n}\right)$

9. $\cdots$

10. $(M_n)_{d_n*} \leftarrow (M_n)_{d_n*} - \eta\lambda_n (M_n)_{d_n*} - \eta\partial_{(M_n)_{d_n*}} l\left(\hat{x}_{d_1,d_2,\cdots,d_n}, x_{d_1,d_2,\cdots,d_n}\right)$

11. $G \leftarrow G - \eta\lambda_0 G - \eta\partial_G l\left(\hat{x}_{d_1,d_2,\cdots,d_n}, x_{d_1,d_2,\cdots,d_n}\right)$

12. **else**

13. 输出 G ，矩阵 $M_i\left(i \in N^+\right)$

上面给出的是通用的n阶张量分解过程，一般情况下，为了简便，常常直接将分解误差的目标函数定义为

$$L(G, M_1, M_2, \cdots, M_n) = \frac{1}{2}\left\|X - G \times_1 M_1 \times_2 M_2 \times_3 \cdots \times_n M_n\right\|^2 + \frac{\lambda}{2}\left(\|G\|^2 + \sum_{i=1}^{n}\|M_i\|^2\right) \tag{7-9}$$

为了方便表示，采用$\|\cdot\|$表示L_2范数，$\times$表示矩阵乘，$\times_i$表示张量-矩阵乘法，其中下标i表示张量的第i阶，$G \in \mathbb{R}^{K_1 \times K_2 \times \cdots \times K_n}$是一个张量，$M_i \in \mathbb{R}^{D_i \times K_i}$是一个矩阵，它们的乘积是$\left(G \times_i M_i\right) \in \mathbb{R}^{K_1 \times \cdots \times K_{i-1} \times D_i \times K_{i+1} \times \cdots \times K_n}$，其中矩阵与张量的乘积中的元素满足$\left(G \times_i M_i\right)_{k_1 \cdots k_{i-1} d_i k_{i+1} \cdots k_n} = \sum_{k_i=1}^{K_i} x_{k_1 \cdots k_{i-1} d_i k_{i+1} \cdots k_n} m_{d_i k_i}$。式(7-9)的第一部分控制分解误差，第二部分是正则项，目的是为了避免过拟合。参数λ表示正则项的权重。通常情况下，$K_1 \sim K_n$的值都较小。采用算法 7.1，通过最小化目标函数可以得到较优的矩阵$M_1 \sim M_n$。然后可以利用下式预测出X中的缺失值，即

$$X_{\text{rec}} = G \times_1 M_1 \times_2 M_2 \times_3 \cdots \times_n M_n \tag{7-10}$$

以上就是n阶张量进行分解的具体过程，下面将研究如何实现张量与多个矩阵的协同分解。

2. 协同张量分解

由于原始张量非常稀疏，仅仅利用其中的非零元素来预测张量中的缺失值，很难保证结果的准确性。在文献[55]中，为了提高预测准确性，提出了一种协同矩阵分解方法，利用一种关系中的信息来预测另一种关系。当一个元素参与多个关系时，多个矩阵可以同时进行分解，且因子矩阵之间共享参数。基于该想法，可以在对一个张量进行分解时，同时分解多个特征矩阵，从而在预测张量中的缺失值时可以达到较高的准确性。

给定一个 n 阶张量 $X \in \mathbb{R}^{D_1 \times D_2 \times \cdots \times D_n}$ 和多个特征矩阵 $F_1 \sim F_m$，这里同时分解张量 X 和特征矩阵 $F_1 \sim F_m$。值得注意的是，每个特征矩阵 F_i 至少有一阶出现在张量 X 中。

① 如果 F_i 与 X 共享一阶，那么 $F_i \in \mathbb{R}^{D_i \times F_i}$ 可以分解为两个矩阵的乘积，即 $F_i = F_{i1} \times F_{i2}$，其中 $F_{i1} \in \mathbb{R}^{D_i \times K_i}$ 和 $F_{i2} \in \mathbb{R}^{K_i \times F_i}$ 是 F_i 的低秩潜在因子，张量 X 和矩阵 F_i 共享矩阵 F_{i1} 或者 F_{i2}。

② 如果矩阵 F_i 的两阶都属于张量 X，那么 $F_i \in \mathbb{R}^{D_i \times D_j}$ 可以分解为两个矩阵的乘积，即 $F_i = F_{i1} \times F_{i2}$，其中 $F_{i1} \in \mathbb{R}^{D_i \times K_i}$ 和 $F_{i2} \in \mathbb{R}^{K_i \times D_i}$ 是 F_i 的低秩潜在因子，张量 X 和矩阵 F_i 共享矩阵 F_{i1} 和 F_{i2}。

对于协同张量分解来说，其目标函数可以定义为

$$
\begin{aligned}
&L\left(G, M_1, \cdots, M_n, F_{11}, \cdots, F_{m1}, F_{12}, \cdots, F_{m2}\right) \\
&= \frac{1}{2}\left\|X - G \times_1 M_1 \times_2 \cdots \times_n M_n\right\|^2 + \sum_{i=1}^{m} \frac{\lambda_i}{2}\left\|F_i - F_{i1} \times F_{i2}\right\|^2 \\
&\quad + \frac{\lambda_0}{2}\left(\|G\|^2 + \sum_{i=1}^{n}\|M_i\|^2 + \sum_{i=1}^{m}\left(\|F_{i1}\|^2 + \|F_{i2}\|^2\right)\right)
\end{aligned} \tag{7-11}
$$

其中，$\left\|X - G \times_1 M_1 \times_2 \cdots \times_n M_n\right\|^2$ 和 $\left\|F_i - F_{i1} \times F_{i2}\right\|^2$ 分别用来控制 X 和矩阵 F_i 的误差；$\|G\|^2 + \sum_{i=1}^{n}\|M_i\|^2 + \sum_{i=1}^{m}\left(\|F_{i1}\|^2 + \|F_{i2}\|^2\right)$ 用的是正则项；$\lambda_i\left(i \in \mathbb{N}_m\right)$ 为参数，用于表示协同分解过程中每部分的权重。如果 $\lambda_i = 0$，本小节的模型将转化为原始的 Tucker 分解方法[56-58]。由于特征矩阵 F_i 与张量 X 至少共享一个因子，那么对于特征矩阵因子 $F_{ij}\left(i \in \mathbb{N}_m^+, j \in \mathbb{N}_2^+\right)$，它与某个 $M_k\left(k \in \mathbb{N}_n^+\right)$ 是相同的。

为了解决优化问题，采用梯度下降方法来寻找局部最优解。本小节采用的是一种 element-wise 优化算法[59]，每次都独立地更新张量中的每一个元素。完成分解之后，利用式(7-10)预测张量中的元素。

协同张量的分解算法与 n 阶协同张量的分解算法的实现过程相似，只是因为两者的目标函数有所不同，所以对各个因子求导的计算结果略有不同，在这里不再赘述，其具体的步骤可参考算法 7.1。

7.2.2 基于协同张量分解的位置推荐方法

本小节将给出一种基于协同张量分解的位置推荐方法，首先给出方法框架，然后分别阐述原始张量的构建方法、特征矩阵的提取过程以及协同张量分解算法。

(1) 方法框架

图 7.2 展示了基于协同张量分解的位置推荐方法的基本框架，其主要包含三层结构：数据采集及预处理、张量构建和分解、个性化位置推荐。

首先，从微博位置和大众点评网站上采集用户的签到数据及位置信息，然后对数据进行预处理及过滤，抽取出实验数据集。

其次，利用抽取出的数据，构建一个原始张量和三个特征矩阵，然后利用协同张量分解方法预测张量中的缺失值，对张量进行重构。

最后，从重构张量中查询用户在不同时间段对不同位置的评分，并基于此向用户推荐一个有序的位置列表。

由于第二层是推荐方法的核心部分，因此接下来将对张量的构建和分解进行详细介绍。

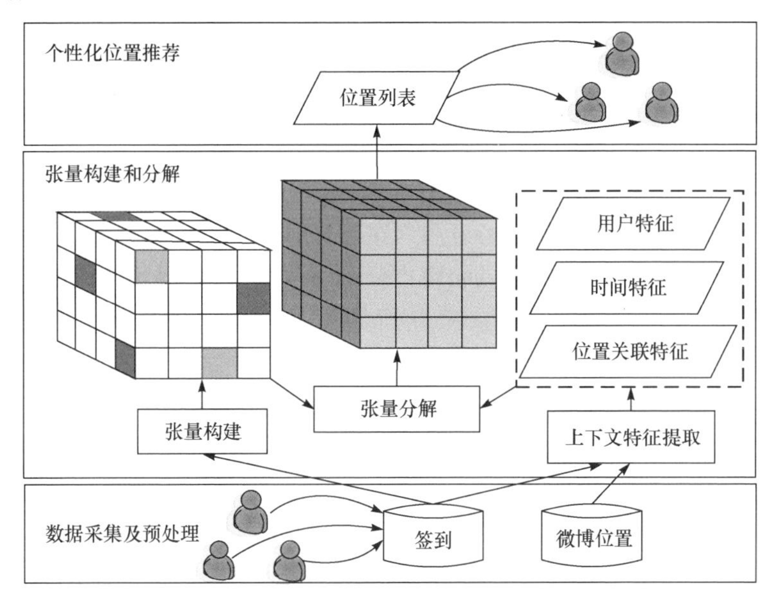

图 7.2　基于协同张量分解的位置推荐方法的基本框架

(2) 原始张量的构建方法

将用户在不同时间段对不同兴趣点的偏好建模为一个三阶张量 $X \in \mathbb{R}^{N \times M \times T}$，其中，$N$、$M$ 和 T 分别表示用户、位置和时间段的数目，如图 7.1 所示。

用户：$U = [u_1, u_2, \cdots, u_i, \cdots, u_N]$ 表示 N 个不同的用户；

位置：$P = [p_1, p_2, \cdots, p_i, \cdots, p_M]$ 表示用户访问过的 M 个不同的兴趣点；

时间段：$T = [t_1, t_2, \cdots, t_i, \cdots, t_T]$ 表示 T 个不同的时间段。

将每一天划分为相同的时间段，因此时间维数是固定的。本小节将一天划分为 24 个时间段，例如“8am～9am”是一个时间段。通过将很长时期内的签到情况投影到一天当中，可以计算该时期内一天当中每个时间段内的签到频率。因此，元素 $X(i,j,k)$ 表示的是很长一段时期内，用户 u_i 在时间段 t_k 内对位置 p_j 的签到频率(即偏好评分)。为了便于分解，张量 X 中的每个元素的取值范围是 $[0,1]$。

(3) 特征矩阵的提取过程

由于构建的“用户-位置-时间段”张量 X 过于稀疏，仅仅基于其自身的非零元素进行分解不能产生准确的预测结果。为了应对这个问题，在此提取三个分别反映用户、时间和位置关联的特征矩阵，并将其视作上下文。这三个特征矩阵记为 F_1、F_2 和 F_3，分别描述了不同用户之间的偏好关联、不同时间段之间的时间关联以及不同位置之间的共现关联特征。

① 用户特征 $F_1 \in \mathbb{R}^{N\times L}$ 是一个“用户-位置类别”矩阵，其中 $F_1(i,j)$ 表示用户 u_i 在位置类别 c_j 中的签到频率。矩阵 F_1 给出了用户在不同位置类别(如娱乐、商场、酒店)中的签到分布，它能够反映两个用户在类别偏好上的相似性。直观来讲，具有相似的类别偏好特征的用户可能具有相似的位置签到情况。

② 时间特征 $F_2 \in \mathbb{R}^{T\times N}$ 是一个“时间段-用户”矩阵，其中 $F_2(i,j)$ 表示用户 u_j 在时间段 t_i 内的签到频率。F_2 通过用户在不同时间段上的签到分布揭示了不同时间段之间的关联性。具有相似的用户分布的两个时间段可能具有相似的签到情况。

③ 位置关联特征 $F_3 \in \mathbb{R}^{M\times M}$ 是一个“位置-位置”矩阵，其中 $F_3(i,j)$ 描述了位置 p_i 和 p_j 之间的共现关联性，可以通过公式 $F_3(i,j)=\left|U^i \cap U^j\right|$ 计算求得，其中 $U^i\left(U^j\right)$ 表示在 $p_i\left(p_j\right)$ 签到过的用户集合，$|U|$ 表示集合 U 中元素的个数。然后，将矩阵 F_3 中每个元素的值在 $[0,1]$ 区间上进行标准化。一旦关联关系确定，可以通过用户历史签到记录来推测其他位置的访问概率。

(4) 协同张量分解算法

基于前面介绍的张量构建和特征提取方法，在此构建了一个表示“用户-位置-时间段”的原始张量 $X \in \mathbb{R}^{N\times M\times T}$ 和三个特征矩阵：表示“用户-位置类别”的矩阵 $F_1 \in \mathbb{R}^{N\times L}$、表示“时间段-用户”的矩阵 $F_2 \in \mathbb{R}^{T\times N}$ 和表示“位置-位置”的矩阵 $F_3 \in \mathbb{R}^{M\times M}$。

张量 X 和三个特征矩阵 F_1～F_3 同时分解，这三个特征矩阵分别与张量的不同阶有关联。F_1 与 X 共享因子 M_1，F_2 与 X 共享因子 M_2，F_3 与 X 共享因子 M_1 和 M_3。采用 7.2.1 节中介绍的协同张量分解方法，模型的目标函数可以定义为

$$
\begin{aligned}
& L\left(G, M_1, M_2, M_3, F_{11}, F_{12}, F_{21}, F_{22}, F_{31}, F_{32}\right) \\
& =\frac{1}{2}\left\|X-G \times_1 M_1 \times_2 M_2 \times_3 M_3\right\|^2+\sum_{i=1}^3 \frac{\lambda_i}{2}\left\|F_i-F_{i1} \times F_{i2}\right\|^2 \\
& +\frac{\lambda_0}{2}\left(\|G\|^2+\sum_{i=1}^3\left\|M_i\right\|^2+\sum_{i=1}^3\left(\left\|F_{i1}\right\|+\left\|F_{i2}\right\|\right)\right)
\end{aligned} \tag{7-12}
$$

由于矩阵 $F_1 \sim F_3$ 与张量 X 在分解过程中共享因子，则 $F_{11}=M_1$， $F_{12} \in \mathbb{R}^{K_1 \times C}$， $F_{21}=M_2$， $F_{22}=M_2^{\mathrm{T}}$， $F_{31}=M_3$， $F_{32}=M_1^{\mathrm{T}}$。因此，目标函数为

$$
\begin{aligned}
& L\left(G, M_1, M_2, M_3, F_{12}\right) \\
& =\frac{1}{2}\left\|X-G \times_1 M_1 \times_2 M_2 \times_3 M_3\right\|^2+\frac{\lambda_1}{2}\left\|F_1-M_1 \times F_{12}\right\|^2 \\
& +\frac{\lambda_2}{2}\left\|F_2-M_2 \times M_2^{\mathrm{T}}\right\|^2+\frac{\lambda_3}{2}\left\|F_3-M_3 \times M_1^{\mathrm{T}}\right\|^2 \\
& +\frac{\lambda_0}{2}\left(\|G\|^2+\sum_{i=1}^3\left\|M_i\right\|^2+\left\|F_{12}\right\|^2\right)
\end{aligned} \tag{7-13}
$$

然后，采用 element-wise 梯度下降优化算法来求解此优化问题。

最后，通过 $X_{\text{rec}}=G \times_1 M_1 \times_2 M_2 \times_3 M_3$ 重构张量 X，可以得到每个用户在不同时间段对不同位置的偏好(即预测值)，因此按照用户偏好可以向他推荐一个有序的位置列表。

7.2.3 性能评估

1. 实验设计

(1) 实验环境

数据处理过程采用 Java 编程语言及 Matlab 工具、MySQL 数据库，机器配置为 Windows7 的 64 位操作系统、Intel i7-2600 处理器、8GB RAM。张量分解基于 Matlab 张量工具包 TensorToolbox。

(2) 数据收集及分析

数据集来源于两个国内公开访问的网站：微博位置网站(http://place.weibo.com)和大众点评网站(http://www.dianping.com/)。微博网站是一个深受用户喜爱的社交网络平台。在该平台上，用户能够方便地获取、传播以及即时分享信息，而且能够组建个人社区，并建立朋友关系。微博网站原名“新浪微博”，自 2009 年 8 月开始内测，于 2012 年正式上线新浪微博“位置服务接口”，为第三方提供基于“位置服务”与“兴趣图谱”的多维度位置服务，同时对外提供应用程序编程接口，供第三方开发者调用并完成位置应用的开发。大众点评网站成立于 2003

年，是一个独立第三方消费点评网站，能够提供包括商户信息、消费点评及优惠等各种信息服务，此外，还可以提供线上到线下(online to offline，O2O)交易服务，例如商品团购、餐馆预订等。

微博位置服务平台为了方便开发者开发更多接入微博服务的应用，开放了应用程序编程接口，可以用于获取微博位置上的数据。微博位置的应用程序编程接口参考了 Twitter，提供了丰富的数据访问接口，用以获取微博内容、评论、用户信息、签到以及转发、社交关系等。为了获取实验数据，本小节设计了一个微博签到数据的采集系统，利用应用程序编程接口来获取微博位置的数据。系统的功能模块主要包括：用户 ID 爬取模块、签到数据爬取模块、位置信息爬取模块，具体的系统架构如图 7.3 所示。

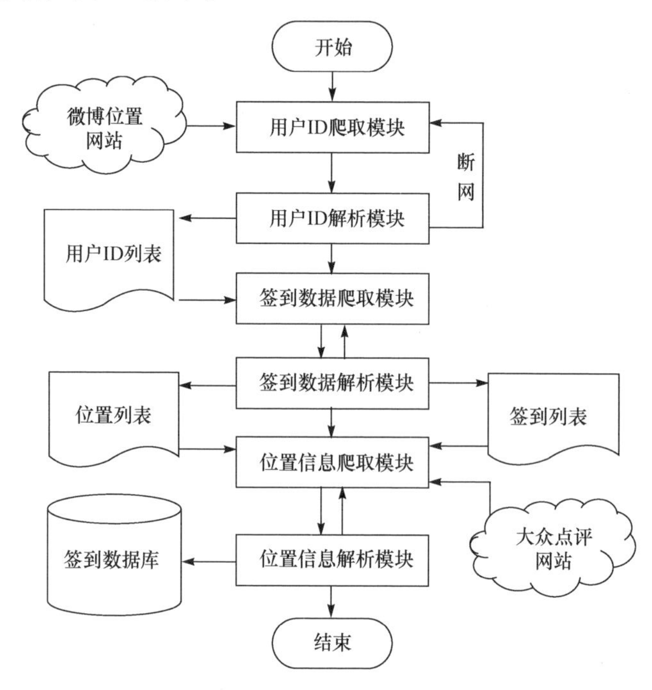

图 7.3　微博位置签到数据采集系统架构图

系统中使用的微博位置应用程序编程接口主要有相关的附近读取接口、用户读取接口和地点读取接口，如表 7.1 所示。

表 7.1　数据采集系统使用的主要应用程序编程接口

	功能	接口
附近读取接口	获取附近地点	place/nearby/poi
	获取附近发位置微博的人	place/nearby/user

续表

	功能	接口
用户读取接口	获取基于位置服务内的用户信息	place/users/show
	获取用户签到过的地点列表	place/users/checkins
	获取在某个地点签到的人的列表	place/pois/user
地点读取接口	获取地点详情	place/pois/show
	获取地点分类	place/pois/category

采用上述微博位置签到数据采集系统，我们爬取了微博位置中包括 2012 年 12 月 1 日～2014 年 9 月 25 日期间，390,000 位用户在上海地区 90,000 个位置的 6.94 亿条签到信息。对于每个位置，抓取它的描述信息，包括 ID、地理坐标(位置的经度、纬度)及位置类别。对于没有类别标记的位置，我们利用大众点评网站中对应的类别信息进行补充。对于每个签到，它的描述信息除了签到、用户、位置的 ID 之外，还包括时间戳。图 7.4 展示了 MySQL 数据库中的签到数据示例，一条完整的签到记录包含了签到用户 ID，签到时间，签到位置 ID，位置经度、纬度、类别等。

de_1 @sinaweibo (localhost_3306) - 表

文件　编辑　查看　窗口　帮助

导入向导　导出向导　筛选向导　网格查看　表单查看　备注　十六进制　图像　升序排序　降序排序　移除排序　自定义排序

userid	venueid	venuename	longitude	lattitude	categc	city	rid	categorys	category_narr	checkin_u	check_time	cat_a	cat_b	cat_c
212249757	B2094655D36CA2F44693	上海南站	121.42971	31.15507	38	21	38	19 38	公交车站	9996	2012-10-20 12:53:34	上海生活服务	交通	火车站
212249757	B2094750D36BA7FC409B	梅赛德斯-奔驰文	121.493168	31.190006	646	21	646	258 646	文化体育类公	19837	2012-10-20 19:51:59	上海休闲娱乐	文化艺术	演出场馆
212249757	B2094654DA68A3FD479F	上海杜莎夫人蜡	121.47367	31.23468	183	21	183	169 183	展览馆	4829	2012-10-21 10:38:52	上海休闲娱乐	文化艺术	更多文化艺
212249757	B2094655D36DA6FD449F	虹桥火车站	121.32152	31.19268	38	21	38	19 38	公交车站	80237	2012-10-21 13:53:57	上海生活服务	交通	火车站
212249757	B2094655D26BA2F54698	浦东机场	121.80565	31.15022	21	21	21	19 21	飞机场	122572	2013-10-05 06:31:16	上海生活服务	交通	机场旅客区
212249757	B2094655D36DA6FD449F	虹桥火车站	121.32152	31.19268	38	21	38	19 38	公交车站	80237	2013-10-09 05:37:10	上海生活服务	交通	火车站
212848601	B2094654D564AAF44099	李先生加州牛肉	121.45462	31.24691	68	21	0	64 68	快餐厅	26	2013-06-01 18:25:16	上海餐厅	小吃快餐	面馆
212848601	B2094757D064A3FA499B	江秋新苑	121.17115	31.104343	47	21	47	44 47	住宅区	205	2013-06-10 14:25:20	上海生活服务	小区	小区
212848601	B2094757D064A3FA499B	江秋新苑	121.17115	31.104343	47	21	47	44 47	住宅区	205	2013-06-10 17:56:22	上海生活服务	小区	小区
212848601	B2094757D064A3FA499B	江秋新苑	121.17115	31.104343	47	21	47	44 47	住宅区	205	2013-06-12 01:03:54	上海生活服务	小区	小区
215646358	B2094655D26BA2F54698	浦东机场	121.80565	31.15022	21	21	21	19 21	飞机场	122629	2013-07-23 16:02:21	上海生活服务	交通	机场旅客区
215646358	B2094655D26BA2F54698	浦东机场	121.80565	31.15022	21	21	21	19 21	飞机场	122629	2013-08-06 14:48:51	上海生活服务	交通	机场旅客区
215646358	B2094655D26BA2F54698	浦东机场	121.80565	31.15022	21	21	21	19 21	飞机场	122629	2013-08-26 14:53:21	上海生活服务	交通	机场旅客区
218164670	B2094757D06EABF5439F	山茶花韩国家庭	121.467467	31.204069	96	21	96	64 93 96	韩国料理	1983	2013-10-25 14:46:22	上海餐厅	韩国料理	韩国料理
218164670	B2094655D36DA6FF489D	上海梅赛德斯-孛	121.49779	31.1796	248	21	248	169 248	生活娱乐	6956	2013-10-26 23:36:50	上海休闲娱乐	文化艺术	演出场馆
218164670	B2094655D26BA2F54698	浦东机场	121.80565	31.15022	21	21	21	19 21	飞机场	122535	2013-10-27 16:58:16	上海生活服务	交通	机场旅客区
224411632	B2094757D06FA1F4489B	好乐迪量贩式KT	121.3782058	31.108289	170	21	170	169 170	KTV	1100	2012-12-07 23:15:36	上海休闲娱乐	娱乐	KTV

图 7.4　MySQL 数据库中的签到数据示例

由于每个用户的签到行为具有随机性和不确定性，而且签到数据总量非常庞大和稀疏，为了准确评估本小节的方法，从中抽取一个小数据集用于实验，具体的数据筛选步骤如下：筛选出签到次数大于 500 的用户；从筛选出的数据中，删除被签到次数不到 50 次的位置相关的所有签到记录。

经过预处理及数据过滤之后，得到实验数据集，包括 131 位用户在 106 个不同位置上产生的 17,469 条签到记录。经过统计，微博位置的数据是非常稀疏的，95%以上的用户每人的签到次数不超过 20 次，而且超过 93%的位置被签到的次数不超过 10 次。

本小节以一个小时作为一个时间段，构建的“用户-位置-时间段”张量大小为 131×106×24。尽管该张量是基于预处理过的数据集构建的，它仍然非常稀疏，其中只有 0.98%的元素是非零的。

(3) 试验方法

为了评估所给出的位置推荐方法，本小节利用提取的数据集进行实验，并将协同张量分解方法与带时间分片的矩阵分解方法(matrix factorization approach with time slicing，TMF)[60]进行比较。两种方法的目的都是获得每个用户在不同时间段对每个位置的评分。

带时间分片的矩阵分解方法的实现步骤为：将所有的签到记录投影到一天中；按照时间戳将所有的签到记录划分为 24 个子集，例如假设一个签到的时间戳为 8:08，那么它将被划分到时间段“8:00～9:00”子集中；为每个时间段构建一个“用户-位置”评分矩阵，共 24 个矩阵；利用矩阵分解方法为每个“用户-位置”矩阵填充缺失值。

协同张量分解方法的实现步骤为：利用 7.2.1 节介绍的协同张量分解方法同时分解所构建的“用户-位置-时间段”张量和三个特征矩阵。

本小节利用两个度量标准来评估方法的性能，分别是均方根误差(root mean square error，RMSE)和平均绝对误差(mean absolute error，MAE)，假设 y_{rec} 是预测值，y 是真实值，n 表示元素个数。均方根误差和平均绝对误差分别为

$$\text{RMSE}=\sqrt{\frac{\sum_{i=1}^{n}\left(y_i-\left(y_{\text{rec}}\right)_i\right)^2}{n}} \tag{7-14}$$

$$\text{MAE}=\frac{\sum_{i=1}^{n}\left|y_i-\left(y_{\text{rec}}\right)_i\right|}{n} \tag{7-15}$$

在实验中，利用奇异值分解 $(k=10)$ 实现带时间分片的矩阵分解方法，并且利用 element-wise 梯度下降优化算法求解协同张量分解优化问题。设置 $\varepsilon=0.02$，总共进行了 10 组实验，每组实验包含 10 次子实验，在每次子实验中，随机选择 70%的元素作为训练数据，剩余 30%作为验证数据。子实验完成后，记录 10 次子

实验的均方根误差值和平均绝对误差值，作为这组实验的结果。

2. 实验结果及分析

采用上述实验设计中提取的数据集，按照实验设计方法分别对协同张量分解方法和带时间分片的矩阵分解方法进行实验，表 7.2 展示了两种方法的性能比较结果。

表 7.2 协同张量分解方法和带时间分片的矩阵分解方法的性能比较

序号	均方根误差		平均绝对误差	
	带时间分片的矩阵分解方法	协同张量分解方法	带时间分片的矩阵分解方法	协同张量分解方法
1	0.55772	0.06847	0.47885	0.02297
2	0.55945	0.06966	0.48139	0.02270
3	0.55319	0.07097	0.47471	0.02318
4	0.54972	0.07168	0.47186	0.02346
5	0.55971	0.06396	0.48180	0.02154
6	0.55579	0.07152	0.47936	0.02340
7	0.55491	0.07023	0.47613	0.02306
8	0.55342	0.07068	0.47483	0.02321
9	0.55972	0.06961	0.48159	0.02266
10	0.55590	0.06566	0.47815	0.02160

作为评价指标的均方根误差和平均绝对误差二者的值越小，说明预测结果越好。因此，从表 7.2 中可以看出，协同张量分解方法优于带时间分片的矩阵分解方法，原因是带时间分片的矩阵分解方法仅仅利用了“用户-位置”评分矩阵的分解，而忽略了不同时间段之间的关联，而协同张量分解方法所构建的张量中不仅考虑了时间关联性，而且还利用了额外的用户、位置和时间段特征。

7.3 基于划分的协同张量分解的位置推荐

7.2 节给出的协同张量分解方法能够提供较准确的推荐,但是对采集的微博位置签到数据进行统计和分析之后可以看出，用户签到数据量非常少，并且十分稀疏。在 2012 年 12 月 1 日至 2014 年 9 月 25 日期间，95%以上的用户每个人的位置签到次数不超过 20 次，而且超过 93%的位置被签到的次数不超过 10 次。基于用户签到数据所构建的原始张量规模庞大且数据稀疏，使得对整个张量直接进行协同张量分解耗时较长，且直接对整个张量进行处理是没有必要的，因为许多用户、时间段或者位置具有相似的特征。因此，可以利用相似对象的信息来进行推荐，这也是协同过滤的主要思想。

为了进一步提升推荐准确性和效率，本节给出一种基于划分的协同张量分解方法，充分考虑用户(或时间段、位置)之间的关联程度。首先，针对张量的各阶上的实体分别进行聚类,并基于聚类结果对原始张量和相应的特征矩阵进行划分。其次，将协同张量分解方法应用于各个子张量及相应的子特征矩阵，进行张量的缺失值预测。最后，按照预测结果对用户进行个性化位置推荐。

7.3.1 问题描述

在介绍基于划分的协同张量分解的位置推荐算法之前，首先介绍一下与其密切相关的研究工作——基于块(block)的张量分解和聚类算法，并且与 7.2 节类似，给出相关的问题描述。

(1) 基于块的张量分解

在实际应用中，有两个广泛使用的基于 Matlab 的张量操作工具箱：一个是针对稀疏数据的 Tensor 工具箱，另一个是针对密集数据的 N-way 工具箱[61]。另外，由于张量分解的高代价问题，研究人员提出了各种基于块的算法和系统，并将诸如基于 Map-Reduce[62]、基于采样[63]的并行策略应用于张量的分解过程中[64]。在文献[65]中，一种考虑用户关注点的个性化张量分解方法被提出，用来提高预测准确性，降低分解所耗费的时间。基于这些工作，分别对原始张量的各阶进行聚类，根据聚类结果将张量及特征矩阵分别划分为多个子张量和子矩阵，然后对各个子张量和相应的子矩阵协同分解，重构各个子张量，最后通过子张量合并来重构原始张量。

(2) 聚类算法

聚类算法通常被用于无监督计算中。通过聚类，具有高相似度的数据会被划分为一组。聚类算法只将数据对象特征作为输入，而不需要任何标记信息。

K-means 聚类算法[66, 67]是一种非常简单且常用的方法，用来将一组数据实例划分成 k 组，每一组称为一个簇。该算法首先选择 k 个簇的中心点，然后进行迭代计算，最终将数据实例聚类成 k 个簇，具体流程如下：

① 将每个数据实例 I_i 标记为离它最近的簇中心点所在的簇；

② 将每个簇中心 CC_i 更新为该簇所含数据实例的平均值；

③ 当所有数据实例的簇标号不再变化时，算法收敛，计算结束。

(3) 问题描述

本小节中求解的仍然是针对用户签到数据构建的原始张量中缺失评分的预测问题，目标是进一步提高预测结果的准确性，并降低求解所需要的时间。因此，本小节采用分而治之的思想，将原始张量进行划分，下面给出一种张量划分的示例。

如果一个张量非常庞大且稀疏，张量中各实体之间的关联程度往往不同。例如，在如图 7.1 所示的“用户-位置-时间段”这个张量中，各个用户(位置、时间段)之间的相似度是不同的。基于协同过滤的思想，具有较高相似度的用户(位置、时间段)之间的相互影响更强。因此，为了获得更准确的张量缺失值预测结果，在进行协同张量分解之前，先分别对各阶进行聚类，进而根据聚类结果将张量划分成多个子张量。例如，针对图 7.1 所示的张量的各阶上的实体进行聚类，将用户聚类，形成$\{u_1,u_2\}$和$\{u_3,u_4,u_5\}$两个簇；将时间段聚类，形成$\{t_1\}$和$\{t_2,t_3\}$两个簇；将位置聚类，形成$\{p_1,p_2\}$和$\{p_3,p_4\}$两个簇。基于此聚类结果，图 7.1 所示的“用户-位置-时间段”张量可以被划分为 2×2×2=8 个子张量，如图 7.5 所示。

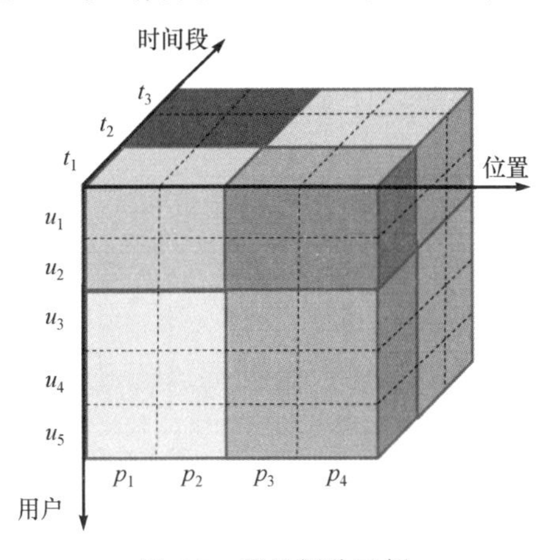

图 7.5　张量划分示例

7.3.2　基于划分的协同张量分解的位置推荐方法

1. *方法框架*

本小节给出一种基于划分的协同张量分解方法，用以完成个性化的位置推荐。图 7.6 展示了基于划分的协同张量分解的位置推荐方法的框架，图中 X_i，UF_i、PF_i、TF_i 分别表示第 i 个子张量，用户特征矩阵、位置关联特征矩阵、时间特征矩阵的第 i 个子矩阵。该框架共包含有四层，分别是：数据采集及预处理、张量构建和特征提取、张量划分和分解、个性化位置推荐。四个层次的主要功能为：

(1) 数据采集及预处理：从微博位置和大众点评网站上爬取用户的签到数据及位置信息，然后对数据进行预处理及过滤，得到实验数据集。

(2) 张量构建和特征提取：利用抽取出的数据，构建一个“用户-位置-时间段”三阶张量和三个特征矩阵。

(3) 张量划分和分解：分别对各阶中的实体进行聚类，利用聚类结果将张量及特征矩阵进行划分，针对每个子张量及其相应的子矩阵进行协同张量分解，从而实现对张量中缺失值的预测，重构张量。

(4) 个性化位置推荐：从重构张量中查询用户在不同时间段对不同位置的评分，并基于此向用户推荐一个有序的位置列表，完成个性化的位置推荐。

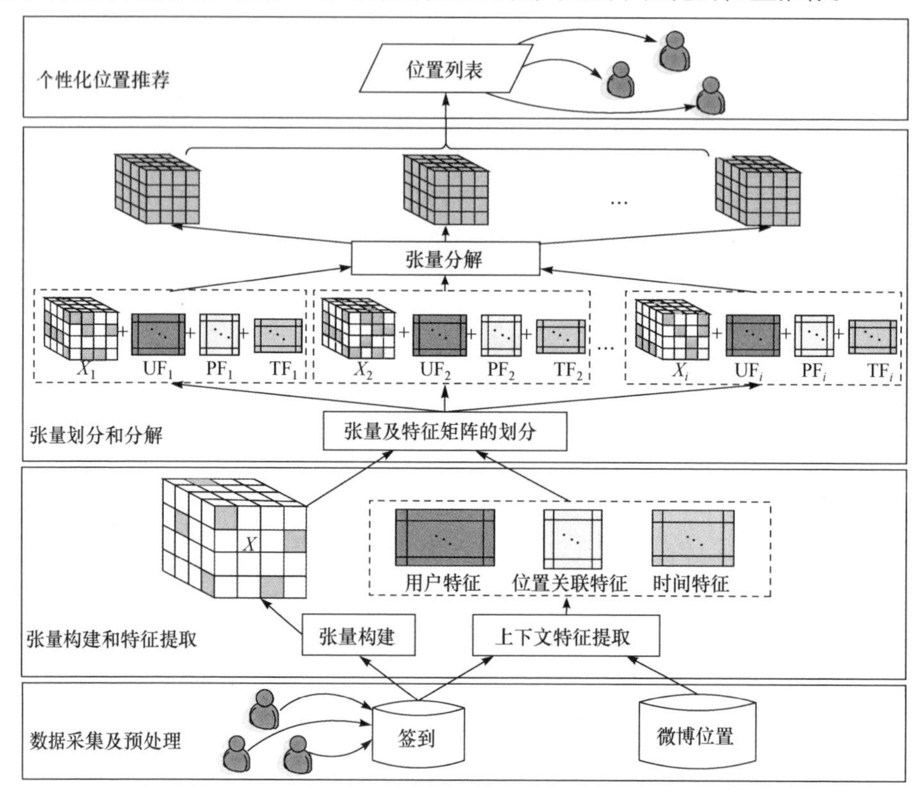

图 7.6　基于划分的协同张量分解的位置推荐方法的框架

2. 基于划分的协同张量分解方法

(1) 算法

对整个张量进行协同张量分解时，其结果是不够准确的，因为用户(或时间段、位置)之间的关联程度没有被考虑。因此，按照各阶中实体之间的相似度分别对各阶进行聚类，基于聚类结果将张量及特征矩阵进行划分，形成多个子张量和子特征矩阵，然后对各个子张量及相应的子矩阵进行协同张量分解，最终实现整个张量的缺失值的预测。本小节给出了基于划分的协同张量分解方法，见算法 7.2，其中 X 是“用户-位置-时间段”三阶张量，F_1、F_2 和 F_3 分别是用户特征矩阵、时间特征矩阵和位置关联特征矩阵。将一个特征向量视作一个实例，可以利用余弦距离来计算两两之间的相似度。

算法 7.2　基于划分的协同张量分解算法

输入：$X \in \mathbb{R}^{N\times M\times T}, F_1 \in \mathbb{R}^{N\times L}, F_2 \in \mathbb{R}^{T\times N}, F_3 \in \mathbb{R}^{M\times M}$

输出：$X_{\text{rec}} \in \mathbb{R}^{N\times M\times T}$

1. 基于特征矩阵 F_1、F_2 和 F_3，利用余弦距离分别计算用户、时间段和位置之间的相似度
2. 利用 K-means 算法分别对用户、时间段和位置进行聚类，形成的聚类个数分别为 N_u、N_t、N_p
3. 将原始张量 X 划分为 $N_u \times N_t \times N_p$ 个子张量，表示为 $S_i\left(i\in\left[1, N_u \times N_t \times N_p\right]\right)$
4. 将特征矩阵 F_1、F_2 和 F_3 分别划分为 N_u、N_t 和 N_p 个子矩阵
5. **for** 每个子张量 S_i 和相应的子特征矩阵 **do**
6. 　利用协同张量分解方法进行分解
7. 　重构子张量 S_i，得到张量 $S_{i_{\text{rec}}}$
8. **end for**
9. 将子张量 $S_{i_{\text{rec}}}\left(i\in\left[1, N_u \times N_t \times N_p\right]\right)$ 合并，得到预测张量 X_{rec}
10. **return** X_{rec}

(2) 复杂度

这里对基于划分的协同张量分解方法的复杂度进行分析。在算法 7.2 的第 2 行中，需要分别针对用户、时间段和位置的其中一个维度，利用 K-means 聚类算法进行聚类，其计算复杂度为 $O(I_1 N_u NN)+O(I_2 N_t TN)+O(I_3 N_p MM)$，其中 $I_i\left(i\in\{1,2,3\}\right)$ 表示迭代次数，N_u、N_t 和 N_p 分别表示用户、时间段和位置的簇的个数。如果直接将协同张量分解方法应用于原始张量(未划分过的整个张量)和矩阵，其计算复杂度为 $O(\mathbb{K}K_1K_2K_3r_u)$，其中 $\mathbb{K}$ 表示张量中元素的总个数，$K_i\left(i\in\{1,2,3\}\right)$ 和 r_u 分别表示因子 $M_i\left(i\in\{1,2,3\}\right)$ 和 F_1 的维度。然而，这里已经将张量和特征矩阵划分成了多个互不重叠的子张量和子矩阵。因此，对各个独立的子张量及相应的子矩阵执行协同张量分解的过程可以并行实现，这可以大大减少执行时间。

7.4　基于最大边缘相关的位置序列推荐

传统的位置推荐系统往往考虑旅行专家或者有经验用户的意见，而忽略了用户的个性化需求，所以会向不同的用户推荐相同的位置或者行程。但实际上，用户可以从网上查询关于地理特征、位置属性以及其他人对于某位置的评价等具体信息，只不过这往往会耗费用户大量的时间。幸运的是，基于位置的服务的广泛

应用，尤其是基于位置的社交网络的流行，积累了大量的诸如用户签到等带有地理位置标签的用户数据，从而为解决该问题提供了新的思路。同时，利用这些数据来完成个性化位置序列推荐也极具挑战。

① 在位置序列规划的过程中，多样性是一个应当考虑的重要因素。根据文献 [68]可知，受对新鲜事物好奇心的驱使，人们往往喜欢探索一些之前从未访问过的位置，而这种现象的根源是通过遗传因素嵌入在大脑中的，并且与多巴胺系统有关。特别地，如文献[69]指出，即使是在半年之后，每天仍然有超过 35%的位置访问发生在新的地方。这种新颖性探索的特征已被应用到了餐馆推荐系统中[70]。直观来讲，这种新颖性探索的特征在位置序列推荐中尤为显著，体现为位置序列的多样性。在以往的个性化位置序列推荐方法中，虽然考虑了位置序列的分数和多样性，然而多样性却并没有融合在位置序列规划过程中，因此不能保证推荐过程的公平性和灵活性。

由于多样性是位置序列推荐中需要考虑的一个重要因素，因此如何准确计算位置序列多样性仍是一个值得研究的问题。实际上，位置类别具有不同的粒度，通常表示为一个类别层级结构。Foursquare 社交网络中给出了一个两层的类别层级结构，该结构包含 8 个类别，其中每个类别又包含多个子类别。它的分类情况如下：在“艺术和娱乐”类别中包含了 17 个子类别；在“大学和学院”类别中包含了 23 个子类别；在“家庭、工作、其他”类别中包含了 15 个子类别；在“户外”类别中包含了 28 个子类别；在“夜生活场所”类别中包含了 20 个子类别；在“旅游场所”类别中包含了 14 个子类别；在“食物”类别中包含了 78 个子类别；在“商店”类别中包含了 45 个子类别。

在微博签到数据中，位置类别仍然具有不同的层级，为了方便讨论，考虑如图 7.7 所示的两层结构。相应地，类别可以自上而下分别称为 1 级类别和 2 级类别。因此，任何没有考虑位置类别层级结构的多样性计算方法都很难给出符合实际的准确的多样性评估结果。

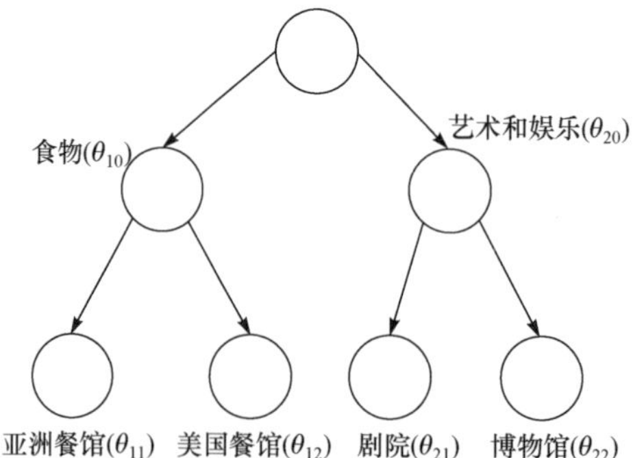

图 7.7　类别层级结构示例

② 在位置序列推荐中,如何根据用户偏好高效地为其提供个性化的位置序列是一个巨大的挑战。实际上，可以按照位置序列所花费的时间和包含的位置数目将其进行分类。基于其所花费的时间，可以将其分为两类：短时位置序列和长时位置序列。一个短时位置序列是指诸如工作人员周末白天所规划的一条花费几个小时的位置序列。而长时位置序列是指诸如蜜月旅行、假期出游或者环球旅行等需要花费几天甚至更长时间的位置序列。另一方面，基于位置序列中的位置的数目，可以将其分为位置数目少和位置数目多的序列。通常，一个繁华城市会有成千上万的位置。例如，在中国领先的本地生活信息及交易平台——大众点评网站上，北京和上海分别拥有 412,342 和 392,499 个位置。虽然可以采用并行计算技术来加速处理过程，但计算复杂度仍然是指数级的。比如利用 Trip-Mine$^+$算法，一条包含少于 10 个位置的短时位置序列能够在可接受时间范围内被规划出来。但是，规划一条超过 15 个位置的序列所花费的时间就已经超出了用户的容忍程度。因此，这个问题激发我们从智能优化角度寻求一种时间复杂度可接受的方法。Dorigo 等提出的蚁群优化算法[71-74]能够快速解决排列组合难题并得到了很好的结果。因此，基于蚁群优化算法，本小节给出了位置序列规划方法来高效地完成多位置数目的序列的推荐问题。

综上所述，本小节主要研究个性化位置序列推荐方法，给出一种基于最大边缘相关(maximal marginal relevance，MMR)的个性化位置序列推荐模型，它将位置序列相关性和多样性同时融合在规划过程中。特别地，基于预定义的类别层级结构，本小节给出一种新的位置相似度的计算方法，然后给出一种位置序列多样性评估策略，其结果更符合实际。为了能够高效地完成多位置数目的序列规划，设计了一种基于蚁群优化方法的位置序列规划算法。

7.4.1 问题描述

首先给出相关的问题描述，表 7.3 是本小节使用的符号及相应的描述。

表 7.3 符号及描述

符号	描述
α	蚁群算法中计算一条边的转移概率时，信息素的权重
β	蚁群算法中计算一条边的转移概率时，启发因子的权重
$\Gamma=\langle p_1,p_2,\cdots,p_m\rangle$	一条旅行路线，即一个位置序列
Γ_θ	Γ 中属于类别 θ 的所有位置的集合
$\Gamma_k(t)$	蚂蚁 k 在时刻 t 之前已经访问过的位置序列
$\delta_{ij}(t)$	时刻 t 时，边 e_{ij} 上的信息素数量

续表

符号	描述
$\Delta_{ij}^{k}(r)$	第 r 次迭代过程中，蚂蚁 k 留在边 e_{ij} 上的信息素数量
$\Delta_{ij}(r)$	第 r 次迭代过程中，边 e_{ij} 上的信息素增量
$\eta_{ij}^{k}(t)$	时刻 t 时，影响蚂蚁 k 选择边 e_{ij} 的启发因子
θ_{xy}	第 x 类别的第 y 个子类
Θ	所有类别的集合
Θ_{Γ}	位置序列 Γ 中各个位置所属类别的集合
λ	在计算位置序列的质量时，其相关性所占的权重
ξ_{Γ}	位置序列 Γ 的熵值
ρ	信息素的蒸发率
τ_i	在位置 p_i 的停留时间
τ_{ij}	从 p_i 到 p_j 的旅行时间
τ^r	第 r 次迭代花费的时间
ϕ_{ij}	p_i 和 p_j 的相似度
Φ	位置序列的集合
ω	正的常数，表示每条边上的信息素数量的初始值
Ω	正的常数，表示每只蚂蚁释放的信息素数量
$B_{\max}$	用户给出的预算最大值
c_i	访问 p_i 所需要的金额
C_{Γ}	访问 Γ 所需要的金额
$\mathbb{C}(u,\theta)$	用户 u 在类别 θ 中的位置上的所有签到集合
$\mathbb{C}(u,p_i,t)$	时间段 t 内，u 在 p_i 上的签到集合
d_{ij}	p_i 和 p_j 所属类别之间的距离
$d_{\max}$	类别之间距离的最大值
$d_{\min}$	类别之间距离的最小值
D_{Γ}	位置序列 Γ 的多样性值
D_{Γ}^{i}	基于位置第 i 级类别的熵计算得到的位置序列 Γ 的多样性值
e_{ij}	连接 p_i 和 p_j 的边

续表

符号	描述
$G=(P,E)$	一个无向图，其中 P 是节点(即位置)集合，E 是边的集合
k	第 k 只蚂蚁
K	所有满足时间和预算约束的位置序列中允许包含的位置个数的最大值
l_i	p_i 的类别所处于的层数
$l_{\max}$	类别层数的最大值
$m=\|\Gamma\|$	Γ 中包含的位置的个数
$n=\|P\|$	集合 P 中包含的元素个数
N	蚂蚁的总数量
$N_i(t)$	时刻 t 时，位于 p_i 的蚂蚁数量
$\mathbb{N}^+$	正整数集合
$\cdot p_i$	在 p_i 之前已经被访问过的位置集合
$\mathbb{P}_{ij}^k(r)$	时刻 t 时，对于蚂蚁 k 来说，从 p_i 到 p_j 的转移概率
$Q_\Gamma^u(t)$	用户 u 从时刻 t 出发访问 Γ 而得到的 Γ 的质量
r	第 r 次迭代
R	迭代总次数
s_{i1}^u	用户 u 对 p_i 的基于用户的位置评分
$s_{i2}^u(t)$	用户 u 在时刻 t 对 p_i 的基于时间的位置评分
$s_i^u(t)$	用户 u 在时刻 t 对 p_i 的评分
$S_\Gamma^u(t)$	用户 u 从时刻 t 出发访问 Γ 而得到的 Γ 的质量
t_i	到达 p_i 的时间
T_Γ	完成位置序列 Γ 所需的时间
$T_{\max}$	用户给出的时间最大值
u	一个用户
$U_k(t)$	$\Gamma_k(t)$ 中包含的位置的集合
$V_k(t)$	时刻 t 之前，未被蚂蚁 k 访问过的位置的集合

这里给出所要求解的问题中的相关定义。$G=(P,E)$ 表示刻画旅行区域的一个图，其中 $P=\{p_0,p_1,\cdots,p_n\}$ 是位置集合，$E=\{(p_i,p_j),p_i,p_j\in P\}$ 是边的集合，而 $e_{ij}=(p_i,p_j)(i\neq j)$ 表示连接位置 p_i 和 p_j 的边。令 τ_{ij} 表示从一个位置 p_i 到另一个位置 p_j 所需要花费的旅行时间。在本小节的图中，所有的边都是无向边，则有 $\tau_{ij}=\tau_{ji}$。令 τ_i 表示在 p_i 停留的时间。$\Gamma=\langle p_0,p_1,\cdots,p_m\rangle$ 表示 m 个位置的有序序列，也称为一个位置序列。在位置序列 Γ 中，其起始位置默认为缺省值 p_0。令 t_i 表示到达 p_i 的时间，则

$$t_i=t_{i-1}+\tau_{i-1}+\tau_{i-1,i} \tag{7-16}$$

其中，$i>0$，$p_i\in P$。

给定一个用户 u、出发时间 t 和一条位置序列 Γ，令 $S_\Gamma^u(t)$ 表示位置序列的评分，则

$$S_\Gamma^u(t)=\sum_{i=0}^{m}s_i^u(t_i) \tag{7-17}$$

表示用户 u 对于 Γ 的喜爱程度，并且满足 u 从 t 时刻出发。$s_i^u(t_i)$ 表示用户 u 在 t 时刻给 p_i 的评分。令 T_Γ 表示从位置 p_0 出发并最终回到 p_0，访问完整的 Γ 所需要花费的总时间，则

$$T_\Gamma=\sum_{i=1}^{m}\tau_i+\sum_{j=0}^{m}\tau_{j,j+1} \tag{7-18}$$

为了简化，假设 $p_{m+1}=p_0$，$\tau_{m,m+1}=\tau_{m0}$。

令 C_Γ 表示访问完整的 Γ 所需要花费的总金额，则

$$C_\Gamma=\sum_{i=1}^{m}c_i \tag{7-19}$$

其中，c_i 表示访问 p_i 所需要的金额。

下面通过一个例子对前面的概念进行解释说明。如图 7.8 所示，图中有 4 个位置和 10 条边。其中，p_0 是用户 u 的出发位置，$p_1\sim p_3$ 的属性如表 7.4 所示。θ_{xy} 表示第 x 个类别的第 y 个子类，其中 x 和 $y\left(x,y\in\mathbb{N}^+\right)$ 分别表示 1 级类别和 2 级类别的标号。为了方便，假设 θ_{x0} 表示 1 级分类中的第 x 个类别。从 p_0 出发的时间是 8:00，时间和预算最大值分别为 $T_{\max}=210$ (分钟)和 $B_{\max}=50$ (美元)。在后面的讨论中，将单位“分钟”和“美元”省略。在 p_1 的停留时间为 $\tau_1=30$，从 p_1 到 p_2 所花费时间为 $\tau_{12}=30$。因此有 $t_1=8:30$，$t_2=9:30$。假设 $s_1^u(8:30)=0.4$，

$s_2^u(9:30)=0.3$，那么对于 $\Gamma_1=\langle p_1,p_2\rangle$，它的评分为 $S_{\Gamma_1}=0.4+0.3=0.7$，旅行时间为 $T_{\Gamma_1}=\tau_{01}+\tau_1+\tau_{12}+\tau_2+\tau_{20}=140$，花费为 $C_{\Gamma_1}=c_1+c_2=20$。

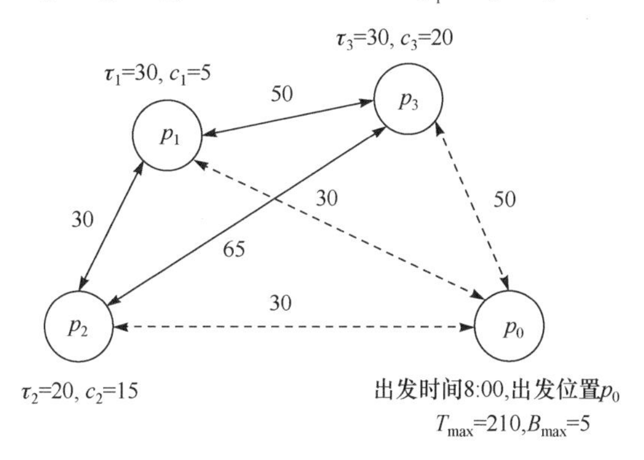

图 7.8　一个图的示例

表 7.4　p_0～p_3 的属性

位置	纬度	经度	金额	停留时间	1 级类别	2 级类别
p_0	31.19722	121.40930	10	20	θ_{10}	θ_{11}
p_1	31.23237	121.47140	5	30	θ_{10}	θ_{11}
p_2	31.23668	121.49905	15	20	θ_{10}	θ_{12}
p_3	31.23312	121.47188	20	30	θ_{20}	θ_{22}

由于每个用户的签到历史记录不同，那么即使在同一时间段，对于同一个位置，他们给予的评分也不同。表 7.5 给出了两个不同用户 u_1 和 u_2 对于四个不同的位置 p_0～p_3 在不同时间段内的评分情况。

表 7.5　用户 u_1 和 u_2 分别对 p_0～p_3 的评分

位置	在 24 个时间段内的位置评分									
	…	8:00～9:00		9:00～10:00		10:00～11:00		11:00～12:00		…
	…	u_1	u_2	u_1	u_2	u_1	u_2	u_1	u_2	…
p_0	…	0.1	0.3	0.05	0.4	0.4	0.1	0.05	0.1	…
p_1	…	0.4	0.1	0.3	0.1	0.02	0.3	0.3	0.3	…
p_2	…	0.2	0.5	0.3	0.1	0.2	0.1	0.05	0.1	…
p_3	…	0.05	0.5	0.05	0.2	0.3	0.05	0.1	0.05	…

为了给用户提供满足其偏好且具有多样性的位置序列，这里令 $Q_{\Gamma}^{u}(t)$ 表示用户 u 对 Γ 的质量评价，则

$$Q_{\Gamma}^{u}(t)=\lambda\times S_{\Gamma}^{u}(t)+(1-\lambda)\times D_{\Gamma} \tag{7-20}$$

其中，$\lambda\in[0,1]$ 和 $1-\lambda$ 分别表示在计算用户 u 对 Γ 的质量评价时，位置序列相关性和多样性所占的权重，λ 可以由用户按照其偏好进行调整。

因此，基于前面的相关定义，所要求解的个性化位置序列推荐问题可以描述为：给定一个用户 u，出发时间 t，最大时间 $T_{\max}$，最大预算 $B_{\max}$，位置序列相关性的权重 λ，目标是向用户提供一条具有最高质量值的位置序列。模型可以形式化表示为：目标 $\arg\max_{\Gamma} Q_{\Gamma}^{u}(t)$，满足

$$\begin{cases}T_{\Gamma}\leqslant T_{\max}\\ C_{\Gamma}\leqslant B_{\max}\end{cases} \tag{7-21}$$

其中，$\arg\max_{\Gamma} Q_{\Gamma}^{u}(t)$ 表示使得 $Q_{\Gamma}^{u}(t)$ 取得最大值的位置序列。

以上就是对于个性化的位置序列推荐问题的相关描述，针对此问题下面给出相应的求解方法。

7.4.2 个性化位置序列推荐方法

1. Trip-Mine^{+}算法

Trip-Mine^{+}中，如果 $T_{\Gamma}\leqslant T_{\max}$ 且 $C_{\Gamma}\leqslant B_{\max}$，其中 $T_{\max}$ 和 $B_{\max}$ 分别表示用户 u 能够为 Γ 花费的最大时间和支付的最大预算金额，那么称 $\Gamma=p_1,p_2,\cdots,p_m$ 为有效的位置序列。对于有效的位置序列 Γ，如果没有其他任何一条位置序列满足 $S_{\Gamma'}^{u}(t)>S_{\Gamma}^{u}(t)$，那么称 Γ 为最优的位置序列。

令 ξ_{Γ} 表示位置序列 Γ 的熵值，则

$$\xi_{\Gamma}=-\sum_{\theta\in|\Theta_{\Gamma}|}\left(\frac{|\Gamma_{\theta}|}{|\Gamma|}\times\log_{|\Theta|}\frac{|\Gamma_{\theta}|}{|\Gamma|}\right) \tag{7-22}$$

其中，$|\Theta|$ 表示所有位置类别总数，$|\Theta_{\Gamma}|$ 表示 Γ 中位置所属类别的个数，$|\Gamma_{\theta}|$ 表示 Γ 中属于类别 θ 的位置的个数。

在如图 7.8 所示的例子中，由于 $T_{\Gamma_1}=140\leqslant T_{\max}$ 且 $C_{\Gamma_1}=20\leqslant B_{\max}$，因此 Γ_1 是有效的位置序列。然而，$\Gamma_2=\langle p_1,p_2,p_3\rangle$ 不是有效位置序列，因为 $T_{\Gamma_2}=255>T_{\max}$。在图 7.8 中存在多条有效位置序列，如 $\langle p_1,p_2\rangle$ 和 $\langle p_2,p_3\rangle$。因为 Γ_1 的评分高于其他任何有效旅行线路或位置序列的评分，所以 Γ_1 是最优位置序列。利用 Trip-Mine^{+}算法，能够向用户提供具有最高评分的位置序列，但是其计算复杂度是指数级的。

如图 7.7 所示的类别层级结构中，共有两个 1 级类别和四个 2 级类别。其中，θ_{11} 和 θ_{12} 是 θ_{10} 的子类，而 θ_{21} 和 θ_{22} 是 θ_{20} 的子类。$\Gamma_1=\langle p_1,p_2\rangle$ 、$\Gamma_3=\langle p_2,p_3\rangle$ 和 $\Gamma_4=\langle p_0,p_1\rangle$ 是三条位置序列。

基于 1 级类别熵的多样性 D^1 为

$$D^1_{\Gamma_1}=D^1_{\Gamma_4}=-\left(\frac{2}{2}\times\log_2\frac{2}{2}\right)=0.0$$

$$D^1_{\Gamma_3}=-\left(\frac{1}{2}\times\log_2\frac{1}{2}+\frac{1}{2}\times\log_2\frac{1}{2}\right)=1.0$$

基于 2 级类别熵的多样性 D^2 为

$$D^2_{\Gamma_1}=D^2_{\Gamma_3}=-\left(\frac{1}{2}\times\log_4\frac{1}{2}+\frac{1}{2}\times\log_4\frac{1}{2}\right)=0.5$$

$$D^2_{\Gamma_4}=-\left(\frac{2}{2}\times\log_4\frac{2}{2}\right)=0.0$$

Γ_1 的多样性比 Γ_4 的多样性要高，因为 Γ_4 中的 p_0 和 p_1 都属于 2 级类别 θ_{11} 。Γ_3 的多样性比 Γ_1 的多样性要高，因为 Γ_1 中的 p_1 和 p_2 都属于 1 级类别 θ_{10}。但是，仅仅采用 D^1_Γ 或 D^2_Γ 不能同时区分出上述情况。为此，需要给出一种新的考虑类别相似度的多样性计算方法。

2. 方法框架

最大边缘相关方法[75]已经被很好地应用在了信息检索中基于多样性的文档重排序和多文档摘要中。个性化位置序列推荐方法在位置序列规划过程中考虑了时间和预算约束。尽管具有最高相关性的前 k 条位置序列在规划完成之后，又融合位置序列多样性进行重新排序，但是其筛选过程带来了不公平问题，因为许多具有很高多样性但是较低相关性的位置序列在第一个阶段就已经被排除掉了。为了解决这个问题，基于最大边缘相关方法，本节将位置序列相关性和多样性融合在位置序列规划中，给出了一种基于最大边缘相关的个性化位置序列推荐(maximal marginal relevance based personalized trip recommendation，MPTR)方法。下面介绍该方法的框架，框架包含两个模块：位置评分模块(离线阶段)和位置序列规划模块(在线阶段)。

离线阶段，基于位置类别，利用后文将要给出的定义 7.4 来计算位置相似度。另外，用户在不同时间段对位置的评分可以利用如偏好排序(ranking-by-preference，RBP)、时间标准化(normalized-by-time，NBT)等方法来计算得出。

偏好排序方法可以提供基于用户的位置评分，它统计用户在给定类别的位置

上的签到次数并将其归一化到$[0,1]$区间，可以通过下面公式计算得到，即

$$s_{i1}^{u}=\frac{\left|\mathbb{C}(u,\theta)\right|}{\arg_{\theta'\in\Theta}\max\left(\left|\mathbb{C}(u,\theta')\right|\right)} \tag{7-23}$$

其中，θ表示p_i所属的类别；$\left|\mathbb{C}(u,\theta)\right|$表示用户$u$在类别$\theta$中的位置上的签到总数。

时间标准化方法能够提供基于时间的位置评分，它统计位置在给定时间段内的签到次数并进行归一化，可以通过下面公式计算得到，即

$$s_{i2}^{u}(t)=\frac{\left|\mathbb{C}(u,p_i,\boldsymbol{t})\right|}{\arg_{t'\in\mathbb{T}}\max\left(\left|\mathbb{C}(u,p_i,\boldsymbol{t}')\right|\right)} \tag{7-24}$$

其中，$\mathbb{C}(u,p_i,\boldsymbol{t})$表示时刻$t$所属的时间段$\boldsymbol{t}$内，$u$在$p_i$上的签到总数；$\mathbb{T}$表示所有的时间段的集合。在此，一天被划分成24个时间段，即每一个小时被划定为一个时间段。

因此，用户u在时刻t对p_i的位置评分可以利用下面公式计算求得，即

$$s_{i}^{u}(t)=\gamma_1 s_{i1}^{u}+\gamma_2 s_{i2}^{u}(t) \tag{7-25}$$

其中，γ_1和γ_2分别表示基于用户的位置评分和基于时间的位置评分所占的权重，在此设置$\gamma_1=\gamma_2=0.5$。

在线阶段，当用户发出请求时，需要提供给用户满足约束条件的高质量的位置序列。与个性化位置序列推荐不同的是，本小节将位置序列多样性和相关性依据用户偏好融合成为质量函数，并将未知序列的质量作为位置序列规划的目标函数。为了提高规划效率，本小节给出了基于蚁群优化方法的位置序列规划算法，可以快速地向用户提供近似最优的位置序列。

位置序列相关性反映的是用户对于一条位置序列的兴趣度，可以通过位置序列的评分来求得，而多样性反映的是一条位置序列中位置之间的区别，可以利用位置相似度计算求得。

3. 多样性计算方法

在基于最大边缘相关的个性化位置序列推荐方法中，位置序列相关性可以利用式(7-16)定义的位置序列的评分来计算。为了更准确地计算位置序列多样性，在此给出一种新的多样性计算方法，称为基于位置相似度的多样性计算方法。首先，给出位置相似度的定义。

定义 7.4　位置相似度

给定两个位置p_1和p_2，它们之间的相似度可以通过下面公式来进行计算，即

$$\phi_{ij} = \frac{l_i + l_j}{2 \times l_{\max}} \times \frac{d_{\max} - d_{ij}}{d_{\max} - d_{\min}} \tag{7-26}$$

其中，l_i 和 l_j 分别表示 p_i 和 p_j 所属类别在类别层级结构中所处的层级；$l_{\max}$ 是类别层级的最大值；d_{ij} 表示 p_i 和 p_j 所属的类别在层级结构中的距离(即两个类之间最短路径的边数)；$d_{\max}$ 和 $d_{\min}$ 分别表示层级结构中类别两两之间距离的最大值和最小值。

假设 $\phi_{xy}^{x'y'}$ 表示类别 θ_{xy} 和 $\theta_{x'y'}$ 之间的相似度，那么也可以利用式(7-26)来对其进行计算。例如，在如图 7.7 所示的类别层级结构中，已知 $d_{\max} = 4$ 和 $d_{\min} = 0$，则

$$\phi_{11}^{10} = \frac{1+2}{2\times 2} \times \frac{4-1}{4-0} = \frac{9}{16} = 0.5625$$

$$\phi_{11}^{12} = \frac{2+2}{4} \times \frac{4-2}{4} = \frac{2}{4} = 0.5$$

$$\phi_{11}^{20} = \frac{1+2}{4} \times \frac{4-3}{4} = \frac{3}{16} = 0.1825$$

$$\phi_{11}^{22} = \frac{2+2}{4} \times \frac{4-4}{4} = 0.0$$

$$\phi_{10}^{20} = \frac{1+1}{4} \times \frac{4-2}{4} = 0.25$$

基于位置相似度，Γ 的多样性为

$$D_{\Gamma} = \begin{cases} \dfrac{\sum_{i=2}^{m}\left(1 - \max_{p_j \in \cdot p_i} \phi_{ij}\right)}{\left(|\Gamma| - 1\right)}, & |\Gamma| > 1 \\ 0, & \text{其他} \end{cases} \tag{7-27}$$

其中，$|\Gamma|$ 表示 Γ 中的位置数量；$\cdot p_i$ 表示 Γ 中，在访问 p_i 之前已经访问过的位置的集合。

对于图 7.8 所示的例子，利用式(7-27)计算 Γ_1、Γ_3 和 Γ_4 的多样性，分别有 $D_{\Gamma_1} = 0.5$、$D_{\Gamma_3} = 1.0$ 和 $D_{\Gamma_4} = 0.0$。因此，利用本小节给出的方法计算得到的多样性更符合实际，因为它能够很好地区分 Γ_1、Γ_3 和 Γ_4 的多样性。

4. 基于最大边缘相关的个性化位置序列推荐方法分析

在基于最大边缘相关的个性化位置序列推荐方法中，当选择位置序列中的下一个位置时，不仅要考虑位置评分，还要考虑待选择的位置与当前位置序列中包

含的各个位置之间的相似度，最终给用户提供具有最高质量的位置序列。

由于相关性和多样性被融合在了位置序列规划过程中，而且在计算位置序列质量时，两者的权重可以由用户根据自身偏好来调节，所以基于最大边缘相关的个性化位置序列推荐方法具有灵活性。通过下面的定理，可以证明由该方法推荐的位置序列的质量的值要高于个性化位置序列推荐方法。然而，基于最大边缘相关的个性化位置序列推荐方法获取最优位置序列的计算复杂度仍然是指数级的。

定理 7.1 如果 Γ_1 和 Γ_2 分别是由基于最大边缘相关的个性化位置序列推荐方法和个性化位置序列推荐方法推荐的，那么 $Q_{\Gamma_1}^u(t) \geqslant Q_{\Gamma_2}^u(t)$。

证明：假设 Φ 是满足用户约束条件的有效位置序列的集合，而且已知 $Q_{\Gamma}^u(t) = \lambda \times S_{\Gamma}^u(t) + (1-\lambda) \times D_{\Gamma}$，其中 $S_{\Gamma}^u(t)$ 和 D_{Γ} 分别表示位置序列的相关性和多样性。基于最大边缘相关的个性化位置序列推荐方法和个性化位置序列推荐方法的目标相同，都是寻找具有最高质量值 $\left(Q_{\Gamma}^u(t)\right)$ 的位置序列。

个性化位置序列推荐方法包含位置序列规划和重排序两个步骤。首先，在规划阶段，按照 $S_{\Gamma}^u(t)$ 排序后的前 k 条位置序列被筛选至子集 Φ' 中，且 $\Phi' \subseteq \Phi$。然后，将这 k 条位置序列按照 $S_{\Gamma}^u(t)$ 和 D_{Γ} 融合后的值重新排序。然而，基于最大边缘相关的个性化位置序列推荐方法直接将 $Q_{\Gamma}^u(t)$ 作为位置序列规划的目标函数。

由于 Γ_1 和 Γ_2 分别是由基于最大边缘相关的个性化位置序列推荐方法和个性化位置序列推荐方法提供的，对于 $\forall \Gamma' \in \Phi$，有 $Q_{\Gamma_1}^u(t) \geqslant Q_{\Gamma'}^u(t)$。对于 $\forall \Gamma'' \in \Phi'$，有 $Q_{\Gamma_2}^u(t) \geqslant Q_{\Gamma''}^u(t)$。如果 $\Gamma_1 \in \Phi'$，那么对于 $\forall \Gamma'' \in \Phi'$，有 $Q_{\Gamma_1}^u(t) \geqslant Q_{\Gamma''}^u(t)$，所以 $Q_{\Gamma_1}^u(t) = Q_{\Gamma_2}^u(t)$。如果 $\Gamma_1 \in \Phi - \Phi'$，由于 $\Gamma_2 \in \Phi'$，$\Phi' \subseteq \Phi$，那么 $\Gamma_2 \in \Phi$，所以 $Q_{\Gamma_1}^u(t) \geqslant Q_{\Gamma_2}^u(t)$。因此，结论成立。

下面，仍然以图 7.8 所展示的图为例来详细说明基于最大边缘相关的个性化位置序列推荐方法的实现过程。采用 Trip-Mine$^+$算法实现序列规划的具体步骤如图 7.9 所示。图中，节点 p_1 上的[5,90,8:30,0.4 (0.1),1.0,0.7 (0.55)]表示位置序列 $\langle p_1 \rangle$ 的属性，其中金额和时间分别为 5 和 90，到达 p_1 的时间为 8:30，用户 u_1 (u_2) 给予 p_1 的评分(即相关性)为 $0.4(0.1)$，$\langle p_1 \rangle$ 的多样性值为 1.0，当位置序列的相关性和多样性的权重相等时，用户 u_1 (u_2) 给予 p_1 的质量值为 $0.7(0.55)$。

在上述示例中共有两个用户，分别是 u_1 和 u_2。由于他们的签到记录不同，那么即使在同一时间段，对于同一个位置，他们赋予的评分也不同，如表 7.5 中所示。从起始位置 p_0 出发，经过一个节点，可以获得包含一个节点的位置序列，包括 $\langle p_1 \rangle$、$\langle p_2 \rangle$ 和 $\langle p_3 \rangle$。对于生成的每一条位置序列，首先判断其是否是一条有效位置序列，即计算其花费的总时间和总金额，判断是否超出约束条件。如果不是一条有效的位置序列，则将其删掉；否则，计算其相关性、多样性以及质量值。基于包含一个节点的有效位置序列，继续扩展，得到包含两个节点的位置序列，包括$\langle p_1,p_2\rangle$、$\langle p_1,p_3\rangle$、$\langle p_2,p_1\rangle$、$\langle p_2,p_3\rangle$、$\langle p_3,p_1\rangle$和$\langle p_3,p_2\rangle$。同样地，判定每一条位置序列是否是有效位置序列，并为有效位置序列计算相应的属性值。接下来，基于包含两个节点的有效位置序列，扩展获得包含三个节点的位置序列。重复执行上述步骤，直到不存在可访问的位置或者位置序列的总金额(时间)超出了$B_{\max}\left(T_{\max}\right)$。针对图 7.8 中的示例，采用基于最大边缘相关的个性化位置序列推荐方法对其求解的全部过程如图 7.9 所示。最终，得到了 11 条有效位置序列，基于所有有效位置序列的质量值，可以分别向用户 u_1 和 u_2 提供最优位置序列$\langle p_2,p_1,p_3\rangle\left(Q^{u_1}_{\langle p_2,p_1,p_3\rangle}(8:00)=0.815\right)$和$\langle p_3,p_1\rangle\left(Q^{u_2}_{\langle p_3,p_1\rangle}(8:00)=0.9\right)$。

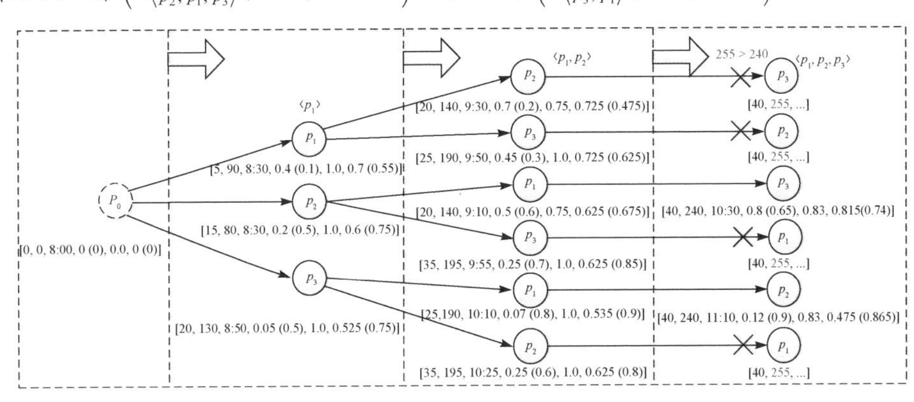

图 7.9 基于最大边缘相关的个性化位置序列推荐方法示例

5. 位置序列规划算法

前面讨论的位置序列推荐问题是一个优化问题，它的最优解是具有最高质量值的位置序列。然而，该问题是一个 NP 难问题。尽管利用带剪枝策略的枚举方法能够在可接受的时间内完成少位置数目的位置序列规划，但是我们通过大量仿真实验得出以下结论：当位置序列中的位置数量超过 15 时，完成位置序列规划需要耗费超过 5 天的时间，这对于用户来说是无法接受的。为了提高规划效率，在此引入蚁群优化算法，用来快速地求得一个近似最优解。下面将详细介绍基于蚁群优化方法的位置序列规划算法。

(1) 基于蚁群优化方法的位置序列规划算法

在基于蚁群优化方法的位置序列规划算法中，t 表示计时器，r 表示迭代计数器，τ^r 表示第 r 次迭代所耗费的时间，R 表示迭代总数，$N_i(t)\left(i\in\mathbb{N}^+\right)$表示 t 时

刻位于 p_i 的蚂蚁的数量，$N=\sum_{i=1}^{n}N_i(t)$ 表示蚂蚁总数，$\delta_{ij}(t)$ 是 t 时刻边 e_{ij} 上的信息素数量，k 表示第 k 只蚂蚁，$U_k(t)$ 表示第 k 只蚂蚁在 t 时刻之前已经访问过的位置的集合，当蚂蚁在 t 时刻之前经过 p_i 时，会将 p_i 放入 $U_k(t)$ 中，此后蚂蚁将不会再选择 p_i 进行访问。

当一只蚂蚁选择下一个位置时，需要先计算边上的信息素数量及启发信息。在 t 时刻，对于蚂蚁 k 来说，从 p_i 到 p_j 的转移概率为

$$P_{ij}^{k}(t)=\begin{cases}\dfrac{\left[\delta_{ij}(t)\right]^{\alpha}\times\left[\eta_{ij}^{k}(t)\right]^{\beta}}{\sum\limits_{p_s\in V_k(t)}\left[\delta_{is}(t)\right]^{\alpha}\times\left[\eta_{is}^{k}(t)\right]^{\beta}}, & p_j\in V_k(t)\\ 0, & \text{其他}\end{cases} \tag{7-28}$$

其中，$V_k(t)=P-U_k(t)$ 指在 t 时刻之后，蚂蚁 k 能够访问的位置的集合；$\delta_{ij}(t)$ 指 t 时刻时，边 e_{ij} 上的信息素数量；$\eta_{ij}^{k}(t)$ 指 t 时刻，蚂蚁 k 选择边 e_{ij} 的启发因子；α 和 β 分别指信息素和启发因子所占的权重。

假设蚂蚁 k 的出发时间和出发位置分别为 t_0 和 p_0。在 t 时刻，蚂蚁处于 p_i，且蚂蚁已经访问过了一条位置序列 $\Gamma_k=\langle p_1,p_2,\cdots,p_i\rangle$。然后，得出 $U_k(t)=\{p_1,p_2,\cdots,p_i\}$。因此启发因子 $\eta_{ij}^{k}(t)$ 为

$$\eta_{ij}^{k}(t)=Q_{\langle\Gamma_k,p_j\rangle}^{k}(t_0) \tag{7-29}$$

其中，$\langle\Gamma_k,p_j\rangle$ 表示位置序列 $\langle p_1,p_2,\cdots,p_i,p_j\rangle$，它的质量值被用作启发因子。

当所有的蚂蚁全部完成了访问之后，也就是说第 r 次迭代过程结束，每条边上的信息素数量需要按照下面公式更新，即

$$\Delta_{ij}^{k}(r)=\begin{cases}\Omega\times Q_{\Gamma_k}^{k}(t_0), & \text{第}r\text{次迭代中}k\text{经过}e_{ij}\\ 0, & \text{其他}\end{cases} \tag{7-30}$$

$$\Delta_{ij}(r)=\sum_{k=1}^{N}\Delta_{ij}^{k}(r) \tag{7-31}$$

$$\delta_{ij}\left(t+\tau^{r}\right)=(1-\rho)\times\delta_{ij}(t)+\Delta_{ij}(r) \tag{7-32}$$

首先，对于在本次迭代中已经被蚂蚁 k 访问过的位置序列，它的位置序列质量值可以利用式(7-20)来计算。其次，蚂蚁 k 在 r 次迭代中留下的信息素可以利用式(7-30)求得，其中 Ω 是一个正的常量，表示每只蚂蚁释放的信息素数量。然后，

第 r 次迭代中，边 e_{ij} 上的信息素的增量可以利用式(7-31)进行计算，其中，N 是蚂蚁总数。最后，第 r 次迭代之后，边 e_{ij} 上的信息素数量可以通过式(7-32)求得，其中 $\rho(0<\rho<1)$ 表示信息素挥发系数，显然 $1-\rho$ 表示信息素存留系数。式(7-30)～(7-32)是根据传统的蚁群优化算法给出的，展示了在第 r 次迭代中每条边上的信息素的更新过程。在信息素更新完成之后，第 $r+1$ 次迭代开始。

在基于蚁群优化方法的位置序列规划算法中，初始状态将所有的蚂蚁都放置在出发位置上，然后它们会按照式(7-28)计算出的转移概率一步一步地选择它们的下一个位置。如果一只蚂蚁已经访问过所有的位置或者没有任何位置允许被访问(即若再访问任何一个位置，都会超过时间或预算金额的最大值)，蚂蚁则终止其访问过程。此时，得到的位置序列是一条有效位置序列，同时可以利用式(7-20)计算出质量值。当所有的蚂蚁都完成了访问过程，一次迭代过程结束，将所有蚂蚁放置回出发位置并更新边上的信息素。然后，新的一次迭代开始。不断重复上述过程，直到达到指定的最大迭代次数。算法 7.3 展示了基于蚁群优化方法的位置序列规划算法执行的主要步骤，包括参数及蚁群的初始化过程、迭代过程以及信息素更新过程等。

算法 7.3 基于蚁群优化方法的位置序列规划算法

输入：$G, P, p_0, t_0, T_{\max}, B_{\max}, \alpha, \beta, \lambda$
输出：Γ
1. 参数及蚁群的初始化过程，详见算法 7.3.1
2. 迭代过程，详见算法 7.3.2
3. 信息素更新过程，详见算法 7.3.3
4. 所有的蚂蚁完成访问后，重新初始化
5. **if** $r<R$ **then**
6. 　转向第 2 步
7. **else**
8. 　输出最优位置序列 Γ
9. **end if**
10. **return**

下面，算法 7.3.1～7.3.3 将分别给出参数及蚁群的初始化过程、迭代过程以及信息素更新过程的详细步骤。

算法 7.3.1 初始化算法

输入：G, p_0, ω
输出：$\Gamma_k(t), U_k(t), V_k(t)$

1. 设置计时器 $t=0$
2. 设置迭代计数器 $r=0$
3. **for** 每条边 e_{ij} **do**
4. 　设置 $\delta_{ij}(t)=\omega$， ω 是初始的信息素数量
5. 　设置 $\Delta_{ij}(t)=0$
6. **end for**
7. **for** k 从 1 到 N **do**
8. 　把 k 放入 p_0， p_0 是出发位置
9. 　$\Gamma_k(t)=\langle p_0\rangle$， $\Gamma_k(t)$ 为已经被蚂蚁 k 访问过的位置序列
10. 　$U_k(t)=\{p_0\}$， $U_k(t)$ 包含已经被蚂蚁 k 访问过的位置
11. 　$V_k(t)=P-\{p_0\}$， $V_k(t)$ 包含未被蚂蚁 k 访问过的位置
12. **end for**
13. **return**

算法 7.3.1 展示了参数及蚁群的初始化过程的具体执行步骤，对于参数来说，计时器、迭代计数器初始化值设为 0，边上的信息素数量设置为初始值 ω，信息素增量初始化为 0。对于蚂蚁来说，初始状态均被放置于初始位置 p_0，同时将 p_0 放置于被访问过的位置集合以及被访问的位置序列中，并将 p_0 从未被蚂蚁访问过的位置集合中删除。

算法 7.3.2　迭代算法

输入：$P,t_0,T_{\max},B_{\max},\alpha,\beta,\lambda$

输出：Γ_k

1. **repeat**
2. 　**for** k 从 1 到 N **do**
3. 　　假设 t 时刻蚂蚁 k 处于 p_i
4. 　　**for** $p_j\in V_k(t)$ **do**
5. 　　　利用式(7-28)计算转移概率 $P_{ij}^k(t)$
6. 　　**end for**
7. 　　使用轮盘赌方法来选择 p_j 作为蚂蚁 k 的下一个位置
8. 　　$\Gamma_k(t)=\langle\Gamma_k(t),p_j\rangle$
9. 　　$U_k(t)=U_k(t)\cup p_j$
10. 　　$V_k(t)=V_k(t)-p_j$
11. 　**end for**
12. **until** $C_{\Gamma_k(t)}>B_{\max}$ 或 $T_{\Gamma_k(t)}>T_{\max}$

算法 7.3.2 展示了迭代过程的具体执行步骤。在一次迭代中，蚂蚁要从初始位

置开始，按照位置转移概率，一步一步地采用轮盘赌方法选择下一步要访问的位置，直到位置序列所花费的时间或者金额超出了预算的最大值，则蚂蚁的当前访问过程终止。直到所有的蚂蚁都完成了访问过程，则本次迭代结束。

算法 7.3.3　信息素更新算法

输入：G, p_0, t_0, Γ_k，其中 t_0 是出发时间
输出：$\delta_{ij}(t)$
1. **for** k 从 1 到 N **do**
2. 　按照式(7-20)计算每个蚂蚁位置序列的质量值
3. 　更新当前最优位置序列
4. **end for**
5. **for** 每条边 e_{ij} **do**
6. 　**for** k 从 1 到 N **do**
7. 　　根据式(7-30)～(7-31)计算信息素增量
8. 　**end for**
9. 　根据式(7-32)更新整个信息素
10. 　$t = t + \tau^r$，$r = r + 1$
11. 　设置 $\Delta_{ij}(t) = 0$
12. **end for**
13. **return**

算法 7.3.3 展示了信息素更新过程的具体执行步骤。在一次迭代之后，对于该次迭代过程中被访问过的位置序列，利用式(7-30)～(7-32)能够完成每条边上的信息素的更新过程。

针对图 7.8 所展示的例子，采用基于蚁群优化方法的位置序列规划算法来完成位置序列的规划过程，具体步骤如图 7.10 所示。在图 7.10 中，显示在边 e_{01} 上的“0.383(0.268)”表示对于用户 u_1 (u_2) 来说，蚂蚁从位置 p_0 到 p_1 的转移概率是 0.383(0.268)。假设各参数的取值为 $\alpha = 1.0$，$\beta = 1.0$，$\rho = 0.5$，$\omega = \Omega = 0.1$。在第一次迭代中，所有的边上的信息素数量均等于初始值 0.1。利用式(7-28)，可以计算从初始位置 p_0 到其他各个位置的转移概率。

以用户 u_1 为例，从 p_0 到 p_1 的转移概率为

$$P_{01}^k(0) = \frac{\left[\delta_{01}(0)\right]^\alpha \times \left[Q_{\langle p_1\rangle}^k(8:00)\right]^\beta}{\sum\limits_{i\in[1,2,3]} \left[\delta_{0i}(t)\right]^\alpha \times \left[Q_{\langle p_i\rangle}^k(8:00)\eta_{is}(t)\right]^\beta}$$

$$= \frac{(0.1)^{1.0} \times (0.7)^{1.0}}{(0.1)^{1.0} \times (0.7)^{1.0} + (0.1)^{1.0} \times (0.6)^{1.0} + (0.1)^{1.0} \times (0.525)^{1.0}} \approx 0.383$$

类似地，对于用户 u_1 和 u_2，利用上面的方法可以计算得到从位置 p_0 到其他各个位置的转移概率，如图 7.10(a)所示。基于求得的转移概率，采用轮盘赌方法，每只蚂蚁可以从位置 p_1、p_2 和 p_3 中选择下一步要访问的位置。然后，可以继续计算后续的转移概率，结果如图 7.10(b)和(c)所示。如果一条边已经被一只蚂蚁访问过，那么一个单位的信息素(即 0.1)将会被增加到该条边上。在第一次迭代之后，每条边上的信息素通过式(7-30)～(7-32)完成更新。由于每只蚂蚁在选择下一个访问位置时具有不确定性，因此在图 7.10 中只是展示了基于蚁群优化方法的位置序列规划算法规划过程的一部分。

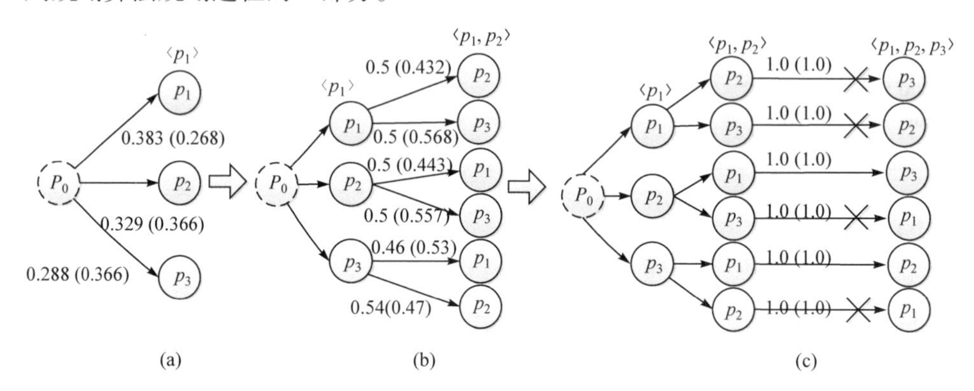

图 7.10　基于蚁群优化方法的位置序列规划算法示例

(2) 复杂性分析

基于蚁群优化方法的位置序列规划算法比现有的方法，如 BFA 和 Trip-Mine$^+$ 算法，更高效。由于位置序列规划是在线过程，它的时间复杂度与离线过程的操作无关。尽管位置相似度的计算与类别层级结构的层级数目相关，但是它并不是基于蚁群优化方法的位置序列规划算法规划过程的一部分。因此，增加类别层级结构的层级数目并不会增加该算法的复杂度。

下面分析位置规划算法的计算复杂度。给定 n 个位置，BFA 算法需要计算位置的所有排列，而 Trip-Mine$^+$算法能够通过剪枝省略不必要的计算。假设 K 表示有效位置序列中能够包含的位置的最大数目，在基于蚁群优化方法的位置序列规划算法中，假设蚂蚁数和迭代次数分别为 N 和 R，则算法的计算时间为 $N\times R\times\left[n+(n-1)+\cdots+(n-K+1)\right]$，其中 N 和 R 通常远小于 n，所以 $O(NRKn)<O(Kn^3)$。表 7.6 给出了上述三种算法的计算时间和时间复杂度。其中，BFA 和 Trip-Mine$^+$算法的时间复杂度分别为阶乘的和指数级的，而基于蚁群优化方法的位置序列规划算法的时间复杂度是多项式级的。尽管该算法不能够像 BFA 和 Trip-Mine$^+$算法那样提供最优方案，但是它能够给出近似最优方案，尤其是当一

条位置序列中包含的位置超过一定数目(比如 15 个)时，利用 BFA 和 Trip-Mine+ 算法进行规划是相当棘手的。

表 7.6　三种算法的计算时间和时间复杂度

算法	计算时间	时间复杂度
BFA	$C_n^1+C_n^2\times 2!+C_n^3\times 3!+\cdots+C_n^n\times n!$	$O(n!)$
Trip-Mine+	$C_n^1+C_n^2\times 2!+C_n^3\times 3!+\cdots+C_n^K\times K!$	$O(n^K)$
基于蚁群优化方法的位置序列规划算法	$N\times R\times[n+(n-1)+\cdots+(n-K+1)]$	$O(nNRK)$

7.5　本章小结

本章首先分析总结了当前智慧旅游国内外的热点平台和 App，在此基础上重点阐述了智慧旅游中关键的应用层技术——位置推荐技术。针对存在签到数据稀疏、张量分解时间长的问题，利用用户、时间段、位置具有相似的特征，给出能够向用户准确推荐位置并且降低计算时间的推荐方法。另外除了单点位置推荐，还给出了个性化位置序列推荐方法，进一步提升了用户对智慧旅游位置服务的体验感。

参考文献

[1] 吴红辉. 智慧旅游实践. 北京: 人民邮电出版社, 2018.

[2] 蒋昌俊, 闫春钢, 程久军, 等. 基于用户间多相似度的协同过滤推荐方法: 201910058902.3, 2019-06-14.

[3] 蒋昌俊, 闫春钢, 陈闳中, 等. 基于大规模实时交通指数系统的个性化服务平台: 201410078686.6, 2016-10-12.

[4] 李金忠, 刘关俊, 闫春钢, 等. 排序学习研究进展与展望. 自动化学报, 2018, 44(8): 1345-1369.

[5] Luan W, Liu G, Jiang C J. Collaborative tensor factorization and its application in POI recommendation. Proc. IEEE ICNSC, Mexico, 2016: 1-6.

[6] Luan W, Liu G, Jiang C J, et al. Partition-based collaborative tensor factorization for POI recommendation. IEEE/CAA Journal of Automatica Sinica, 2017, 4(3): 437-446.

[7] Luan W, Liu G, Jiang C J, et al. MPTR: A maximal-marginal-relevance-based personalized trip recommendation method. IEEE Transactions on Intelligent Transportation Systems, 2018, 19(11): 3461-3474.

[8] Li J, Liu G, Yan C, et al. LORI: A learning-to-rank based integration method of location recommendation. IEEE Transactions on Computational Social Systems, 2019, 6(3): 430-440.

[9] Zheng Y, Xie X. Learning travel recommendations from user-generated GPS traces. ACM Transactions on Intelligent Systems and Technology, 2011, 2(1): 2.

[10] Horozov T T, Narasimhan N, Vasudevan V. Using location for personalized POI recommendations in mobile environments. Proc. IEEE SAINT, Phoenix, AZ, USA, 2006: 124-129.

[11] Bao J, Zheng Y, Mokbel M F. Location-based and preference-aware recommendation using sparse geo-social networking data. Proc. ACM SIGSPATIAL, Redondo Beach, California, 2012: 199-208.

[12] Ye M, Yin P F, Lee W, et al. Exploiting geographical influence for collaborative point-of-interest recommendation. Proc. ACM SIGIR, Beijing, China, 2011: 325-334.

[13] Ye M, Yin P F, Lee W. Location recommendation for location-based social networks. Proc. ACM SIGSPATIAL, New York, NY, USA, 2010: 458-461.

[14] Chen Z, Shen H T, Zhou X, et al. Searching trajectories by locations: An efficiency study. Proc. ACM SIGMOD, Indianapolis, Indiana, USA, 2010: 255-266.

[15] Wei L, Zheng Y, Peng W. Constructing popular routes from uncertain trajectories. Proc. ACM SIGKDD, Beijing, China, 2012: 195-203.

[16] Zheng Y, Zhang L, Xie X, et al. Mining interesting locations and travel sequences from GPS trajectories. Proc. WWW, Madrid, Spain, 2009: 791-800.

[17] Zheng Y, Li Q, Chen Y, et al. Understanding mobility based on GPS data. Proc. ACM UbiComp, Seoul, Korea, 2008: 312-321.

[18] Yuan J, Zheng Y, Zhang C, et al. T-drive: Driving directions based on taxi trajectories. Proc. ACM SIGSPATIAL, New York, NY, USA, 2010: 99-108.

[19] Ying J C, Lu H C, Shi B N, et al. Tripcloud : An intelligent cloud-based trip recommendation system. Proc. SSTD, Munich, Germany, 2013: 472-477.

[20] Hsieh H P, Li C T, Lin S. Measuring and recommending time-sensitive routes from location-based data. ACM Transactions on Intelligent Systems and Technology, 2014, 5(3): 45.

[21] Kurashima T, Iwata T, Irie G, et al. Travel route recommendation using geotags in photo sharing sites. Proc. ACM CIKM, Toronto, ON, Canada, 2010: 579-588.

[22] Zhou C, Meng X. Orientsts: Spatio-temporal sequence searching in Flickr. Proc. ACM SIGIR, Beijing, China, 2011: 1265-1266.

[23] Yin Z, Cao L, Han J, et al. Diversified trajectory pattern ranking in geo-tagged social media. Proc. SDM, Mesa, Arizona, USA, 2011: 980-991.

[24] Chen S, Zhu F, Cao J. Growing spatially embedded social networks for activity-travel analysis based on artificial transportation systems. IEEE Transactions on Intelligent Transportation Systems, 2014, 15(5): 2111-2120.

[25] Lee C, Chang Y, Wang M. Ontological recommendation multi-agent for tainan city travel. Expert Systems with Applications, 2009, 36(3): 6740-6753.

[26] Lu H C, Lin C Y, Tseng V S. Trip-Mine: An efficient trip planning approach with travel time constraints. Proc. IEEE MDM, Lulea, Sweden, 2011: 152-161.

[27] Lu H C, Chen C Y, Tseng V S. Personalized trip recommendation with multiple constraints by mining user check-in behaviors. Proc. ACM SIGSPATIAL, Redondo Beach, California, 2012:

209-218.
[28] Chen C, Zhang D, Guo B, et al. Tripplanner: Personalized trip planning leveraging heterogeneous crowdsourced digital footprints. IEEE Transactions on Intelligent Transportation Systems, 2014, 16(3): 1259-1273.
[29] Alhasoun F, Alhazzani M, Gonzalez M C. City scale next place prediction from sparse data through similar strangers. Proc. UrbComp, Halifax, NS, Canada, 2017: 1-8.
[30] Feng J, Li Y, Zhang C, et al. Deepmove: Predicting human mobility with attentional recurrent networks. Proc. WWW, Lyon, France, 2018: 1459-1468.
[31] Feillet D, Dejax P, Gendreau M. Traveling salesman problems with profits. Transportation Science, 2005, 39(2): 188-205.
[32] Zheng Y, Xie X, Ma W. Geolife: A collaborative social networking service among user, location and trajectory. IEEE Database Engineering Bulletin, 2010, 33(2): 32-39.
[33] Lü L, Medo M, Chi H Y, et al. Recommender systems. Physics Reports, 2012, 519(1): 1-49.
[34] Luo X, Zhou M, Xia Y, et al. An efficient non-negative matrix-factorization-based approach to collaborative filtering for recommender systems. IEEE Transactions on Industrial Informatics, 2014, 10(2): 1273-1284.
[35] Lee D D, Seung H S. Unsupervised learning by convex and conic coding. Proc. NIPS, Denver, Co, USA, 1996: 515-521.
[36] Guan N, Tao D, Luo Z, et al. Online nonnegative matrix factorization with robust stochastic approximation. IEEE Transactions on Neural Networks, 2012, 23(7): 1087-1099.
[37] Li J, Liu G, Jiang C J, et al. A hybrid method of recommending POIs based on context and personal preference confidence. Proc. IEEE BigData, Washington DC, USA, 2016: 287-292.
[38] 栾文静. 基于对象时空轨迹的服务推荐模型及方法研究. 同济大学博士学位论文, 2018.
[39] 郑宇. 城市计算概述. 武汉大学学报(信息科学版), 2015, 40(1): 1-13.
[40] Zheng V W, Cao B, Zheng Y, et al. Collaborative filtering meets mobile recommendation: A user-centered approach. Proc. AAAI, Atlanta, 2010: 236-241.
[41] Wang Y, Zheng Y, Xue Y. Travel time estimation of a path using sparse trajectories. Proc. ACM SIGKDD, New York, NY, USA, 2014: 25-34.
[42] Zheng V W, Zheng Y, Xie X, et al. Towards mobile intelligence: Learning from GPS history data for collaborative recommendation. Artificial Intelligence, 2012, 184/185: 17-37.
[43] Zhang F, Wilkie D, Zheng Y, et al. Sensing the pulse of urban refueling behavior. Proc. ACM UbiComp, Zurich, Switzerland, 2013: 13-22.
[44] Shang J, Zheng Y, Tong W, et al. Inferring gas consumption and pollution emission of vehicles throughout a city. Proc. ACM SIGKDD, New York, NY, USA, 2014: 1027-1036.
[45] Zheng Y, Liu T, Wang Y, et al. Diagnosing New York City's noises with ubiquitous data. Proc. ACM UbiComp, Seattle, Washington, 2014: 715-725.
[46] Zheng V W, Zheng Y, Xie X, et al. Collaborative location and activity recommendations with GPS history data. Proc. WWW, Raleigh, North Carolina, USA, 2010: 1029-1038.
[47] Cheng C, Yang H, King I, et al. Fused matrix factorization with geographical and social influence in location-based social networks. Proc. AAAI, Toronto, Ontario, Canada, 2012: 17-23.

[48] Li X, Cong G, Li X, et al. Rank-GeoFM: A ranking based geographical factorization method for point of interest recommendation. Proc. ACM SIGIR, Northampton, Massachusetts, USA, 2015: 433-442.

[49] Srebro N, Rennie J D M, Jaakkola T S. Maximum-margin matrix factorization. Proc. NIPS, Vancouver, British Columbia, Canada, 2004: 1329-1336.

[50] Weimer M, Karatzoglou A, Smola A J. Improving maximum margin matrix factorization. Machine Learning, 2008, 72(3): 263-276.

[51] Huber P J, Ronchetti E M. Robust Statistics. 2nd ed. Hoboken: Wiley,2009.

[52] Weimer M, Karatzoglou A, Bruch M. Maximum margin code recommendation. Proc. ACM RecSys, New York, NY, USA, 2009: 309-312.

[53] Mangasarian O L. Linear and nonlinear separation of patterns by linear programming. Operations Research, 1965, 13(3): 444-452.

[54] Fung G, Mangasarian O L, Smola A J. Minimal kernel classifiers. Journal of Machine Learning Research, 2003, 3(2): 303-321.

[55] Singh A P, Gordon G J. Relational learning via collective matrix factorization. Proc. ACM SIGKDD, Las Vegas, Nevada, USA, 2008: 650-658.

[56] Tucker L R, Harris C W. Implications of Factor Analysis of Three Way Matrices for Measurements of Change. Madison: University of Wisconsin Press, 1963.

[57] Tucker L R. Some mathematical notes on three-mode factor analysis. Psychometrika, 1966, 31(3): 279-311.

[58] Kolda T G, Bader B W. Tensor decompositions and applications. SIAM Review, 2009, 51(3): 455-500.

[59] Karatzoglou A, Amatriain X, Baltrunas L, et al. Multiverse recommendation: N-dimensional tensor factorization for context-aware collaborative filtering. Proc. ACM RecSys, Barcelona, Spain, 2010: 79-86.

[60] Koren Y, Bell R M, Volinsky C. Matrix factorization techniques for recommender systems. IEEE Computer, 2009, 42(8): 30-37.

[61] Andersson C A, Bro R. The N-way toolbox for Matlab. Chemometrics and Intelligent Laboratory Systems, 2000, 52(1): 1-4.

[62] Kang U, Papalexakis E E, Harpale A, et al. Gigatensor: Scaling tensor analysis up by 100 times-algorithms and discoveries. Proc. ACM SIGKDD, Beijing, China, 2012: 316-324.

[63] Papalexakis E E, Faloutsos C, Sidiropoulos N D. Parcube: Sparse parallelizable tensor decompositions. Proc. ECML PKDD, Bristol, UK, 2012: 521-536.

[64] Phan A H, Cichocki A. Block decomposition for very large-scale nonnegative tensor factorization. Proc. IEEE CAMSAP, Aruba, Dutch Antilles, Netherlands, 2009: 316-319.

[65] Li X, Huang S, Candan K, et al. Focusing decomposition accuracy by personalizing tensor decomposition (PTD). Proc. ACM CIKM, Shanghai, China, 2014: 689-698.

[66] Macqueen J B. Some methods for classification and analysis of multivariate observations. Proc. BSMSP, Berkeley, California, USA, 1967: 281-297.

[67] Lu X S, Zhou M. Analyzing the evolution of rare events via social media data and K-means

clustering algorithm. Proc. IEEE ICNSC, Mexico, 2016: 1-6.

[68] Ebstein R P, Novick O, Umansky R, et al. Dopamine D4 receptor (D4DR) exon III polymorphism associated with the human personality trait of novelty seeking. Nature Genetics, 1996, 12(1): 78-80.

[69] Cho E, Myers S A, Leskovec J. Friendship and mobility: User movement in location-based social networks. Proc. ACM SIGKDD, San Diego, California, USA, 2011: 1082-1090.

[70] Zhang F, Zheng K, Yuan N J, et al. A novelty-seeking based dining recommender system. Proc. WWW, Florence, Italy, 2015: 1362-1372.

[71] Colorni A, Dorigo M, Maniezzo V, et al. Distributed optimization by ant colonies. Proc. ECAL, Paris, France, 1992: 134-142.

[72] Dorigo M, Maniezzo V, Colorni A. Positive feedback as a search strategy. Report, Politecnico di Milano, 1991.

[73] Dorigo M, Gambardella L M. Ant colony system: A cooperative learning approach to the traveling salesman problem. IEEE Transactions on Evolutionary Computation, 1997, 1(1): 53-66.

[74] Dorigo M, Maniezzo V, Colorni A. Ant system: Optimization by a colony of cooperating agents. IEEE Transactions on Systems Man & Cybernetics Part B, 1996, 26(1): 29-41.

[75] Carbinell J, Goldstein J. The use of MMR, diversity-based reranking for reordering documents and producing summaries. Proc. ACM SIGIR, Pisa, Italy 2016: 335-336.

第八章　移动支付认证

8.1　现有相关国内外应用及技术介绍

随着智能手机、平板电脑等移动端电子设备的迅速普及，手机购物、移动支付、O2O 服务等业务飞速发展。其中，移动支付便是网络移动信息服务的一类典型应用。国内当下较为流行的移动支付 App 有支付宝、翼支付、云闪付、微信、快钱和国内各大银行的手机客户端，其中应用最为广泛的是支付宝和微信。这些手机客户端App不仅支持线上消费,还可通过扫码支付的形式拓展线下支付服务，可作为数字钱包使用，并进一步支持移动电商、金融交易、保险征信、加密货币等。国外也推出了很多类似的移动支付 App，例如 Paypal、Google Pay、Apple Pay、Cash Pay，还有基于社交的 Venmo、基于区块链的加密货币交易的 Jaxx 等[1]。

然而，移动支付在极大地方便人们日常生活的同时，也给不法分子带来可乘之机。诈骗、隐私窃取、恶意骚扰等各类手机安全事件层出不穷，不仅使用户的隐私信息泄露，更给不少用户造成了直接或间接的经济损失。据统计，2018 年全年，360 互联网安全中心累计拦截恶意程序 434.2 万个、钓鱼网站攻击 369.3 亿次、骚扰电话 449.3 亿次、垃圾短信 84 亿条。这些数据较 2017 年相比，虽有明显的下降，但手机安全状况仍不容乐观，特别是在诈骗方面。报告显示，2018 年全年 360 手机先赔服务共接到举报 7716 起，其中诈骗先赔申请为 3380 起，涉案总金额 1927.9 万元。在所有诈骗先赔申请中，恶意程序占比最高，为 19.3%；其次是金融理财(14.9%)、虚假兼职(13.0%)、身份冒充(8.4%)和赌博博彩(8.2%)。近年来，不法分子对资金流转方式更是进行了“升级”。除了常见的网银/第三方平台转账、扫描二维码支付订单/转账之外，他们还利用云闪付、免密支付等新手段打消用户疑虑，达到骗取钱财的目的。

各类移动端安全事件的频繁发生表明传统的移动端身份认证方法难以满足日益复杂的移动安全环境。目前移动端的认证方法主要分为三类[2]。第一类认证方法基于传统的密码技术，如 PIN 码和手势密码。这一类认证方法是最传统也是使用最为广泛的认证方式，简单且易于实现，但它也存在两个问题：一是该类密码易被木马、钓鱼网站等恶意程序窃取；二是无法兼顾安全性与易用性，设置复杂的密码难以记忆且使用不便，而设置简单的密码又易被破解。为了便于记忆和使用，不少用户将一个密码用于多个不同的 App。这样，一个账号泄露会使其他账号也存在泄露的风险，安全隐患较大。第二类认证方法基于用户的生物特征，如指纹[3-8]、人脸[9-17]等，这类认证方法认证效果较好。一部分新型中高端手机已添加了指纹识别、人脸识别的功能，但这类认证方法往往需要额外的硬件支持，且对硬件要求相对较高，成本较高，不适用于很多低端手机和旧款手机。第三类认证方法基于用户的行为特征，如用户软键盘输入行为[18-20]、步态行为[21-23]、手势行为[24-29]等。其中，用户软键盘输入行为认证通过手机触摸屏采集用户使用软键盘输入时的手指行为数据，提取出手指按压时间、手指按压间隔时间、手指压力、接触面积等特征，为用户软键盘输入行为训练认证模型以实现身份认证。步态行为认证通过采集用户的行走方向以及加速度来刻画用户的步态信息从而实现身份认证。手势行为认证则通过由触摸屏采集的用户手势行为信息来进行身份认证。用户的行为特征是指用户所特有的习惯性行为特点。特征本身具有独特和不易模仿的特点，难以盗取和复制，且不需要额外的硬件支持。因此，用户行为特征认证具有良好的应用前景。

针对上述认证方法，之前我们出版的著作《网络交易风险控制理论》重点围绕用户行为的身份认证技术方面给出了一些创新成果，包括用户键盘敲击行为认证技术和用户鼠标滑动行为分析技术[1]。这些技术通过对比当前用户的行为序列与行为模型的匹配程度来给出当前用户身份的置信度，进而达到身份认证与预警的目的。最近，在基于手势行为的网络移动信息服务身份认证方面，我们又有一些新的研究进展[30-34]。

一个健壮的手势行为认证方法需要考虑多方面因素(如用户姿势、设备尺寸、屏幕方向等)对用户手势行为的影响。这里的用户姿势指用户的身体形态(站、坐、躺、走等)、屏幕的方向(倾斜角度)和设备的位置(拿在手上、放在桌子上等)的组合。目前已有的基于用户手势进行身份认证的研究中，均未考虑用户姿势对用户手势行为习惯的影响。因此，为解决这个问题，本章首先给出一种基于用户姿势的触屏行为认证系统架构，之后详细介绍登录时认证和持续性认证两种模型的构建及认证。登录时认证通过为手势密码添加行为认证实现，只有输入正确的手势密码且用户行为通过认证模型才能正常登录。持续性认证则通过采集用户使用应用时的手势和姿势行为数据进行判定来实现，以实现对用户身份的持续性监控。

8.2　基于用户姿势的触屏行为认证系统架构

用户所处的姿势对用户的手势行为习惯具有较大的影响，这会直接影响到基于用户手势进行身份认证的认证效果。为解决这一问题，本节给出基于用户姿势的触屏行为认证系统架构，旨在适应用户在不同姿势下使用应用程序的情况。相对于传统的基于用户手势行为的身份认证方法，该系统架构利用手机的方向传感器和加速度传感器，增加了对用户所处姿势数据的采集，并从中提取出姿势特征，聚类出用户的不同姿势，进而为每个姿势分别训练一个手势认证子模型[35]。

8.2.1 总体架构

该认证系统的总体架构如图 8.1 所示。由于模型的训练计算量相对较大，因此将模型训练以及认证均放到服务器端进行。故该认证系统架构包含手机客户端和服务器端两部分。其中，手机客户端部分主要包含数据采集模块，用于采集用户的行为信息并上传到服务器。服务器端部分主要包含特征提取模块、姿势聚类模块、手势子模型训练模块、模型存储模块和认证模块。服务器端负责接收用户行为信息，进行用户认证模型的训练、存储，并对用户身份进行认证。

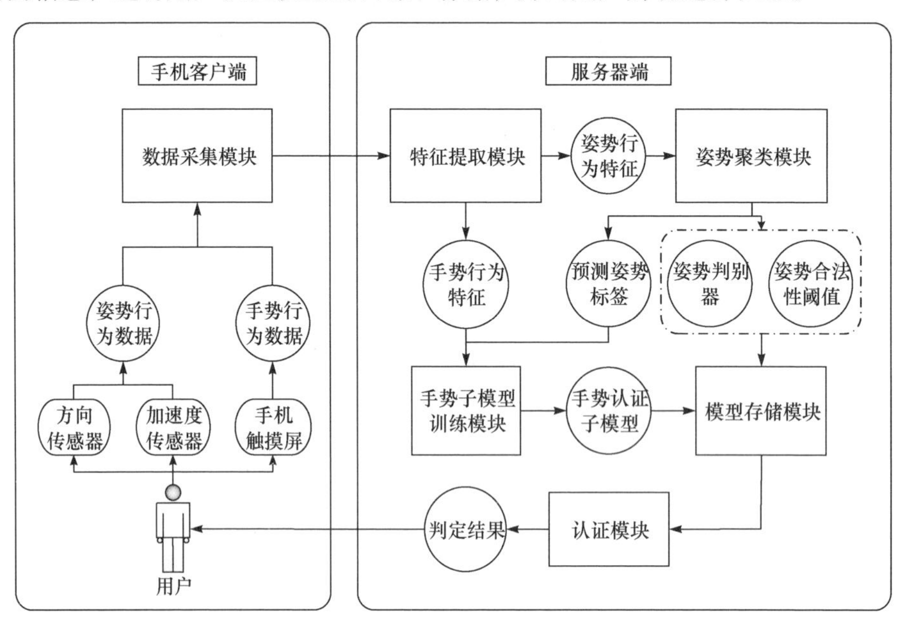

图 8.1 系统架构图

本系统架构的各模块简要介绍如下：

(1) 数据采集模块。在用户输入手势密码进行登录(登录时认证)或者使用滑动手势操作(持续性认证)时，数据采集模块利用手机触摸屏采集用户的手势行为数据，通过方向传感器和加速度传感器采集用户的姿势行为数据(采集的具体数据详见 8.2.2 节)，并将其上传到服务器端。

(2) 特征提取模块。特征提取模块接收手机客户端上传的用户姿势行为数据和手势行为数据，根据这些行为数据分别计算出姿势特征(8.2.3 节)和手势特征，并进行特征变换与特征归约。由于登录时认证和持续性认证这两种认证方法的不同，其采用的手势行为特征也不同(登录时认证手势特征见 8.3.1 节，持续性认证手势特征见 8.4.1 节)。提取出的姿势特征传入姿势聚类模块，而手势特征则传入手势子模型训练模块。

(3) 姿势聚类模块。姿势聚类模块接收用户的姿势特征，并根据姿势聚类算法聚类出用户的不同姿势，得到姿势特征的预测标签(用于为每个姿势分别训练手势认证子模型)、姿势判别器(即 K 个姿势簇中心，用于判定姿势特征向量属于何种姿势)和姿势合法性阈值(用于判定某一姿势特征的是否属于该用户)。姿势聚类算法详见 8.2.4 节。

(4) 手势子模型训练模块。手势子模型训练模块用于为用户的每个姿势分别训练一个手势认证子模型，接收用户的手势行为特征和预测姿势标签，并根据不同认证的类型(登录时认证和持续性认证)选用不同的算法进行手势子模型的训练(详见 8.3.2 节和 8.4.2 节)。这些手势认证子模型用于判定用户某一姿势下的手势行为是否合法。

(5) 模型存储模块。模型存储模块主要用于存储由姿势聚类模块训练出的姿势判别器和姿势合法性阈值，以及由手势子模型训练模块为用户的每个姿势分别训练出的手势认证子模型。在进行用户身份认证时，认证模块从中读取所需模型。

(6) 认证模块。认证模块用于对用户身份进行认证，既可用于登录时认证，又可以用于持续性认证，且二者均需要姿势和手势合法性认证。但是这两种认证方式的具体认证流程有差别，详见 8.3.3 节和第 8.4.3 节。当进行姿势和手势合法性认证时(用户通过输入手势密码进行登录操作或者使用滑动手势操作应用)，认证模块通过数据采集模块和特征提取模块，可以得到用户的手势行为特征和姿势行为特征。同时，它还可以从模型存储模块中取出由姿势聚类模块训练出的姿势判别器和姿势合法性阈值，以及由手势子模型训练模块为用户的每个姿势分别训练出的手势认证子模型。在进行姿势和手势的合法性判定时，认证模块首先通过姿势合法性阈值判定用户姿势是否合法。若姿势不合法，则直接判定为非法；若姿势合法，则利用姿势判别器判断当前用户处于何种姿势。之后认证模块取出用户该姿势所对应的手势认证子模型，用该手势认证子模型判定用户手势行为的合法性，从而得到最终的判定结果。姿势和手势合法性认证流程如图 8.2 所示。

基于该认证系统架构，本章给出了登录时认证和持续性认证两种认证方法，实现了从登录到使用的全程安全监控。由于登录时认证和持续性认证这两种认证方法具有各自特点，故其在手势特征提取、手势认证子模型训练和具体认证方法上有较大的不同。故本章还会描述该认证系统架构中两种认证方法的公有部分(数据采集、姿势特征提取和姿势聚类算法)。登录时认证和持续性认证的特有部分(手势特征的提取、各姿势下手势认证子模型的训练方法以及认证方法)分别在 8.3 节和 8.4 节进行介绍。

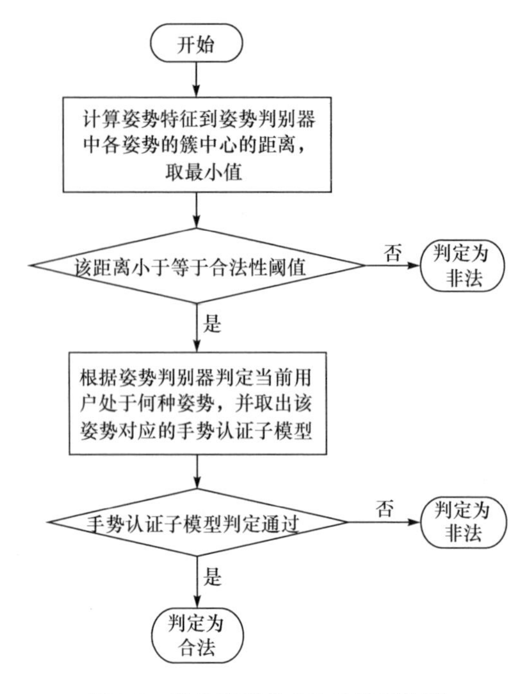

图 8.2　姿势和手势合法性认证流程

8.2.2　数据采集

本认证系统架构旨在解决用户姿势对手势认证效果的影响，故应采集能够反映用户所处姿势的行为数据。考虑到绝大部分手机均具有方向传感器和加速度传感器，而手机的方向和加速度能够在一定程度上描述用户的姿势行为，故本认证系统架构除了利用手机触摸屏采集反映用户手势行为特点的数据，还利用手机的方向传感器和加速度传感器采集反映用户姿势行为特点的数据。

在用户输入手势密码时(登录时认证)和用户使用应用程序进行滑动手势行为操作时(持续性认证)，应用程序会在后台采集用户的行为数据。采集的行为数据分为两类，一类是通过手机触摸屏采集到的手指位置的 x 、 y 坐标(finger_x 、 finger_y)以及压力、接触面积和时间戳，如表 8.1 所示。由于这些数据反映了用户手势行为信息，故称之为手势行为数据。另一类是通过手机方向传感器采集到的手机屏幕方向的 x 、 y 、 z 坐标(orient_x 、 orient_y 、 orient_z)以及由手机加速度传感器采集到的手机在 x 、 y 、 z 方向上的加速度[36](acc_x 、 acc_y 、 acc_z)。由于这些数据反映了用户姿势行为信息，故称之为姿势行为数据。其中，手机屏幕方向坐标系如图 8.3 所示，数据如表 8.2 所示；手机加速度方向坐标系如图 8.4 所示，数据如表 8.3 所示。

表 8.1　触摸屏采集到的原始数据

时间戳	x 坐标	y 坐标	压力	接触面积
16047921	90	278	0.22352943	0.23333335
16047930	91	278	0.36862746	0.33333334
16047944	91	278	0.37254903	0.36666667

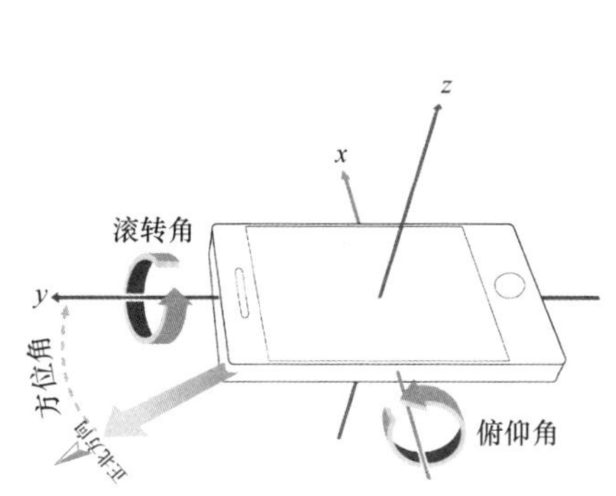

图 8.3　手机屏幕方向坐标系

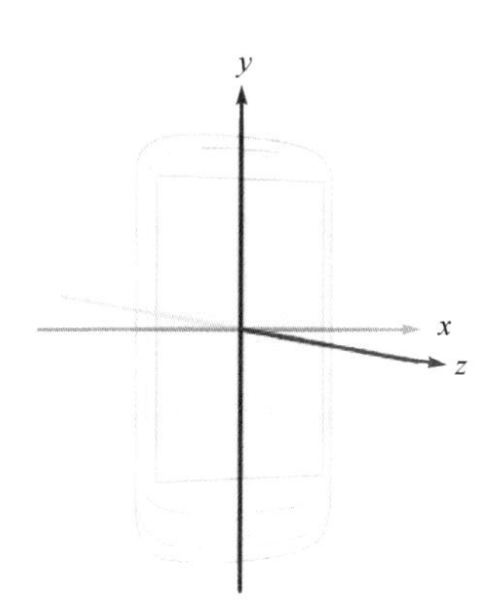

图 8.4　手机加速度方向坐标系

表 8.2　手机屏幕方向传感器采集到的原始数据

方向 x 坐标	方向 y 坐标	方向 z 坐标
−41.112537	8.184002	−131.447850
−41.112537	8.184002	−132.087500
−40.302890	5.275033	−132.090870

表 8.3　手机加速度传感器采集到的原始数据

加速度 x 坐标	加速度 y 坐标	加速度 z 坐标
−1.0247183	6.2823853	7.1251445
−0.5841852	6.1674640	7.0485296
−0.6799533	6.2728086	7.3645644

由于采集到的数据中每一项指标(如压力、接触面积等)所对应的数据均可看作一个时间序列[37]，故设某一指标为 S ，使用 $[S]$ 来表示 S 指标组成的时间序列，即 $[S]=\left[s_{t_0},s_{t_1},\cdots,s_{t_{n-1}}\right]$ ，其中 t_i 为某一时刻且 $t_0<t_1<\cdots<t_{n-1}$ ， s_{t_i} 为该指标在 t_i 时刻的取值， n 为时间序列的长度。

而且，可以根据采集到的时间戳和手指的 x、y 坐标计算出任意两个时间戳之间手指移动的平均速度组成的时间序列 $[\text{velocity}]=\left[v_{t_0},v_{t_1},\ldots,v_{t_{n-2}}\right]$，其中平均速度为

$$v_{t_i}=\frac{\sqrt{\left(x_{t_{i+1}}-x_{t_i}\right)^2+\left(y_{t_{i+1}}-y_{t_i}\right)^2}}{t_{i+1}-t_i} \tag{8-1}$$

因此，用户输入一次手势密码或者操作应用时的一次手势滑动操作产生的姿势行为数据可表示为 $\left\langle[\text{orient}_x],[\text{orient}_y],[\text{orient}_z],[\text{acc}_x],[\text{acc}_y],[\text{acc}_z]\right\rangle$，产生的手势行为数据可表示为 $\left\langle[\text{finger}_x],[\text{finger}_y],[\text{pressure}],[\text{size}],[\text{velocity}]\right\rangle$。

8.2.3　姿势特征提取

(1) 姿势特征的计算

由 8.2.2 节可知,采集到的姿势行为数据为 $\left\langle[\text{orient}_x],[\text{orient}_y],[\text{orient}_z],[\text{acc}_x],[\text{acc}_y],[\text{acc}_z]\right\rangle$，这是由若干个指标的时间序列组成的集合。因此，需要从时间序列的角度来提取特征，从而描述用户的姿势行为。对姿势行为数据的每个时间序列提取以下特征：

① 反映时间序列整体情况的特征，如平均值、方差、极差、最大值、最小值和持续时间等；

② 反映时间序列之间差异大小的特征。由于每一次的手势操作在绝大多数情况下持续时间不同，故时间序列的长度 n 不同。为了衡量不同长度的时间序列之间的差异，使用动态时间归整(dynamic time warping，DTW)算法[38]来计算时间序列间的距离。该算法使用动态规划的思想，得到的距离越小，表明两个时间序列越相似。因采集数据应用的采集频率较高，时间序列的长度较长，且指标在相邻时间戳间变化很小，故为减少计算时间，可从时间序列中抽取部分点来计算距离。设该时间序列 $[S]=\left[s_{t_0},s_{t_1},\cdots,s_{t_{n-1}}\right]$，选用 $[S']=\left[s_{t_0},s_{t_3},\cdots,s_{t_{3i}},\cdots,s_{t_{3k}}\right]$，其中 $k=\left\lfloor\frac{n-1}{3}\right\rfloor$。由于只关注各时间序列距离的相对大小，取该用户训练集中该指标的第一个时间序列作为参考时间序列。因此，对于某一指标 S，设训练集的大小为 m，则训练集存在 m 个 S 的时间序列，记为 $\left([S]_0,[S]_1,\cdots,[S]_{m-1}\right)$。取 $[S]_{\text{ref}}=[S']_0$，则第 i 个时间序列与参考时间序列之间的距离 $d_{s_i}=\text{DTW}\left([S']_i,[S]_{\text{ref}}\right)$。

将从姿势行为数据中提取出的特征称为姿势特征，使用的具体姿势特征如表 8.4 所示。

表 8.4 姿势特征

整体特征	手机屏幕方向的 x、y 坐标的平均值、方差、极差
	手机在 x、y、z 方向上的加速度的平均值、方差、极差
差异特征	手机屏幕方向的 x、y 坐标组成的时间序列与其对应参考时间序列间的距离

(2) 特征变换与归约

经过特征计算，得到的特征分向量若直接放入分类或者聚类算法中，效果较差，仍需要做进一步的处理。

计算出的特征，由于含义各不相同，其取值范围有差别甚至差别很大。例如，手机触摸屏压力和接触面积的取值范围在$[0,1]$之间，因此其均值也在$[0,1]$之间。而手机方向的 x 坐标的取值范围为$[-180,180]$，故其均值也在$[-180,180]$之间。不同特征所具有的不同取值范围会对之后进行的分类和聚类算法造成干扰。因此需要进行特征变换将各特征的取值范围变为相同。对于每个特征x，均使用公式$(x_i - x_{\min})/(x_{\max} - x_{\min})$[39]进行处理，使得所有姿势特征的取值均处于$[0,1]$区间之内，以提升认证效果。

在实际利用机器学习方法解决分类或聚类问题时，计算的特征数量会相对较多。这些特征之间可能互不相关，也可能存在依赖关系。而且，当特征数量过多时，模型的训练时间也相应增加。并且其中可能存在一定的冗余信息，会导致机器学习算法效果的下降，称之为维数灾难。为解决这一问题，需进行特征降维。目前常见的特征降维方法分为两类，一类是特征选择，另一类是特征归约。特征选择是从已有特征中剔除多余和不相关的特征，特征归约是将已有特征向量通过数学的方法变换为维数更少的特征向量。本小节采用主成分分析算法[40]对姿势特征向量进行处理，以降低特征向量的维度。主成分分析算法通过坐标变换将原特征映射到低维空间。新特征是原特征的线性组合，可以通过最大化样本方差来使新特征尽可能互不相关。通过采用主成分分析算法，可以减少数据中冗余信息对算法的干扰，并加速后续模型的训练速度。

经过对特征的计算和处理，可将一个用户的特征向量的集合记为$V_{\text{user}} = \left(\overrightarrow{v^1}, \overrightarrow{v^2}, \cdots, \overrightarrow{v^i}, \cdots, \overrightarrow{v^n}\right)$，$n$为特征向量的个数。其中每个特征向量$\overrightarrow{v^i}$对应于一次手势密码的输入操作或者一次操作应用的手势滑动操作，并且由姿势特征分向量$\overrightarrow{v_{\text{pos}}^i}$和手势特征分向量$\overrightarrow{v_{\text{ges}}^i}$组成，即$\overrightarrow{v^i} = \left(\overrightarrow{v_{\text{pos}}^i}, \overrightarrow{v_{\text{ges}}^i}\right)$。登录时认证和持续性认证两种方法提取的手势特征不同，具体手势特征详见 8.3.1 节和 8.4.1 节。

8.2.4　姿势聚类算法

本章认证系统架构的思路是为用户的每个姿势分别构建一个手势认证子模型。由于在实际应用时不可能直接得到用户当前处于何种姿势，故需要根据手机的方向传感器和加速度传感器所采集的姿势行为数据进行分析。在进行模型训练时，为了标记每个特征向量所属的姿势，从而为不同的姿势分别训练手势认证子模型，本小节使用聚类的思想，根据姿势行为特征聚类出不同姿势。

使用用户的姿势特征 $\overrightarrow{v_{\text{pos}}}$ ，选用 K-means 聚类算法[41] 进行聚类。K-means 聚类算法首先从所有点中选取 K 个点作为簇中心，之后重复执行以下两个步骤，直到簇不再发生变化或者达到最大的迭代次数。第一步是计算所有点到簇中心的距离，将该点指派给与其距离最近的簇中心。第二步是重新计算每个簇的簇中心。需要注意，聚类计算距离时使用欧几里得距离。

使用 K-means 聚类算法可以聚类出用户的不同姿势，得到用于判定用户处于何种姿势的姿势判别器以及用于为每个姿势分别训练手势认证子模型的预测姿势标签。然而，仍有两个问题需要解决，一是确定姿势的个数，二是找到一种方法来判定用户姿势的合法性。

(1) 姿势个数的确定

由于 K-means 聚类算法需要预先设定聚类的个数 K ，而实际应用中用户姿势的个数是不可知的。因此需要一种方法来确定 K 值(即姿势的个数)。这里使用轮廓系数(silhouette coefficient)[42]来确定 K 值。轮廓系数的具体计算方法如下：对于第 i 个特征向量，计算该特征向量到与其属于同一簇的其他特征向量的距离的平均值，记为 $a(i)$ ，并分别计算该向量到其余每个簇中的所有向量的距离的平均值，取其中的最小值，记为 $b(i)$ ，则该特征向量的轮廓系数为 $s(i)=\dfrac{b(i)-a(i)}{\max\{a(i),b(i)\}}$ 。轮廓系数越大，表明选取的 K 值越合适。

关于 K 值上限的确定，考虑到用户使用手机可能会处于坐、站、走、躺等不同的动作状态，而且手机也可能被拿在手里或者放在桌子上等，因此姿势的可能性比较多。然而，每个人习惯的姿势并不会太多且相似的姿势可以被聚类算法合并为一种(见 8.2.5 节)，故将 K 值的上限设置为 6。在聚类时，将 K 值从 2 增加到 6。对于每个 K 值分别进行聚类，并计算轮廓系数，取使轮廓系数最大的 K 值为最终 K 值。

(2) 姿势合法性的判定

由 K-means 聚类算法得到的姿势判别器(即 K 个簇中心)可以用于判定某一特征属于用户的何种姿势。但是，非法用户可能使用不同的姿势。因此需要找到一种方法区分非法用户的姿势和合法用户的姿势，即判定某一特征向量所代表的姿势是否属于合法用户。为此，本小节给出了一种基于阈值的用于判定姿势合法性的方法。

由于已经使用 K-means 聚类算法聚类出了 K 个簇中心，这 K 个簇分别对应用户的 K 个姿势。特征向量与哪个簇中心的欧几里得距离最小，则该特征向量属于哪个簇。而一个非法特征向量(即该特征向量对应的姿势不属于该用户)到 K 个簇中心的距离应该均比合法向量到其所属簇中心的距离大很多。因此，思路是确定一个阈值，该阈值反映属于该用户的合法特征向量到其所属簇中心距离的最大可能值。当某一特征向量到各个簇中心的距离的最小值仍大于该阈值时，认为该特征向量不属于该用户。

阈值的计算方法如下：分别计算该用户所有特征向量到其所属簇中心的距离，并计算这些距离的平均值 $\overline{d}$ 和方差 σ^2 。令阈值取这两个值的线性组合，即阈值 $=a\overline{d}+b\sigma^2$ 。为确定 a 与 b ，令 a 从 1 增加到 5，b 从 1 增加到 10。实验发现，当 $a=3$ 且 $b=7$ 时效果最好。

(3) 姿势聚类算法

姿势聚类算法的过程为：首先使用轮廓系数确定姿势个数 K 的值，并使用 K-means 聚类算法进行聚类，得到 K 个簇中心作为姿势判别器，同时得到每个特征向量所属的预测姿势标签。之后计算阈值，用于判定某特征向量所属姿势是否属于该用户。具体过程如算法 8.1 所示。

算法 8.1 姿势聚类算法

输入：该用户的特征向量集 V_{user}

输出：姿势判别器、预测姿势标签、姿势合法性阈值

1. 从该用户的特征向量集 V_{user} 中提取出姿势特征分向量

$$V_{\text{user-pos}}=\left(\overrightarrow{v_{\text{pos}}^1},\overrightarrow{v_{\text{pos}}^2},\cdots,\overrightarrow{v_{\text{pos}}^i},\cdots,\overrightarrow{v_{\text{pos}}^n}\right)$$

2. 将 K 值从 2 增加到 6，分别使用 K-means 聚类算法进行聚类，并计算轮廓系数，取使轮廓系数最大的 K 值为最终 K 值，训练出姿势判别器，并得到预测姿势标签
3. 计算每个特征向量到其所属簇中心的距离
4. 计算特征向量到其所属簇中心距离的均值和方差，并由此通过计算得到姿势合法性阈值，即：姿势合法性阈值= 3× 特征向量到其所属簇中心距离的均值+ 7× 特征向量到其所属簇中心距离的方差

8.2.5 姿势聚类实验分析

本小节旨在设计出一种能够适应姿势改变的认证模型。为评价该模型的好坏，采集数据时需要采集用户在不同姿势下输入手势密码进行登录和使用手势滑动操

作所产生的行为数据。这里采集以下四种不同的姿势，这四种姿势包括了大部分常见的用户使用手机时的姿势：

① 用户站立，手持手机。

② 用户坐在椅子上，手持手机。

③ 用户坐在椅子上，手机放在桌子上。

④ 用户躺在床上或沙发上，手持手机。

(1) 聚类效果分析

为了评价姿势聚类的好坏，在数据采集阶段记录用户每次输入手势密码时所处的真实姿势。根据算法 8.1 进行姿势聚类可得到预测姿势标签，通过比较预测姿势和真实姿势，便可以判定聚类效果的好坏。

采用调整兰德系数(adjusted rand index，ARI)[43]来评价聚类结果。该指数取值在$[-1,1]$之间，越接近 1 则表示聚类效果越好。计算得到的随机选择出的 20 名用户的调整兰德系数如图 8.5 所示，可知调整兰德系数值大多数在 0.8 以上，姿势聚类效果较好。

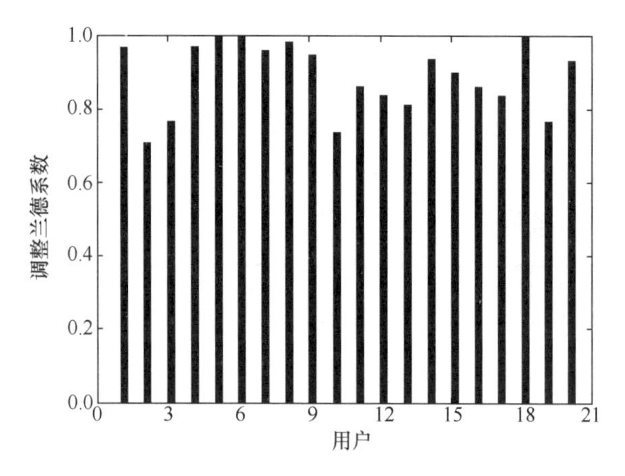

图 8.5　各用户姿势聚类效果

(2) 预测姿势个数分析

从所有用户的数据中随机抽取了四名用户的姿势行为数据，对姿势聚类算法效果进行进一步的分析。根据姿势聚类算法，本小节采用轮廓系数最大的 K 值作为预测姿势个数。通过实验观察，发现姿势聚类算法中根据轮廓系数预测的姿势个数与用户真实姿势个数可能会不相同。预测姿势个数和真实姿势个数的对比有以下三种情况：第一种是预测姿势个数比真实姿势个数少，产生的原因是用户的某些真实姿势差别不大，反映在特征向量空间上相对比较接近，在进行姿势聚类时被聚类算法合并成了一种姿势。第二种是预测姿势个数比真实姿势个数多，其产生的原因是用户某些姿势下的行为数据反映在特征向量空间上间距较大，被聚类算法划分到不同的簇，从而将用户的某些真实姿势分为两种或多种姿势，造成预测姿势个数比真实姿势个数多。第三种是预测姿势个数与真实姿势个数完全相同。综上所述，尽管通过轮廓系数预测的用户姿势个数与真实姿势个数可能存在不同，同一姿势可能被分为更精细的姿势，相似姿势可能被合并为一个姿势，但最终聚类结果是合理的。

8.3 登录时认证模型的构建及认证

手势密码已成为一种常见的移动端登录时认证方法，但其易被恶意软件窃取，存在一定的安全隐患。为手势密码添加行为模式认证成为提高手势密码安全性的一个重要研究方向。在用户通过手势密码进行登录操作时，除了要求用户正常输入预设的手势密码之外，还需要在程序后台记录并分析用户的手势和姿势行为信息，提取出行为特征并使用行为认证模型进行判定。为了提升手势密码的安全性，用户只有输入正确的手势密码并且其手势和姿势行为通过行为认证模型的验证才能够正常登录。本节给出一种登录时认证模型的构建及认证方法，该方法使用8.2节中给出的基于用户姿势的触屏行为认证系统架构，以适应用户姿势改变的情况。本节首先介绍登录时认证所使用的手势行为特征的提取方法，之后介绍如何为用户的每个姿势分别训练手势认证子模型，并给出进行登录时认证的认证方法。最后，对登录时认证的实验效果进行分析。

8.3.1 登录时认证手势特征的提取

在用户输入手势密码进行登录操作时，由8.2节可知，数据采集模块通过手机的触摸屏采集用户的手势行为数据。这些手势行为数据可以表示为$\left\langle [\text{finger}_x],[\text{finger}_y],[\text{pressure}],[\text{size}],[\text{velocity}]\right\rangle$，分别代表手指在触摸屏上的$x$坐标、$y$坐标、压力、接触面积和手指移动速度，可看作由若干个指标的时间序列所组成的集合，同提取姿势特征类似，可以从时间序列的角度提取手势行为特征。针对手势密码的情况，对于每个时间序列，提取以下几类特征：

① 反映时间序列整体情况的特征，如平均值、方差、极差、最大值、最小值和持续时间等。

② 反映时间序列局部情况的特征，如起始位置特征(S_{init}，见式(8-2))、中间位置特征(S_{mid}，见式(8-3))、终止位置特征(S_{end}，见式(8-4))以及该时间序列取最大值、最小值的时刻在总时间中的位置($S_{\text{max_loc}}$和$S_{\text{min_loc}}$，见式(8-5)和式(8-6))。具体公式为

$$S_{\text{init}} = \frac{S_{t_0} + S_{t_1} + S_{t_2}}{3} \tag{8-2}$$

$$S_{\text{mid}} = \frac{S_{t_{\left\lfloor \frac{n}{2} \right\rfloor - 1}} + S_{t_{\left\lfloor \frac{n}{2} \right\rfloor}} + S_{t_{\left\lfloor \frac{n}{2} \right\rfloor + 1}}}{3} \tag{8-3}$$

$$S_{\text{end}} = \frac{S_{t_{n-3}} + S_{t_{n-2}} + S_{t_{n-1}}}{3} \tag{8-4}$$

$$S_{\text{max\_loc}} = \frac{i}{n}, s_i \text{是}[s]\text{中的最大值} \tag{8-5}$$

$$S_{\text{min\_loc}} = \frac{j}{n}, s_j \text{是}[s]\text{中的最小值} \tag{8-6}$$

③ 反映时间序列之间差异大小的特征，具体描述见 8.2.3 节。

这里将从用户使用手势密码进行登录时产生的手势行为数据中提取出的特征称为登录时认证手势特征。具体的登录时认证手势特征如表 8.5 所示。

表 8.5　登录时认证手势特征

整体特征	手指压力、接触面积的平均值、方差、最大值、最小值
	手指相邻时间戳之间移动速度的平均值、方差、最大值、最小值
	手势的持续时间
局部特征	起始位置、中间位置、终止位置处的手指 x 坐标、y 坐标、压力、接触面积
	手指压力、接触面积取最大值、最小值的时刻在总时间中的位置
差异特征	手指 x 坐标、y 坐标、压力、接触面积组成的时间序列与其对应参考时间序列间的距离
	手指相邻时间戳间的平均速度组成的时间序列与其对应参考时间序列间的距离

与姿势特征类似，使用公式 $(x_i - x_{\min})/(x_{\max} - x_{\min})$ 对登录时认证手势特征进行处理，使得所有登录时认证手势特征的取值均处于 $[0,1]$ 区间。同样采用主成分分析算法对登录时认证手势特征进行处理，以降低特征向量的维度。

8.3.2　训练各姿势下的手势认证子模型

通过姿势聚类算法，可得到每个特征向量的预测姿势标签。根据这些标签可以将训练集中的特征向量分为 K 组，即划分为 K 个不同的姿势。为每个姿势分别训练一个手势认证子模型，用来判定处于该姿势下的用户的手势行为是否合法。

训练手势认证子模型时使用特征向量中的手势特征分向量 $\overrightarrow{v_{\text{ges}}}$ 。在现实情况中，绝大多数用户的手机上只有本人的行为信息，或只有少量非法用户的行为信息。另外，由于不同用户设置的手势密码多种多样，即使在服务器端也不能保证可以找到设置了同样手势密码的用户的手势行为数据。令该用户的手势行为数据为正样本。然而，在绝大多数情况下，无法获得训练该用户手势认证子模型的负样本。因此，将该问题看作异常检测问题，使用单类支持向量机算法[44]来训练判定手势认证模型。

各姿势下手势认证子模型的训练过程为：首先，根据算法 8.1 得到的预测姿势标签将属于同一姿势的特征向量聚合在一起。之后，对于每个姿势，使用单类支持向量机算法根据该用户的手势特征训练模型，得到该姿势下的手势认证子模型。具体过程如算法 8.2 所示。

算法 8.2　登录时认证中各姿势下的手势认证子模型的训练算法

输入：该用户的特征向量集 V_{user} 、预测姿势标签
输出：各姿势下的手势认证子模型
1. 从该用户的特征向量集 V_{user} 中提取出手势特征分向量

$$V_{\text{user-ges}}=\left(\overrightarrow{v_{\text{ges}}^{1}},\overrightarrow{v_{\text{ges}}^{2}},\cdots,\overrightarrow{v_{\text{ges}}^{i}},\cdots,\overrightarrow{v_{\text{ges}}^{n}}\right)$$

2. 根据预测姿势标签和手势特征分向量 $V_{\text{user-ges}}$，将属于相同姿势的特征向量聚合在一起，即形成聚类姿势特征向量
3. 根据聚类姿势特征向量，对于其中的每个姿势，分别使用该姿势的用户手势特征分向量，利用单类支持向量机算法训练模型，得到该姿势下的手势认证子模型

8.3.3　登录时认证方法

根据算法 8.1 可得到用于判定某姿势是否属于该用户的阈值和用于判定用户所处姿势的姿势判别器(即聚类出的 K 个簇中心)。根据算法 8.2 可得到分别对应于用户的 K 个姿势的 K 个手势认证子模型。

这些认证模型可以用于为手势密码增加行为认证。在用户输入手势密码时，除验证该手势密码与预设的手势密码是否相同外，可使用上述行为模型对用户的姿势和手势合法性进行进一步认证，从而提升手势密码的安全性。

如图 8.6 所示，认证过程如下：在用户登录时，显示输入手势密码的界面；在用户输入手势密码的过程中，通过方向、加速度传感器和触摸屏采集 8.2.2 节中所列的用户姿势和手势行为数据。之后首先判定用户输入的手势密码是否与预设的手势密码相同，再判定当前用户的姿势是否合法。若合法则判定其所属姿势，并利用该姿势对应的手势判别器判断用户的手势是否合法。具体登录时认证过程如算法 8.3 所示。

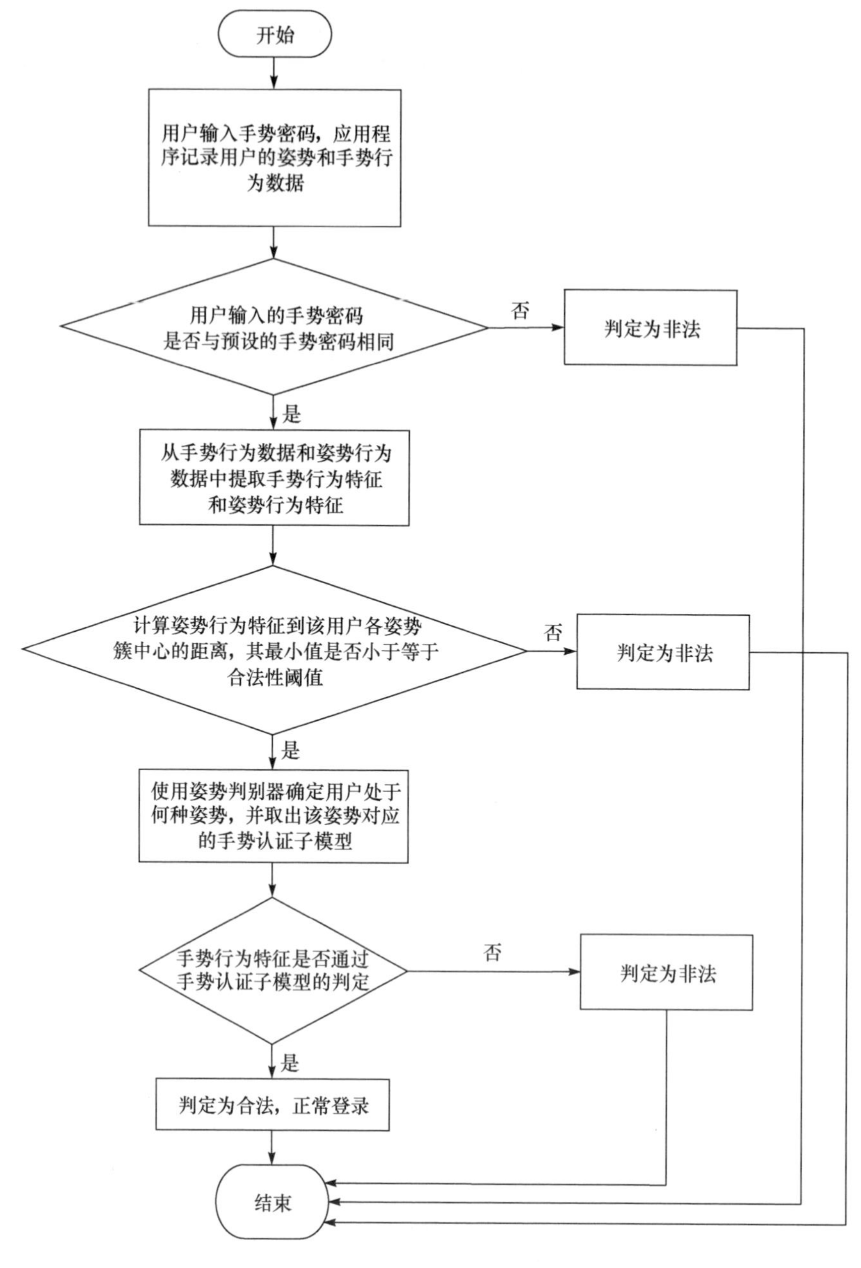

图 8.6 登录时认证流程

算法 8.3 登录时认证过程

输入：用户输入的手势密码、合法用户预设的手势密码、输入手势密码时采集到的姿势数据、输入手势密码时采集到的手势数据、姿势判别器、姿势合法性阈值、各姿势下的手势

认证子模型

输出：认证结果(合法或非法)

1. 判定手势密码是否正确。比较用户输入的手势密码和合法用户预设的手势密码是否相同，若不同，判定为非法
2. 特征提取。从输入手势密码时采集到的姿势数据和手势数据中分别计算出表 8.4 所列的姿势特征和表 8.5 中所列的登录时认证手势特征，并进行特征变换和降维，得到特征向量 $\vec{v}=\left(\overrightarrow{v_{\text{pos}}},\overrightarrow{v_{\text{ges}}}\right)$
3. 判定当前用户的姿势是否属于合法用户，若合法则进一步判定属于哪个姿势。计算 $\overrightarrow{v_{\text{pos}}}$ 到姿势判别器中 K 个簇中心的距离 $d_1,d_2,\cdots,d_K$，取其中的最小值 $d_{\min}$。若 $d_{\min}$ 大于姿势合法性阈值，则认为当前用户的姿势不属于合法用户，判为非法。否则，则认为当前用户的姿势属于合法用户，取 $d_{\min}$ 所对应的簇中心的序号 i 为当前用户的姿势序号
4. 判定手势是否合法。根据上一步中得到的姿势序号 i 取出该姿势对应的手势认证子模型，输入 $\overrightarrow{v_{\text{ges}}}$ 进行判定，得到最终判定结果

8.3.4　实验结果与分析

实验数据的采集由我们编写的一个 Android 应用程序完成。该应用程序会显示一个输入手势密码的界面并要求用户进行输入。在用户输入手势密码时，会记录下用户手势和姿势行为数据。

本次实验共采集 30 名用户的数据，其中 14 名用户为在校研究生，16 名用户为工作时间在 1 到 5 年不等的程序员。采集数据时，其中 15 名用户被要求输入如图 8.7 所示的手势密码，另外 15 名用户被要求输入如图 8.8 所示的手势密码。

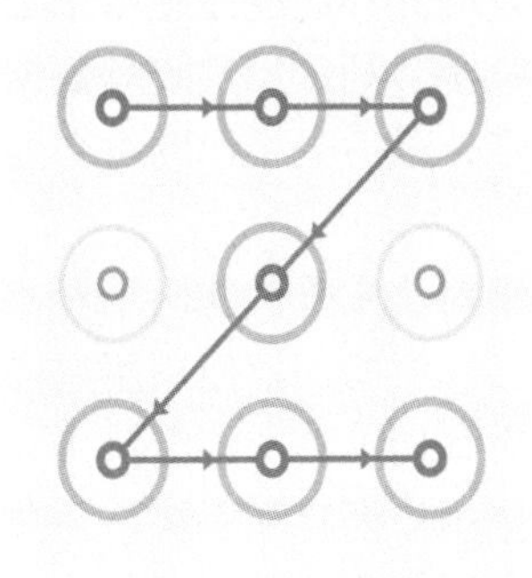

图 8.7　手势密码 1

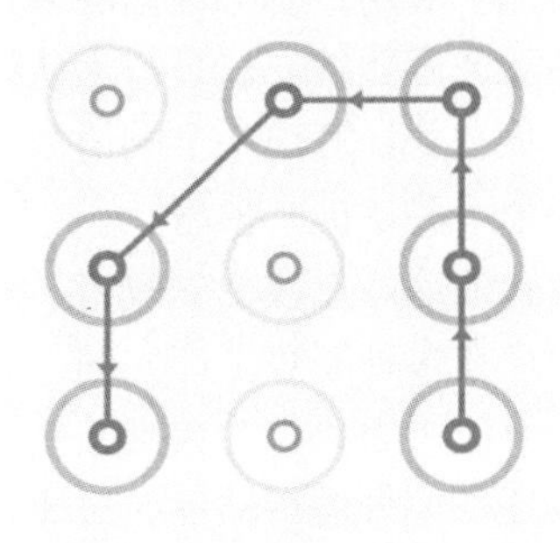

图 8.8　手势密码 2

本小节旨在给出一种能够适应姿势改变的手势认证模型的构建方法。为了验证方法的有效性，需采集用户处于不同姿势时的数据。采集数据时，每名用户被要求从 8.2.5 节所列的姿势中选取 3 个或 4 个不同姿势，并保持这些姿势进行手势

密码输入操作。最终，有 16 名用户选取 3 个不同姿势，另外 14 名用户选取了全部 4 个姿势。每名用户每个姿势累计采集了 30 次有效数据(输入正确的手势密码)。最终，共收集有效数据 3120 条。

本次数据采集工作使用的是华为 Ascend P6 手机。该手机采用海思 K3V2E 的 CPU，4.7 英寸屏幕，2G 的 RAM 和 8G 的 ROM，Android 4.2 系统。

数据的处理、模型的训练以及认证均使用 Python 语言中的 numpy 和 scikit-learn 库实现。

采集到的数据按照 6∶4 的比例被随机划分为训练集和测试集,使用训练集中的数据训练行为认证模型，使用测试集中的数据评价该行为认证模型判定效果的好坏。在验证模型判定效果时，当前用户的数据被看作合法用户的登录数据，而从其他用户的数据中随机抽取的与当前用户相同数量的数据被看作非法用户的登录数据。

使用漏检率(false acceptance rate，FAR)和误检率(false rejection rate，FRR)[45]这两个指标来评价判定效果。漏检率表示非法用户被判定为合法的概率，误检率表示合法用户被判定为非法的概率，它们的具体定义为

$$\mathrm{FAR}=\frac{\text{非法用户被判定为合法的次数}}{\text{非法用户登录次数}} \tag{8-7}$$

$$\mathrm{FRR}=\frac{\text{合法用户被判定为非法的次数}}{\text{合法用户登录次数}} \tag{8-8}$$

本小节设计的认证方法采用了 8.2 节中给出的基于用户姿势的触屏行为认证系统架构。该方法相对于已有的方法主要有两点改变，以适应用户姿势的改变。一是增加了对用户姿势数据的采集，使用手机的方向和加速度传感器采集手机的方向和加速度数据。二是行为认证的方法不同。本小节利用用户姿势数据聚类出用户姿势，并计算出一个阈值用于判定姿势合法性，最后为用户的每个姿势分别训练一个手势认证子模型。

为验证这两点改变的效果，本小节设计了两个对比实验。这两个对比实验均使用用户在多种姿势下产生的行为数据。其中，对比实验 1 不使用用户姿势行为数据，只使用手势行为数据并从中提取出特征，再利用单类支持向量机算法训练行为认证模型来进行认证。对比实验 2 则同时使用用户姿势和手势行为数据，并从中提取出特征组成特征向量，再利用单类支持向量机算法训练行为认证模型来进行认证。

另外，本小节实现了文献[27]和[28]所述的方法，并使用采集的数据(包含用户处于不同姿势时产生的行为数据)进行了实验。

以上实验均进行了 20 次，每次实验分别计算所有用户认证结果的漏检率和误

检率的平均值，得到表8.6。

表8.6　登录时认证效果对比

实验	漏检率	误检率
文献[27]	23.87%	25.22%
文献[28]	9.93%	10.06%
对比实验1	9.98%	10.14%
对比实验2	7.55%	7.73%
本实验	4.50%	4.85%

比较对比实验1和对比实验2的实验结果，可以发现姿势行为数据的使用可以提升身份认证的效果。比较对比实验2和本小节所给方法的实验结果，可以发现采用先根据姿势行为数据进行聚类，后为每个姿势分别训练一个手势认证子模型的方法比直接使用姿势行为数据认证的效果要好。同时，本小节给出的方法与已有文献提出的方法的认证效果相比，有一定的提升。

8.4　持续性认证模型的构建及认证

目前已有的大部分应用仅仅包含登录时认证，即只在用户进入应用时要求用户通过输入密码等方式进行身份认证。而且，为了提升用户体验，不少应用提供了记住密码或者登录后一定时间内不需再次登录的选项。这在给用户使用带来方便的同时，也留下了一定的安全隐患，为不法分子提供了可乘之机。本节给出了一种持续性认证模型的构建及认证方法。该方法在用户使用应用程序的过程中在后台采集用户进行滑动手势操作时的手势行为数据和姿势行为数据并进行分析和处理。通过行为认证模型对用户身份进行判定，可为用户信息安全提供持续性保障。这样即使发生了用户密码被盗或者手机丢失等导致非法用户登录应用程序的情况，本认证方法也可以通过监控用户的行为特征来识别出非法用户身份，从而提高应用的安全性。本方法使用8.2节中设计的基于用户姿势的触屏行为认证系统架构，以适应用户姿势改变的情况。本节首先介绍持续性认证所使用的手势特征的计算和处理方法，之后介绍训练用户的各姿势下手势认证子模型的方法，并给出进行持续性认证的认证方法。最后，对持续性认证的实验效果进行分析。

8.4.1　持续性认证手势特征的提取

用户使用手机时常用的手势操作有点击、滑动、两手指缩放等。单纯的点击操作尽管出现的频率最多，但反映出的用户行为习惯较少。而两手指缩放等复杂操作反映出相对更多的用户行为习惯，但在用户使用的过程中出现的频率又相对较低。因此，这些操作均不适合用于持续性身份认证。而滑动手势操作，可以较多地反映出用户的行为习惯，且出现频率较高，所以本小节使用滑动手势操作来进行用户的持续性身份认证。

用户操作应用时的一次滑动手势的简要示意如图 8.9 所示，*A*、*B*、*C*、*D*、*E*、*F*、*G* 七个点代表每次采集时手指在触摸屏的位置，*A* 点代表滑动手势的起始点(用户手指初次接触手机屏幕)，*G* 点代表滑动手势的终止点(用户手势离开手机屏幕)。

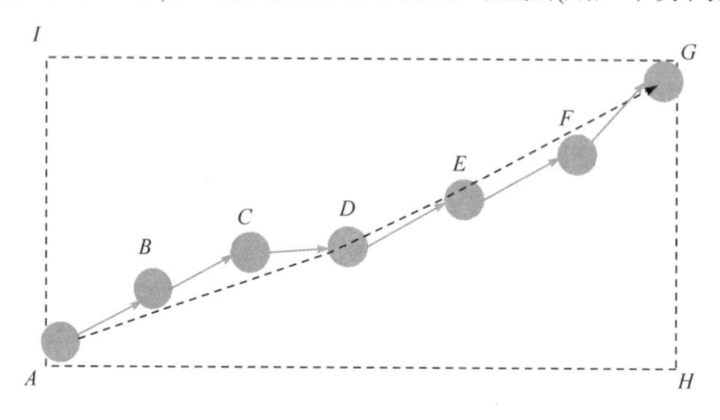

图 8.9　用户滑动手势示意

如 8.2.2 节所述，在进行持续性认证时，可以通过手机触摸屏采集用户进行滑动手势操作时手指位置的 x 坐标、y 坐标、压力、接触面积和时间戳数据。用户操作应用时的一次手势滑动操作产生的手势行为数据可表示为 $\langle[\text{finger}_x],[\text{finger}_y],[\text{pressure}],[\text{size}],[\text{velocity}]\rangle$。与登录时认证类似，这些行为数据可看作由若干个指标的时间序列所组成的集合。为了更好地刻画用户的滑动手势行为，对于用户的滑动手势操作，除了使用在进行登录时认证所采用的反映时间序列整体情况的特征和反映时间序列局部情况的特征外，另外提取以下几类特征：

① 距离特征：滑动手势起始点与终止点之间的绝对距离，即 $\text{dis}_x = \text{finger}_{x_{n-1}} - \text{finger}_{x_0}$ (即图 8.9 中的 *AH* 线段的长度)，$\text{dis}_y = \text{finger}_{y_{n-1}} - \text{finger}_{y_0}$ (即图 8.9 中的 *HG* 线段的长度)，$\text{dis}_{\text{total}}=\sqrt{\text{dis}_x{}^2 + \text{dis}_y{}^2}$ (即图 8.9 中的 *AG* 线段的长度)。

② 长度特征：从滑动手势的起始点到终止点之间任意相邻两点之间的距离之和(即图 8.9 中的线段 *AB*、*BC*、*CD*、*DE*、*EF*、*FG* 的长度之和)。

③ 方向特征：包括滑动手势的起始点与中位点(即图 8.9 中的 *D* 点)之间、中位点与终止点之间、起始点与终止点之间的偏移方向(即图 8.9 中的 *AD* 线段，*DG* 线段、*AG* 线段的偏移方向)。

具体的持续性认证手势特征如表 8.7 所示。

表 8.7　持续性认证手势特征

整体特征	手指压力、接触面积的平均值、方差、最大值、最小值
	手指相邻时间戳之间移动速度的平均值、方差、最大值、最小值
	手势的持续时间
局部特征	起始位置、中间位置、终止位置处的手指 x 坐标、y 坐标、压力、接触面积、速度
	手指压力、接触面积、速度取最大值、最小值的时刻在总时间中的位置
距离特征	起始点、终止点之间的水平、竖直和直线距离
长度特征	从起始点到终止点的总长度
方向特征	起始点与中位点之间、中位点与终止点之间、起始点与终止点之间的偏移方向

与姿势特征类似，使用公式 $(x_i - x_{\min})/(x_{\max} - x_{\min})$ 对持续性认证手势特征进行处理，使得所有持续性认证手势特征的取值均处于 $[0,1]$ 区间。同样采用主成分分析算法对持续性认证手势特征进行处理，以降低特征向量的维度。

8.4.2　训练各姿势下的手势认证子模型

由 8.2 节可知，在进行持续性认证时，首先进行姿势聚类，得到每个特征向量的预测姿势标签，然后根据这些标签将特征向量分为 K 组，即划分为 K 个不同的姿势。为每个姿势分别训练一个手势认证子模型，用来判定处于该姿势下的用户的手势行为是否合法。

训练手势认证子模型时使用特征向量中的手势特征分向量 $\overrightarrow{v_{\text{ges}}}$。将该用户该姿势下的特征向量作为正样本，并随机从其他用户中抽取与正样本相同数量的特征向量作为负样本，使用二分类算法训练用户该姿势下的手势认证子模型。本小节尝试了支持向量机算法[46]、逻辑回归算法[47]、K 近邻算法[48]、随机森林算法[49]。在调节算法模型的参数时，使用交叉验证(cross validation)方法。本小节使用三分交叉验证(3-fold cross validation)，即将训练集分为三份，循环三次，每次抽取两份用作训练模型，一份用作验证模型的效果，计算三次漏检率和误检率的平均值作为最终结果。

表 8.8 列出了四种不同分类算法的认证效果。从中可以看出，支持向量机算法、逻辑回归算法、随机森林算法的效果相差不大，K 近邻算法的效果相对较差，支持向量机算法的效果最好。故本小节选用支持向量机算法。

表 8.8　不同分类算法比较

分类算法	漏检率	误检率
支持向量机算法	3.88%	3.67%
逻辑回归算法	4.13%	3.89%
K 近邻算法	8.22%	7.63%
随机森林算法	4.37%	4.52%

各姿势下手势认证子模型的训练过程为：首先，根据算法 8.1 得到的预测姿势标签将属于同一姿势的特征向量聚合在一起；其次，对于每个姿势，使用支持向量机算法根据该用户的手势特征训练模型，得到该姿势下的手势认证子模型。具体过程如算法 8.4 所示。

算法 8.4　持续性认证中各姿势下的手势认证子模型的训练算法

输入：该用户的特征向量集 V_{user} 、预测姿势标签

输出：各姿势下的手势认证子模型

1. 从该用户的特征向量集 V_{user} 中提取出手势特征分向量

$$V_{\text{user-ges}}=\left(\overrightarrow{v_{\text{ges}}^{1}},\overrightarrow{v_{\text{ges}}^{2}},\cdots,\overrightarrow{v_{\text{ges}}^{i}},\cdots,\overrightarrow{v_{\text{ges}}^{n}}\right)$$

2. 根据预测姿势标签和手势特征分向量 $V_{\text{user-ges}}$，将属于相同姿势的特征向量聚合在一起，即形成聚类姿势特征向量
3. 根据聚类姿势特征向量，对于其中的每个姿势，以该姿势的特征向量为正样本，从其他用户中随机选择与正样本相同数量的特征向量作为负样本，利用支持向量机算法为每个姿势分别训练分类器，得到该姿势下的手势认证子模型

8.4.3　持续性认证方法

本小节根据 8.2 节中设计的基于用户姿势的触屏行为认证系统架构，给出持续性认证方法。在用户使用应用的过程中，应用程序会在后台采集用户的滑动手势操作，目的是收集这些手势操作的手势行为信息和姿势行为信息以认证用户身份。

在进行登录时认证时，用户只会输入一次手势密码，因此只能根据这一次的行为数据进行认证。而进行持续性认证则不同，由于用户在使用应用的过程中，很有可能会进行多次的滑动手势操作，因此为了提高认证的准确率，可以综合多次滑动手势的判定结果来共同确定最终结果。本小节采用少数服从多数的原则来确定最终结果。假设连续采集用户的 m 次滑动手势操作并得到其对应的判定结

果，每次滑动手势操作的判定结果有两种情况(合法表示为 1，非法表示为 0)，将这 m 次结果相加作为最终结果。若最终结果大于等于 $\lfloor m/2 \rfloor+1$，则判定为合法；否则，判定为非法。易知，此处 m 应为奇数。且 m 值越大，准确率越高，但需要采集的用户手势操作越多，判定频率越低，判定所需时间越长。但 m 的值不可过大，以防止用户操作应用时滑动手势的次数达不到。经试验，当 m 从 1 到 9 时，漏检率和误检率的变化情况如图 8.10 所示。尽管 m 为 7 和 9 时，漏检率和误检率更小，但提升程度不大。而且考虑到实际应用时用户可能仅会进行少量滑动手势操作就退出应用，因此将 m 的值设为 5。

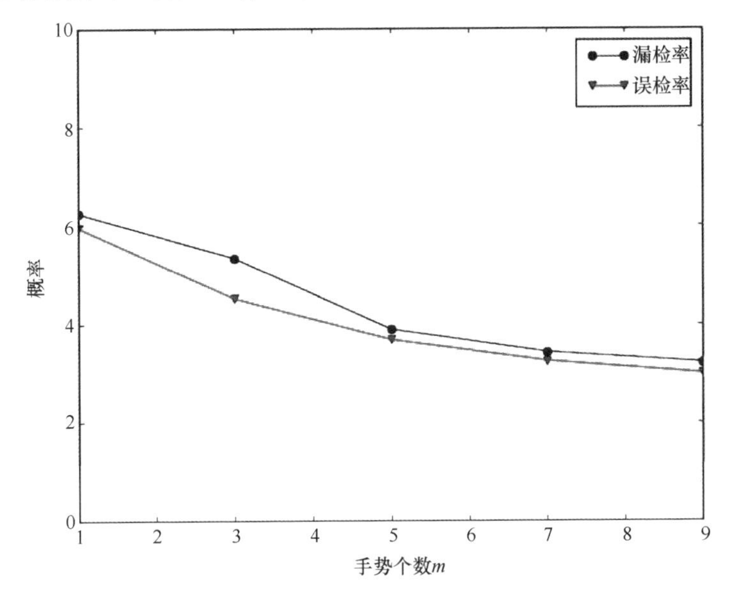

图 8.10 漏检率和误检率随手势个数 m 变化图

如图 8.11 所示，认证过程如下：在用户使用应用进行滑动手势操作时，应用程序通过方向、加速度传感器和触摸屏采集 8.2.2 节中所列的用户姿势和手势行为数据，并由这些行为数据提取出姿势特征和手势特征。根据阈值判定用户姿势是否合法，若合法则根据用户姿势判别器判定当前用户处于何种姿势，并找到该姿势对应的手势认证子模型。根据该手势认证子模型判定用户手势行为是否合法，得到该滑动手势的判定结果。连续采集用户的 m 次滑动手势操作，并得到其对应的判定结果，再根据少数服从多数的原则得到最终的用户身份判定结果。具体持续性认证过程如算法 8.5 所示。

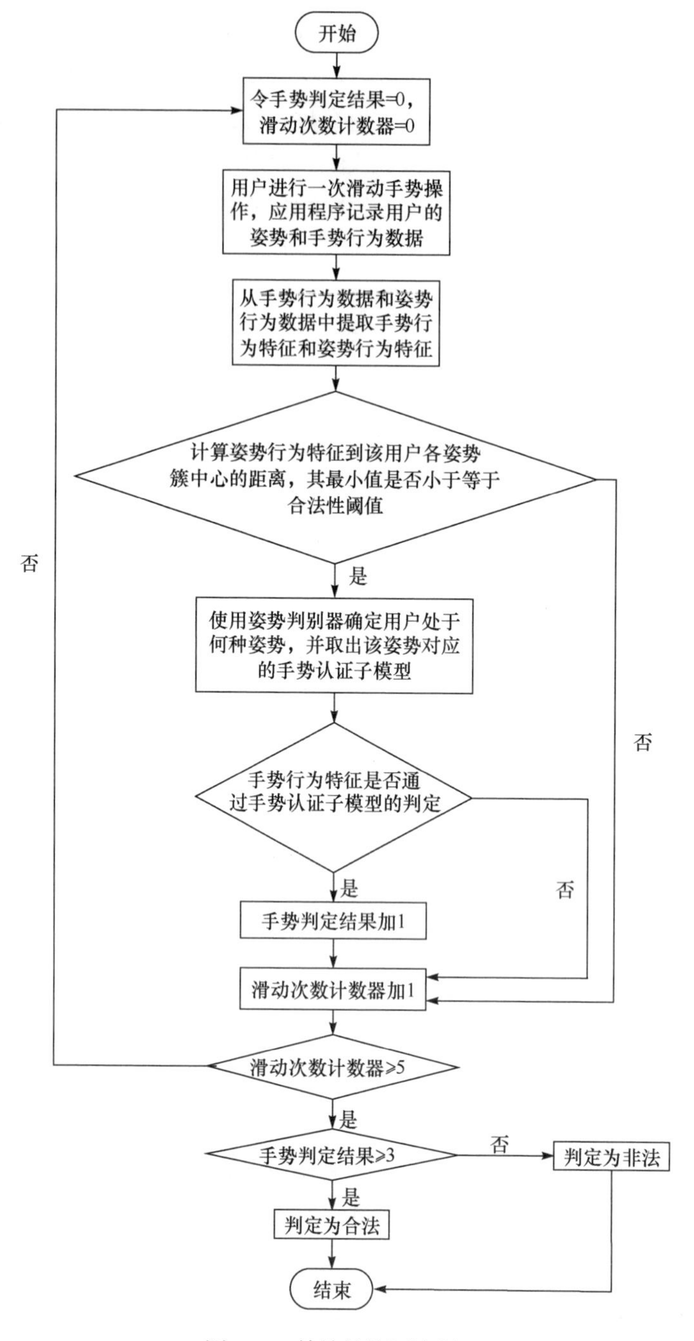

图 8.11　持续性认证流程

算法 8.5　持续性认证过程

输入：滑动手势操作的姿势行为数据、滑动手势操作的手势行为数据、姿势判别器、姿势合法性阈值、各姿势下的手势认证子模型

输出：认证结果(合法或非法)

1. 特征提取。从滑动手势操作的姿势行为数据和手势行为数据中分别计算出表 8.4 中所列的姿势特征和表 8.7 中所列的持续性认证手势特征，并进行特征变换和降维，得到特征向量 $\vec{v}=\left(\overrightarrow{v_{\text{pos}}},\overrightarrow{v_{\text{ges}}}\right)$
2. 判定当前用户的姿势是否属于合法用户，若合法则进一步判定属于哪个姿势。计算 $\overrightarrow{v_{\text{pos}}}$ 到姿势判别器中 K 个簇中心的距离 $d_1,d_2,\cdots,d_K$，取其中的最小值 $d_{\min}$。若 $d_{\min}$ 大于姿势合法性阈值，则认为当前用户的姿势不属于合法用户，判为非法。否则，则认为当前用户的姿势属于合法用户，取 $d_{\min}$ 所对应的簇中心的序号 i 为当前用户的姿势序号
3. 判定滑动手势是否合法。根据上一步中得到的姿势序号 i 取出该姿势对应的手势认证子模型，输入 $\overrightarrow{v_{\text{ges}}}$ 进行判定，得到该滑动手势的判定结果(合法为 1，非法为 0)
4. 将上述流程循环 5 次，得到用户 5 次滑动手势的判定结果
5. 将 5 次滑动手势的判定结果相加，若大于等于 3 则判定该用户合法，否则判定为非法

8.4.4　实验结果与分析

在进行持续性认证的研究中，实验数据的采集由我们开发的 Android 应用程序完成，如图 8.12 所示。该应用程序会显示一个界面让用户进行滑动手势操作，滑动手势的方向(向上、向下、向左、向右)由程序随机生成。用户被要求按照指定的方向，根据自己的习惯进行滑动手势操作。每输入一次滑动手势更新一次手势方向，程序会在后台记录用户的手势行为数据和姿势行为数据。

图 8.12　持续性认证手势行为数据采集器

本实验共采集 30 名用户的数据。每名用户被要求从 8.2.5 节所列的姿势中选取 3 个或 4 个不同姿势，并保持这些姿势进行滑动手势操作。最终，有 16 名用户选取 3 个不同姿势，另外 14 名用户选取了全部 4 个姿势。每名用户每个姿势累计采集了 50 次滑动手势操作的数据。最终，共收集有效数据 5200 条。

本次数据采集工作使用的是华为 Ascend P6 手机。该手机采用海思 K3V2E 的 CPU，4.7 英寸屏幕，2G 的 RAM 和 8G 的 ROM，Android 4.2 系统。

数据的处理、模型的训练以及认证均使用

Python 语言中的 numpy 和 scikit-learn 库实现。

采集到的数据按照 6 : 4 的比例被随机划分为训练集和测试集，使用训练集中的数据训练行为认证模型，使用测试集中的数据评价该行为认证模型判定效果的好坏。将当前用户的行为数据视为合法用户的数据，从其他用户的行为数据中随机取出的与当前用户相同数量的数据作为非法用户的行为数据。

与登录时认证相同，使用漏检率和误检率这两个指标来评价判定效果。

本小节旨在给出一种能够适应用户姿势改变的持续性认证方法，故采用了 8.2 节中设计的基于用户姿势的触屏行为认证系统架构。该方法相对于已有方法主要做出了两点改变：一是增加了对用户姿势数据的采集，采集了用户进行滑动手势操作时的手机的方向和加速度。二是行为认证的方法不同。持续性认证首先利用用户姿势数据聚类出用户姿势，并计算出一个阈值用于判定姿势合法性，同时为用户的每个姿势分别训练一个手势认证子模型。认证时先判定姿势是否合法，之后判定属于何种姿势，最后根据该姿势对应的手势认证子模型来判定手势行为的合法性。

为验证这两点改变的效果，与登录时认证类似，本小节设计了两个对比实验。其中，对比实验 1 不使用用户姿势行为数据，只使用手势行为数据并利用支持向量机算法训练行为认证模型来进行认证。对比实验 2 则同时使用用户姿势和手势行为数据，不进行姿势聚类操作，直接使用支持向量机算法训练认证模型。

同时，本小节实现了文献[29]和[30]所述的方法，并使用采集的数据(包含用户处于不同姿势时的手势和姿势行为数据)进行了实验。

以上实验均进行了 20 次，每次试验分别计算所有用户漏检率和误检率的平均值，得到表 8.9。

表 8.9　持续性认证效果对比

实验	漏检率	误检率
文献[29]	7.36%	7.14%
文献[30]	6.79%	7.02%
对比实验 1	7.13%	6.97%
对比实验 2	5.09%	5.21%
本实验	3.88%	3.67%

由实验结果可知，对比实验 1 不使用用户的姿势行为数据，其漏检率和误检率分别为 7.13%和 6.97%。而对比实验 2 使用了姿势行为数据，但未进行姿势聚类，其漏检率和误检率分别为 5.09%和 5.21%。由此可知姿势行为数据的使用可以提升认证效果。而本小节的方法是先进行姿势聚类，再为每个姿势分别训练一个手势认证子模型，其漏检率和误检率分别为 3.88%和 3.67%，相较于对比实验 2

有一定提升。由此可见，本小节给出的方法比单纯利用姿势特征的方法的认证效果要好，具有更高的应用价值。

8.5 本章小结

由于用户的行为特征具有独特性和不易模仿性，基于用户的行为进行身份认证成为研究的热点。然而，已有的相关研究均未考虑用户姿势对于用户手势行为认证的影响。为了使身份认证方法可以适应用户在不同姿势下使用应用程序，本章给出了一种基于用户姿势的触屏行为认证系统架构。该认证系统通过手机的触摸屏采集用户的手势行为数据，通过手机的方向传感器和加速度传感器采集用户的姿势行为数据，从而提取出用户的手势行为特征和姿势行为特征。另外，基于该认证系统架构，本章分别给出了登录时认证和持续性认证这两种方式的认证模型构建方法。通过综合使用登录时认证和持续性认证，可以实现从用户登录到用户整个使用流程的全程监控，以提高基于移动设备支付的安全性。

参考文献

[1] 蒋昌俊, 于汪洋. 网络交易风险控制理论. 北京: 科学出版社, 2018.
[2] Meng Y, Wong D S, Schlegel R, et al. Touch gestures based biometric authentication scheme for touchscreen mobile phones. Proc. ICISC, Seoul, Korea, 2012: 331-350.
[3] Ding Y, Rattani A, Ross A. Bayesian belief models for integrating match scores with liveness and quality measures in a fingerprint verification system. Proc. ICB, Halmstad, Sweden, 2016: 1-8.
[4] Rattani A, Poh N, Ross A. A Bayesian approach for modeling sensor influence on quality, liveness and match score values in fingerprint verification. Proc. WIFS, Guangzhou, China, 2013: 37-42.
[5] Pintavirooj C, Cohen F S, Iampa W. Fingerprint verification and identification based on local geometric invariants constructed from minutiae points and augmented with global directional filterbank features. IEICE Transactions on Information and Systems, 2014, 97(6): 1599-1613.
[6] Yang S, Verbauwhede I. Automatic secure fingerprint verification system based on fuzzy vault scheme. Proc. ICASSP, Philadelphia, PA, USA, 2005: 609-612.
[7] Yadav S. Fingerprint recognition based on minutiae information. International Journal of Computer Applications, 2015, 120(10): 39-42.
[8] Peralta D, Galar M, Triguero I, et al. A survey on fingerprint minutiae-based local matching for verification and identification. Information Sciences, 2015, 315: 67-87.
[9] Taigman Y, Yang M, Ranzato M, et al. DeepFace: Closing the gap to human-level performance in face verification. Proc. CVPR, Columbus, Ohio, USA, 2014: 1701-1708.
[10] Parkhi O M, Vedaldi A, Zisserman A. Deep face recognition. Proc. BMVC, Swansea, UK, 2015: 1-12.
[11] Schroff F, Kalenichenko D, Philbin J. FaceNet: A unified embedding for face recognition and

clustering. Proc. CVPR, Boston, Massachusetts, USA, 2015: 815-823.

[12] Tefas A, Kotropoulos C, Pitas I. Using support vector machines to enhance the performance of elastic graph matching for frontal face authentication. IEEE Transactions on Pattern Analysis and Machine Intelligence, 2001, 23(7): 735-746.

[13] Li D, Zhou H, Lam K. High-resolution face verification using pore-scale facial features. IEEE Transactions on Image Processing, 2015, 24(8): 2317-2327.

[14] Sun Y, Wang X, Tang X. Hybrid deep learning for face verification. IEEE Transactions on Pattern Analysis and Machine Intelligence, 2016, 38(10): 1997-2009.

[15] Chen J, Patel V M, Chellappa R. Unconstrained face verification using deep CNN features. Proc. WACV, Lake Placid, NY, USA, 2016: 1-9.

[16] Li H, Zhang L, Huang B, et al. Sequential three-way decision and granulation for cost-sensitive face recognition. Knowledge Based Systems, 2016, 91: 241-251.

[17] Deng W, Hu J, Zhang N, et al. Fine-grained face verification: FGLFW database, baselines, and human-DCMN partnership. Pattern Recognition, 2017, 66: 63-73.

[18] Buschek D, de Luca A, Alt F. Improving accuracy, applicability and usability of keystroke biometrics on mobile touchscreen devices. Proc. CHI, Seoul, Korea, 2015: 1393-1402.

[19] Zheng N, Bai K, Huang H, et al. You are how you touch: User verification on smartphones via tapping behaviors. Proc. ICNP, Raleigh, NC, USA, 2014: 221-232.

[20] Draffin B, Zhu J, Zhang J. KeySens: Passive user authentication through micro-behavior modeling of soft keyboard interaction. Proc. MobiCASE, Paris, France, 2013: 184-201.

[21] Ngo T T, Makihara Y, Nagahara H, et al. The largest inertial sensor-based gait database and performance evaluation of gait-based personal authentication. Pattern Recognition, 2014, 47(1): 228-237.

[22] Youn I, Choi S, May R L, et al. New gait metrics for biometric authentication using a 3-axis acceleration. Proc. CCNC, Las Vegas, NV, USA, 2014: 596-601.

[23] Muaaz M, Mayrhofer R. Orientation independent cell phone based gait authentication. Proc. MOMM, Kaohsiung, Taiwan, 2014: 161-164.

[24] Frank M, Biedert R, Ma E, et al. Touchalytics: On the applicability of touchscreen input as a behavioral biometric for continuous authentication. IEEE Transactions on Information Forensics and Security, 2013, 8(1): 136-148.

[25] Shen C, Zhang Y, Cai Z, et al. Touch-interaction behavior for continuous user authentication on smartphones. Proc. ICB, Phuket, Thailand, 2015: 157-162.

[26] de Luca A, Hang A, Brudy F, et al. Touch me once and I know it's you!: Implicit authentication based on touch screen patterns. Proc. CHI, Austin, Texas, USA, 2012: 987-996.

[27] Ding Z, Wu Y. A mobile authentication method based on touch screen behavior for password pattern. Journal of Computational Information Systems, 2015, (1): 1-8.

[28] Syed Z, Helmick J, Banerjee S, et al. Effect of user posture and device size on the performance of touch-based authentication systems. Proc. HASE, Daytona Beach Shores, FL, USA, 2015: 10-17.

[29] Palaskar N, Syed Z, Banerjee S, et al. Empirical techniques to detect and mitigate the effects of

irrevocably evolving user profiles in touch-based authentication systems. Proc. HASE, Orlando, FL, USA, 2016: 9-16.

[30] Liu Q, Wang M, Zhao P, et al. A behavioral authentication method for mobile gesture against resilient user posture. Proc. IEEE International Conference on Systems and Informatics, Shanghai, China, 2016: 324-331.

[31] Yu W, Yan C, Ding Z, et al. Modeling and verification of online shopping business processes by considering malicious behavior patterns. IEEE Transactions on Automation Science and Engineering, 2016, 13(2): 647-662.

[32] 蒋昌俊, 闫春钢, 陈闳中, 等. 触屏用户按键行为模式构建与分析系统及其身份识别方法: 201510713975.3, 2015-10-28.

[33] 蒋昌俊, 闫春钢, 丁志军, 等. 综合多种因素的手持设备浏览行为认证方法及系统: 201711033546.7, 2017-10-30.

[34] 蒋昌俊, 闫春钢, 丁志军, 等. 一种基于姿势变化的手势行为认证模式的构建方法及系统: 201611106000.5, 2016-12-05.

[35] 刘强. 基于用户姿势的触屏行为移动端认证方法研究. 同济大学硕士学位论文, 2017.

[36] Meier R. Professional Android 4 Application Development. Hoboken: Wiley, 2012.

[37] Box G E P, Jenkins G M. Time Series Analysis: Forecasting and Control. Hoboken: Wiley, 2015.

[38] Senin P. Dynamic time warping algorithm review. Report, Information and Computer Science Department University of Hawaii at Manoa Honolulu, 2008.

[39] Tan P N, Steinbach M, Kumar V. Introduction to Data Mining. Hoboken: Pearson Addison-Wesley, 2006.

[40] Jolliffe I T. Principal Component Analysis. Hoboken: Wiley, 2002.

[41] Macqueen J B. Some methods for classification and analysis of multivariate observations. Proc. BSMSP, Berkeley, USA, 1967: 281-297.

[42] Rousseeuw P J. Silhouettes: A graphical aid to the interpretation and validation of cluster analysis. Journal of Computational and Applied Mathematics, 1987, 20(1): 53-65.

[43] Hubert L, Arabie P. Comparing partitions. Journal of Classification, 1985, 2(1): 193-218.

[44] Schölkopf B, Williamson R C, Smola A J, et al. Support vector method for novelty detection. Proc. NIPS, Denver, Colorado, USA, 1999: 582-588.

[45] Tao F, Liu Z, Kwon K A, et al. Continuous mobile authentication using touchscreen gestures. Proc. HST, Waltham, MA, USA, 2013: 451-456.

[46] Cortes C, Vapnik V. Support-vector networks. Machine Learning, 1995, 20(3): 273-297.

[47] Cox D R. The regression analysis of binary sequences. Journal of the Royal Statistical Society Series B-Methodological, 1958, 20(1): 215-232.

[48] Cover T M, Hart P E. Nearest neighbor pattern classification. IEEE Transactions on Information Theory, 1967, 13(1): 21-27.

[49] Breiman L. Random forests. Machine Learning, 2001, 45(1): 5-32.

关键词中英文对照表

(按出现的先后顺序排序)

第一章

网络移动信息服务	mobile information service for networks

第二章

邻居发现	neighbor discovery
占空比	duty cycle
时间段	time cycle
工作周期	working cycle

第三章

中间中心性	betweenness
延迟容忍网络	delay tolerant networks，DTN
中心性	centrality
地理中心性	geo-centrality
地理性社区	geo-community
负载分流	offloading
小区呼吸	cell breathing
泊松点过程	poisson point process，PPP
共同兴趣	common interests
兴趣小组	group of interests
局部活跃性	local activity
活跃性向量	activity vector
调整余弦相似度	adjusted cosine similarity
社交相似性	social similarity
权衡	trade-off
直接奖励值	immediate reward value
周期	episode

搜索表	searching table
宏单元	macrocell
微单元	picocell
毫微单元	femtocell
领航信号	beacon
探索	exploring
利用	exploiting
累积分布函数	cumulative distribution function，CDF

第四章

求解限制	resolution limit
退化	extreme degeneracy
通信临界值	communication critical value
加权密度胚	weighted density embryo，WDE
社区加权准则	weighted criterion of community
耦合系数	coupling coefficient
社区合并准则	combining criterion of communities
标准化互信息	normalized mutual information，NMI
负载团拓展	load clique expanding

第五章

模型-视图-控制器	model view controller，MVC

第六章

移动即服务	mobility as a service，MAAS
单源动态最短路	dynamic single source shortest path，DSSSP
兴趣点	points of interests，POI

第七章

签到	check-in
基于超文本诱导的主题搜索模型	hyperlink-induced topic search，HITS
个性化位置序列推荐	personalized trip recommendation，PTR
协同张量分解	collaborative tensor factorization，CTF
基于划分的协同张量分解	partition based collaborative tensor factorization，PCTF

协同过滤	collaborative filtering，CF
矩阵分解	matrix factorization，MF
随机梯度下降	stochastic gradient descent，SGD
线上到线下	online to offline，O2O
带时间分片的矩阵分解方法	matrix factorization approach with time slicing，TMF
均方根误差	root mean square error，RMSE
平均绝对误差	mean absolute error，MAE
块	block
最大边缘相关	maximal marginal relevance，MMR
偏好排序	ranking-by-preference，RBP
时间标准化	normalized-by-time，NBT

第八章

轮廓系数	silhouette coefficient
调整兰德系数	adjusted rand index，ARI
漏检率	false acceptance rate，FAR
误检率	false rejection rate，FRR
交叉验证	cross validation
三分交叉验证	3-fold cross validation

彩　　图

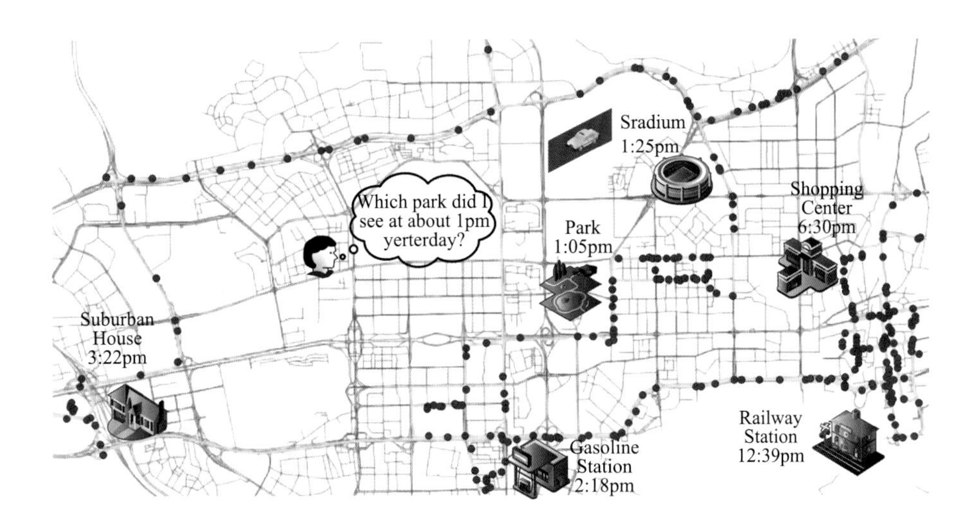

图 6.4　驾驶员的询问

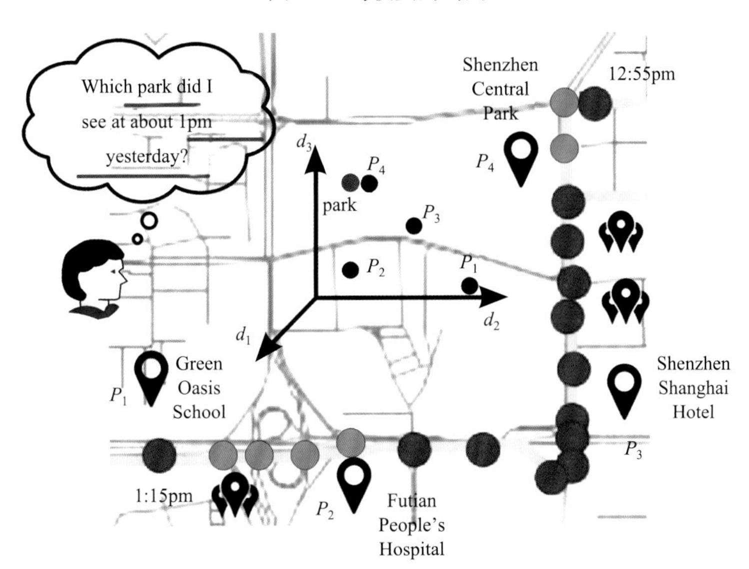

图 6.10　语义分析

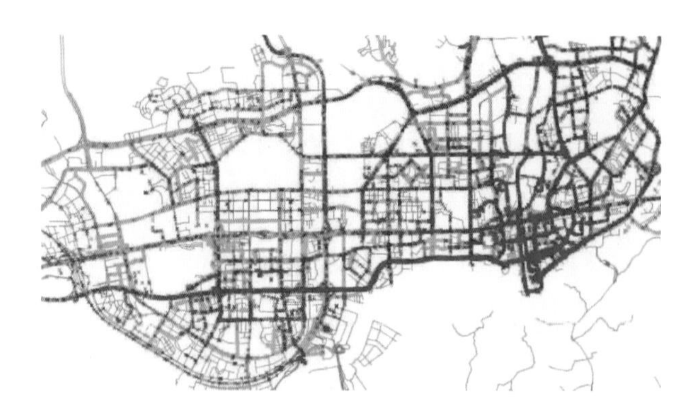

图 6.11　三辆出租车在路网上的匹配结果

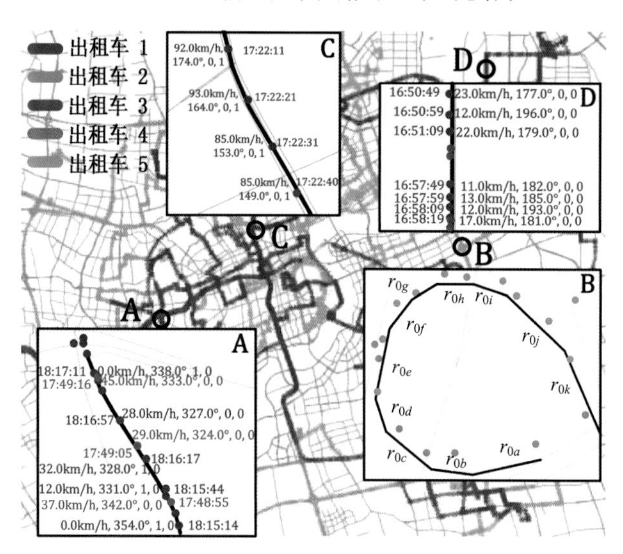

图 6.19　数据稀疏性挑战的例子

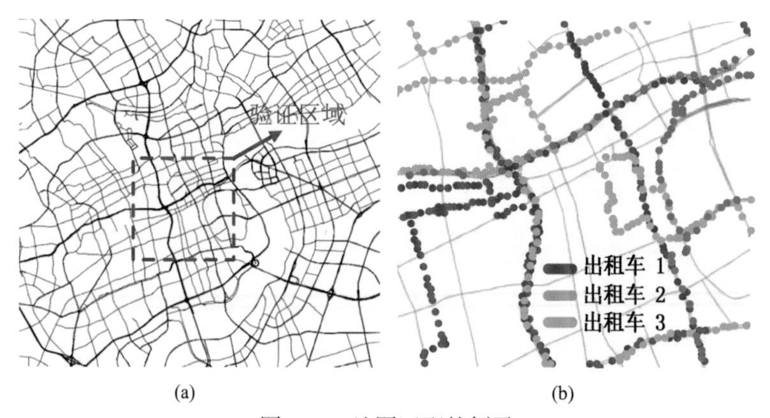

图 6.24　地图匹配的例子